백인천 프로젝트

4할 타자 미스터리에 집단 지성이 도전하다

백인천 프로젝트

★ 정재승 · 이민호 · 천관율 · 윤신영 그리고 백인천 프로젝트 팀

사이언스 북스

내가 작은 제안을 했으니
이제 여러분은 이 책을 읽을 차례이다.
일단 읽고 나서 모든 종류의 심원한 문제들,
그리고 양배추든, 왕이든 무엇에 대하여도
함께 토론하고 한바탕 논쟁을 벌여 보자.
― 스티븐 제이 굴드,『풀하우스』

추천사

기록은
깨지라고
있는 것이다

야구인도 아닌 사람들이 모여서 '백인천 프로젝트'라는 제 이름을 건 연구를 한다고 했을 때 한편으로는 부끄럽기도 하고, 한편으로는 뿌듯하기도 했습니다.

저는 야구를 너무나 사랑했고, 더 넓은 세상에서 야구를 하고 싶어서 어린 나이에 현해탄을 건넜습니다. 말도 다르고, 문화도 다른 낯선 곳이었지만 진정한 '프로'가 되기 위해 모든 것을 바쳐 뛰었습니다. 수위 타자로서 명성도 얻었고, 한국 최초의 해외 진출 선수로서 부끄럽지 않도록 최선을 다했습니다. 아마추어 야구만 있던 한국 야구계에 '프로' 정신을 일깨우기 위해 선수 겸 감독으로서 한국 프로 야구를 화려하게 개막하는 데 일조한 것을 무한한 영광으로 생각합니다.

한국 야구 역사 30년의 기록을 모두 정리하기 위해 밤잠을 설쳐 가며 노력하신 100명 가까이의 전문가와 시민, 야구 팬 들에게 야구인의 한 사람으로서 경의를 표합니다. 아울러 여러분의 노력을 출판을 통해 소개할 수 있도록 노력해 주신 ㈜사이언스북스 관계자에게 감사를 드립니다.

저는 앞으로 저의 남은 생을 유소년 야구 발전에 기여코자 노력할 것입니다. 더 많은 백인천이 나와 제가 기록한 기록 4할 1푼 2리의 타율을 깨서 한국 야구의 새로운 역사를 쓸 수 있기를 기대합니다. 감사합니다.

백인천
(한일 유소년 야구 육성 기금 이사장)

차례

추천사
기록은 깨지라고 있는 것이다. 7
백인천

01 정재승
백인천 프로젝트, 그 뜨거운 열정의 역사
12

한국 야구학은 여기서 시작될 것이다 17

02 백인천 프로젝트 팀
백인천 프로젝트 100일간의 여정
26

백인천 프로젝트 결과 보고 31

03 천관율

백인천 프로젝트의
현장을 가다!   44

출발은 단순했다   49
야구학의 '전사' 정재승 교수를 만나다   107
야구학회의 키 플레이어, 오원기   117

04 윤신영

야구는
과학이다?!   126

굴드, 풀하우스, 그리고 백인천 프로젝트   131
개방, 참여, 공유, 시민 과학 프로젝트의 3요소   147
야구의 과학이라고?   163
'글로 배우는' 야구 통계 입문   167
야구 통계는 애호가의 고차원적인 즐거움?   189

05 이민호

야구 현장의 목소리　　　　　　　　204

4할은 전설이다!　　　　　　　　209

영원한 도전자 김태균 211 / 타격의 신이 내려준 신탁, 양준혁 224
김현수는 기다리지 않는다 238 / 근성의 패스트볼 공략 달인, 정근우 248
그라운드의 사이야인 홍성흔 251 / 더 높이 보고 더 도전하라, 김정준 272
안타의 다른 이름, 장성호 284 / 불가능을 가능으로 바꾼 박병호의 힘 291
한국 최고의 타격 이론가 김용달 299 / 타격은 트라이앵글, 박흥식의 타격 이론 308
손윤의 트렌드 318 / 김형준의 확률 331

타격 능력에 관한 진화론적 논쟁　　　　　　　　347
만약 외계인이 출동한다면 어떨까?　　　　　　　　353
좌파, 우파? 타석의 좌우 논쟁　　　　　　　　357

에필로그

백인천 감독에게 물었다.　　　　　　　　362
정재승

찾아보기 370 / 도판 저작권 374

정재승 @jsjeong3

KAIST 물리학과에서 학부를 졸업하고 석사, 박사 학위를 받았다. 복잡한 시스템을 모델링하는 이론을 공부해 뇌의 의사 결정을 모델링하는 연구를 하고 있으며, 예일 의과 대학 정신과 연구원, 콜롬비아 의과 대학 정신과 조교수를 거쳐 현재 KAIST 바이오및뇌공학과 부교수로 재직 중이다. 쓴 책으로 『눈먼 시계공』(공저), 『쿨하게 사과하라』, 『정재승의 과학콘서트』, 『크로스 시즌 1』(공저), 『크로스 시즌 2』(공저) 등이 있다. 인간 사회에서 발견되는 흥미로운 현상을 과학적으로 탐구하는 연구를 즐기며, 이번 '백인천 프로젝트'도 그 일환으로 제안하게 됐다. 한국 프로야구 30년의 역사를 데이터와 수치로 이해하는 즐거움을 이번에 만끽했다.

4할 타자는 왜 사라졌을까요? 투수 기량이 급속도로 발전해서? 규정이 투수에게 유리해서? 스티븐 제이 굴드의 저서 〈풀하우스〉에서 "선수 기량 안정화로 너무 잘하는 선수도, 너무 못하는 선수도 사라지게 된 분산의 감소 가설" 제시, 우리 확인해 봐요!

01

백인천 프로젝트,
그 뜨거운
열정의 역사

한국 야구학은
여기서 시작될 것이다

1960년대 과학 논문의 평균 저자 수는 1.3명. 그러나 1990년대 들어 그 수가 3.1명으로 늘더니 최근에는 4명을 넘어섰다. 다시 말해 과학 연구 하나를 완수하는 데 4명 이상의 과학자들의 기여가 필요하다는 이야기다. 최근 들어 과학 연구는 여러 분야의 지식과 기술을 융합해야만 해결할 수 있는 복잡한 주제들로 조금씩 옮겨 가다 보니, 여러 연구자들이 참여하는 경우가 늘었고 공동 연구도 각별히 많아졌다.

그런 가운데, 21세기 웹 2.0 시대가 도래하면서 '집단 지성'으로 과학 연구를 수행하는 것이 가능한지 알아보는 시도가 전 세계적으로 여럿 생겨났다. 그 대표적인 예가 세티앳홈(SETI@home) 프로젝트다. 세티(SETI, Search for Extra Terrestrial Intelligence)는 외계 지적 생명체가 존재한다면 사용했을 성간 신호를 분석해 태양계 밖 우주에 지적 생명체가 존재하는지를 확인하는 천문 연구다. 천문학자 칼 세이건(Carl Sagan)의 소설 『콘택트(Contact)』(전2권, 이상원 옮김, 사이언스북스, 2001년)를 통해 널리 알려졌으며, 그 전신인 오즈마 계획이 1960년대부터 시작되었지만 지난 50년간 아무런 외계 지성의 흔적을 찾지 못하고 있다.

그로 인해 1990년대 말 미국 의회는 세티 계획에 국가 예산을 더 이상 지원하지 않기로 결정했다. 갑자기 예산이 턱없이 부족해지자 슈퍼 컴퓨터를 이용해 외계로부터 얻은 대용량 데이터를 분석할 수 없는 지경에 이르게 됐다. 이 문제를 해결하기 위해, 즉 연구자들이 프로젝트를 지속하기 위해 대용량 슈퍼 컴퓨터만 사용하지 않고 전 세계에서 집집마다 쉬고 있는 개인 컴퓨터를 활용해 분석하는 '분산 컴퓨팅' 프로젝트를 시도한 것이 바로 '세티앳홈'이다.

1999년 5월 17일 미국 캘리포니아 주립 대학교 버클리 캠퍼스의 연구자들이 웹에 공개한 스크린세이버 프로그램을 내려받으면, 개인 컴퓨터가 쉬는 동안 자동으로 외계에서 온 전파 망원경 신호 자료를 분석해 버클리의 연구소로 보낸다. 스크린세이버가 과학 연구 프로그램인 셈이다. 이런 연구는 일반인들에게 '외계 지적 생명체 탐사 연구에 나도 기여하고 있다.'라는 자긍심과 함께, 과학 연구가 어떻게 수행되는지 경험하게 해 준다.

그렇다면 과연 SNS(Social Network Service) 시대에는 어떤 형태로 집단 지성을 활용해 과학 연구를 수행할 수 있을까? 과학자는 평소 과학 이야기를 주고받던 팔로어들과 어떤 공동 연구를 수행할 수 있을까? 2010년 1월 처음 트위터를 시작한 이래, 이 질문에서 내 머릿속에서 늘 떠나지 않았다.

집단 지성을 이끌어내기 위해서는 몇 가지 프로젝트의 조건이 필요했다. 우선 대중적 호기심을 유발할 만큼 보편적인 관심과 연구 주제어야 한다는 것, 그리고 과학자 한두 명이 수행하기 어려운, 집단의 노력이 필요한 연구여야 한다는 것, 또 연구 참여자를 모으고 수행하고 세상에 발표하는 과정이 투명하게 공개돼 진행해야 한다는 점, 마지막으로 집단 모두가 결과에 대한 해석에 참여하고 연구의 의미를 각별하게 공유할 수 있어야 한다는 것 등이었다.

이런 조건을 최대한 만족하는 연구 프로젝트를 구상해 2011년 12월에 이른바 '백인천 프로젝트'를 시작하게 됐다. 이 프로젝트는 '프로 야구에서 4할 타자는 왜 사라졌는가?'라는 질문에, 지난 30년간 한국 프로 야구의 데이터를 모두 분석해 답해 보려는 야심 찬 연구다. 1871년 시작된 미국 프로 야구에서 1941년 타율 0.406을 기록한 테드 윌리엄스(Ted Williams) 이후 4할 타자가 사라졌다. 일본 프로 야구에선 아직 4할 타자가 나오지 않았다. 우리나라는 1982년 프로 야구 출범 첫해 백인천 선수가 0.412로 4할을 넘긴 이래 지금까지 프로 야구에서 4할 타자가 나타나지 않고 있다. 도대체 그 이유가 무엇일까?

4할 타자가 사라진 이유를 두고 야구계에선 그동안 의견이 엇갈렸다. 연봉 협상에만 혈안이 돼 스토브 리그(stove league, 프로 야구의 한 시즌이 끝나고 다음 시즌이 시작하기 전까지의 기간)에 훈련을 충실히 안 한 타자들의 나태와 게으름 탓으로 돌리며, 스포츠 신문은 타자들을 맹공하기도 했다. 전문적인 마무리 투수와 중간 계투 요원의 등장, 더블헤더 경기의 등장, 야간 경기 등으로 인해 타자에게 불리해진 환경 탓도 했다.

과학자들이 이 엉뚱한 야구 문제에 관심을 갖게 된 건 테드 윌리엄스가 마지막 4할을 친 1941년에 태어난 고생물학자 스티븐 제이 굴드(Stephen Jay Gould) 덕분이다. 그는 한 잡지에 실은 에세이에서, 그리고 이후에 펴낸 『풀하우스(Full House)』(이명희 옮김, 사이언스북스, 2001년)에서 이 문제를 타자의 나태함이나 경기 환경 탓으로 보지 않고 '시스템의 진화적 안정화'로 설명하는 참신한 시도를 했다. 프로 야구 리그도 일종의 거대한 '생태계'라서 서서히 안정화라는 진화 단계를 거친다는 것이다.

다시 말해, 자연의 많은 시스템이 성숙할수록 개체 간 특성의 '분산'이 평균을 중심으로 줄어들듯, 야구 선수들의 기량도 점점 평준화되어, 평균 타율을 중심으로 타율이 지나치게 높은 선수도, 지나치게 낮은 선수도 점점 사라지는 것이 보편적인 특징이라고 주장했다. 그래서 충분한 시간이 지나면 선수 사이의 격차가 줄어들어 1할 타자도 사라지지만 4할 타자도 사라지는 현상이 발생했다는 것이다.

그는 이 가설을 확인하기 위해 100년간의 미국 프로 야구 결과를 분석해 타자들의 평균 타율이 증가해 왔음에도(다시 말해 타자들의 실력이 줄지 않았음에도) 타율의 격차가 사라져 4할 타자가 사라질 수밖에 없었던 이유를 명쾌하게 설명했다.

그렇다면 2013년으로 32년을 맞은 한국 프로 야구에서 4할 타자가 사라진 것도 같은 이유에서일까? 과연 한국 프로 야구에서도 지난 30여 년간 선수들 간의 타율 격차, 방어율 격차는 점점 줄어들고 있을까? '백인천 프로젝트'는 지난 30년간의 한국 프로 야구 데이터를 분석해 타자 실력과 투수 실력, 수비 실력 등이 어떻게 진화해 왔으며, 과연 한국 프로 야구 역시 안정화 단계에 접어든 것인지 통계적인 분석을 시도한 집단 연구다.

이 연구 프로젝트의 주제는 대중적인 호기심을 유발할 수 있으면

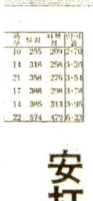

그림 1-1 | 한국 프로 야구 원년의 강타자들을 소개하는 《일간스포츠》 1982년 10월 10일 기사. 유일한 4할 타자인 백인천을 필두로, 당시의 홈런왕 김봉연, 도루왕 김일권 등을 소개하고 있다.

서도 과학적으로도 의미있는 연구 주제이며, 무엇보다 지난 30여 년간의 한국 프로 야구를 정리할 수 있는 질문이라고 생각했다. 하나의 작은 질문이지만 수많은 질문들이 꼬리를 물며 파생될 수 있는, 그래서 결국 한국 프로 야구라는 거대한 시스템의 30여 년 역사를 조망하게 되는 주제라고 생각했던 것이다.

2011년 12월 18일 '백인천 프로젝트'를 시작하겠다며 동참을 호소하는 트위터 글을 떨리는 마음으로 올렸다. 그러자 100여 명의 자원자가 기꺼이 참여하겠노라고 답을 주었다. 대용량 야구 데이터 분석, 문헌 조사, 과학 논문 쓰기 등에 참여하겠다고 의견도 달았다. 무려 300여 명이 연구의 성공을 기원하는 멘션을 보내 주었다. 집단 지성으로 '야구학(Sabermetrics)' 연구를 수행할 수 있게 된 것이다.

2012년 초 겨울 스토브 리그, 순수한 과학적 호기심과 열정만으로 모인 개인들이 과학자 혼자서는 절대 할 수 없는 대용량 데이터 분석 연구를 수행하게 됐다. 트위터로 소통하고, 과학자들을 위한 학술 논문과 일반인들도 즐길 수 있는 우리말 보고서도 함께 만들어 보기로 했다.

그리고 석 달, 매주 혹은 두 주에 한 번씩 토요일마다 카페에서, 혹은 한국 과학 창의 재단에서 무료로 지원해 준 공간에 모여 "전 세계 프로 야구에서 4할 타자는 왜 사라졌을까?"라는 문제를 과학적으로 탐구했다. 우리가 제일 먼저 한 일은 데이터를 정리하는 일. 지난 30년간의 한국 프로 야구 연감을 파일로 옮기는 일을 착수했다. 이미 세상에 돌아다니고 있는 파일들이 몇 개 있었으나, 그것들이 정확한지 확인하는 작업이 필요했다. 그래서 사람들마다 역할을 나누어 데이터를 확인하는 작업을 진행했다. 그렇게 해서 얻은 데이터를 분석하고 결과를 해석해 논문과 보고서를 준비했다.

과학 연구를 한번도 해 본 적이 없는 분들이 대부분이었기에, 처음에는 갈등도 터져나왔고 어려움도 많았다. 하지만 그런 갈등마저 내겐 짜릿한 실험의 한 과정처럼 느껴졌다. 우리는 백인천 선수의 타율인 0.412를 기념하면서 2012년 4월 12일 우리가 지난 4개월간 탐구한 집단 연구의 결과를 세상에 내놓기로 결정했고 뜨거운 눈물과 벅찬 감동과 함께 그 시간을 맞이했다. 이 책은 바로 그 100일간의 뜨거운 열정의 역사를 기록한 책이다.

트위터로 모집된 78명의 일반인이 매주 모여 진행한 이 프로젝트가 흥미로운 것은 참가자 모두 과학 논문을 제대로 써 본 적이 없는 '아마추어 과학자'들이었기 때문이다. 야구를 좋아하면 누구나 참여할 수 있었기에 평소 생업에 종사하면서 넉 달 만에 외국 잡지에 제출할 만한 논문을 완성했다는 것 자체가 쾌거라고나 할까? (이 논문의 저자는 무려 58명이다!)

웹 2.0 시대가 되면서 『브리태니커 백과사전』으로 상징되는 '전문가의 정제된 지식'보다 '위키피디아'로 대표되는 집단 지성의 산물로서의 지식이 더 큰 의미를 가지기 시작했다. 그런데 이번 백인천 프로젝트는 과연 집단 지성이 이미 세상에 내놓은 지식을 짜깁기하는 위키피디아 수준을 넘어, 소박하게나마 과학 지식을 만드는 '집단 연구'가 과연 가능한지를 가늠해 본 시도였다. 과학의 대중적 이해를 넘어 '과학의 대중적 참여'가 가능한지 탐색해 본 시도였다.

우리는 백인천 프로젝트를 통해 과학자 혼자서는 도저히 하기 힘든 연구를 여러 일반인들이 모여 너끈히 해 낼 수 있었다는 것, 일반인들의 재능이 모이면 전문적인 과학 논문을 쓰는 데 부족함이 없는 전문성을 갖출 수 있다는 것을 알 수 있었다. 이것이 이번 프로젝트를 통해 58명의 '집단 지성인'들이 얻은 교훈이다.

2012년 프로 야구 정규 리그가 시작되고 김태균 선수가 4할을 훌쩍 넘는 타율을 치게 되자, 스포츠 신문 기자들이 종종 인터뷰를 요청해 왔다. 혹시 올해 4할 타자가 나오게 되는 것은 아니냐고, 그럼 '왜 4할 타자는 사라졌는가?'라는 질문은 의미가 퇴색되는 건 아니냐고. 그러나 결국 2012년 시즌에도 4할 타자는 나오지 않았다. 솔직히 김태균 선수가 4할로 2012년 시즌을 마무리할까 봐 내심 걱정을 했던 것도 사실이지만, 언젠가 4할 타자가 나왔으면 하는 마음 또한 간절하다. 그러나 4할 타자의 등장이 아닌 부재가 역설적이게도 한국 프로 야구 선수들의 출중한 기량을 증명하는 현상이라는 걸 이 책에서 보여 주고 싶었다.

이 책이 완성될 수 있도록 도와주신 백인천 선수, 그리고 한국 과학창의재단과 ㈜사이언스북스 출판사, 《시사IN》, 그리고 트위터를 통해 뜨거운 응원을 보내 주신 많은 분들게 진심으로 감사드린다. 그들 덕분에, 처음 시도해 시행착오도 많았던 이 연구 프로젝트가 우여곡절 끝에 '달콤한 결실'로 세상에 태어날 수 있게 됐으니 말이다. 아무쪼록 이 연구 프로젝트가 일회성으로 끝나지 않고 미국 야구 연구 협회(Society for American Baseball Research, SABR)처럼 근사한 야구 연구 학회로 이어져 한국 야구를 과학적으로 분석하는 토대가 마련됐으면 하는 바람이다.

  프로 야구에서 왜 4할 타자는 사라졌는가? 이 책으로 인해, 이 평범한 질문이 이제는 각별한 의미로 다가오는 경험을 하시길. 그리고 부디 야구장 밖 여러분의 스토브 리그가 지적 호기심과 집단적 열정으로 가득한 한국 시리즈가 되길 진심으로 바라며, 다시 일상의 타석으로 발길을 돌린다.

백인천 프로젝트 팀을
대표해서

백인천 프로젝트 팀 강민승(@Anonypoet), 권종헌(@tim5n), 김기민(@kimin_kimin), 김기상(@meteo119), 김대중(@koicakov), 김동심(@simstory), 김리연(@smallshine), 김상모(@p1oneer), 김성완(@knauer0x), 김연중(@nsdrager), 김용남(@y2silence), 김유경(@racy_r), 김주환(@fairor), 김태한(@taehank), 김현주(@vigiliae), 김효임(@Clazzi_), 남상욱(@drnut84), 남승우(@TodanNam), 노남희(@catzeye7), 노재만(@firemm1), 박미준(@heragency), 박상화(@toyblues), 박성걸(@mihaesinbi), 박수현(@sonsaram), 박종혁(@iobeleus), 박찬언(@fantacontrol), 박혜정(@suepark0), 변근주(@aboutje), 변형호(@NotoriousH2), 송은주(@soulhrder), 신부길(@twins_mania), 신은교(@xinin), 안진연(@zena_ahn), 오원기(@toto5071), 윤신영(@shinyoungyoon), 이규종(@xtorm2), 이민호(@dearmino), 이선혜(@sunguard2684), 이슬기(@ddolsk), 이종설(@vyehrl), 이준수(@jslee509), 이충한(@torpedo4u), 이형극(@Hyungkeuk), 임선남(@free_redbird), 임성수(@ssungssu), 장수진(@sphere81k), 장원철(@wcjang), 전기홍(@spacebeing), 전상민(@DODEN626), 정구헌(@tarofactory), 정용진(@thinkingdoctor), 정재승(@jsjeong3), 제갈영(@zhoto), 조성행(@chosh23), 천관율(@gwanyul), 천병훈(@damat), 최신행(@haeng), 홍범(@htiger256)

02

백인천 프로젝트
100일간의 여정

야구 팬의 심심풀이 정도로 여겨지던 이 질문 "4할 타자가 왜 사라졌을까?"를 '집단 지성'의 힘을 빌려 '과학'으로 풀어 보겠다는 야심찬 계획을 세웠다. 이름하여 백인천 프로젝트. 뇌과학자이자 야구 팬인 정재승 KAIST 교수가 트위터에서 동을 떴고, 이에 반응해 이력도 특기도 관심사도 각양각색인 수십 명이 넉 달 동안 함께 연구를 했다.

―「백인천 프로젝트 결과 보고」에서

백인천 프로젝트
결과 보고

1. 들어가며

4할 타자는 멸종했는가. 이 질문은 세계의 야구 팬이 열광하는 단골 수다거리다. 미국 프로 야구에서는 1941년 테드 윌리엄스 이후 4할 타자의 맥이 끊겼다. 한국 프로 야구는 개막 원년인 1982년 백인천 선수가 최초이자 마지막 4할 타자다. 일본에는 아예 전례가 없다.

왜 4할 타자는 사라졌을까? 타자들이 무능해진 것일까. 투수의 분업화가 이뤄져서 좋은 투수를 더 많이 상대해야 했기 때문일까. 투수들이 예전에는 상상도 못했던 구질을 속속 개발해 던지기 때문일까. 그것도 아니면…….

야구 팬의 심심풀이 이야깃거리 정도로 여겨지던 이 질문을, '집단지성'의 힘을 빌려 '과학'으로 풀어 보겠다는 야심찬 계획이 있다. 이름하여 '백인천 프로젝트'. 뇌과학자이자 야구 팬인 정재승 KAIST

정재승 Jaes... ⬛ ← Reply ⇄ RT ⇄ Retweet ★ Favorite · Open
4할타자는 왜 사라졌을까요? 투수기량이 급속도로 발전해서? 규정이 투수에게 유리해져서? 스티븐 제이굴드는 저서 <풀하우스>에서 "선수기량 안정화로 너무 잘하는 선수도, 너무 못하는 선수도 사라지게 된 분산의 감소가설" 제시. 우리 확인해봐요!

정재승 Jaeseung Jeong @jsjeong3 18 Dec
참, 매주 토요일 정기모임은 "서울"에서 합니다.

정재승 Jaeseung Jeong @jsjeong3 18 Dec
참고로, 저희는 2012년 1-4월 스토브 시즌 동안 "백인천 프로젝트"를 진행합니다.

정재승 Jaeseung Jeong @jsjeong3 18 Dec
저희의 연구결과는 2012년 프로야구 개막 전에 강연발표도 하고, 리포트 및 보도자료도 내려고 하니, 관심있으신 분들은 참여하지 않아도 결과를 맛보실 수 있습니다. 집단지성으로 진행되는 연구, 많이 참여해주세요!

정재승 Jaeseung Jeong @jsjeong3 18 Dec
되도록 통계분석이나 컴퓨터 프로그래밍을 통한 데이터처리, 홈페이지 구축, 과학논문 작성, 영어 능통, 우리말 글쓰기 능통 등 재능있는 분들, 무엇보다 한국야구와 야구과학/분석에 애정이 있는 분들을 모십니다.

정재승 Jaeseung Jeong @jsjeong3 18 Dec
일명 "백인천 프로젝트"라 불리는 "4할타자는 왜 사라졌는가?" 등 다양한 질문에 답하는 한국야구 통계분석 프로젝트에 관심을 가져주셔서 감사합니다. 따로 자격은 없구요. 매주 토요일에 있을 정기모임에 오셔서 열심히 기여해주시면 됩니다.

정재승 Jaeseung Jeong @jsjeong3 18 Dec
조만간 1월에 미팅날짜와 장소 공지할게요. 먼저 제기 참여 의사만 말씀해주시길 :-)

정재승 Jaeseung Jeong @jsjeong3 18 Dec
4할타자는 왜 사라졌는가? 에 대한 다양한 가설을 테스트해 볼 수 있는 절호의 찬스. 수많은 야구속의 과학을 한국야구에서 확인하고 반박할수있는 지적인 기회. 놓치지 마세요. 너무 재미있을 것 같아요.

정재승 Jaeseung Jeong @jsjeong3 18 Dec
야구를 사랑하고, 통계분석, 과학논문을쓰기 등에 능통하며, 영화 <머니볼>에 감동받으신 분들, 누구나 참여 가능합니다. 트위터로 모인 집단지성으로 연구하는 첫 시도, 많이 참여해주세요.

정재승 Jaeseung Jeong @jsjeong3 18 Dec
"4할타자는 왜 사라졌는가?" 이 질문에 답을 하기위해 지난30년간 한국야구 데이터를 분석하는 프로젝트를 (작년에 예고드린대로) 트위터에서 자원자를 모아 1월부터 시작합니다. 영문논문과 우리글 리포트로 세상에 내놓을 예정. 많이참여해주세요.

그림 2-1 | 2011년 12월 18일에 발신된 정재승 교수의 프로젝트 안내 트윗들. 아래에서 위로 읽어야 한다.

교수가 트위터에서 돛을 뗬고, 이에 반응해 이력도 특기도 관심사도 각양각색인 수십 명이 넉 달 동안 함께 연구를 했다. 대중이 단순히 각자의 지식을 공유하는 위키피디아 모델을 넘어, 과학 논문이라는 지식 생산까지 나아갈 수 있을까. 기상천외한 집단 지성의 모험을 따라가 보자.

2. 굴드의 가설 '4할 타자의 딜레마'

4할 타자의 멸종을 과학의 연구 주제로 끌어올린 사람은 세계적인 진화 생물학자 스티븐 제이 굴드다. 야구광이었던 굴드는 "4할 타자가 사라진 것은 타자의 수준이 떨어져서가 아니라 야구의 수준이 향상되었기 때문이다."라는 새로운 관점을 제시했다. 굴드는 미국 프로 야구의 통계를 분석해, 리그의 평균 타율은 장기적으로 2할 6푼(0.260)에서 안정되며, 최상위 타자와 최하위 타자의 타율 차이가 갈수록 줄어든다는 사실을 밝혀냈다. 이로부터 나오는 결론은 이렇다.

첫째, 리그 평균 타율은 변하지 않았기 때문에, 4할 타자가 사라진 것은 타자의 수준 하락이나 투수의 수준 상승으로 설명할 수 없다. 둘째, 야구라는 생태계는 시간이 갈수록 최고와 최저 사이의 폭이 줄어들며 안정화된다. (사실은 거의 모든 생태계가 그렇다고 굴드는 주장한다. 진화 생물학자가 야구를 연구한 이유다.)

거듭된 경쟁이 최고 수준의 선수들만을 리그에 남기기 때문에, 시간이 지날수록 리그에 살아남은 선수들의 능력은 상향 평준화된다.

그림 2-2 | 스티븐 제이 굴드의 『풀하우스』.

인간에게는 생리적·물리적 한계가 있어서 능력이 무한히 상승할 수는 없고 언젠가는 벽에 부딪치게 된다. 최고의 선수들이 벽에 부딪친 후에도 그저 그런 선수들은 계속해서 더 뛰어난 선수들로 바뀐다.

왼쪽에서는 경쟁이 타자들을 오른쪽으로 밀어붙이고(즉 뒤떨어진 타자를 퇴출시키고), 오른쪽에는 인간의 한계라는 벽이 있다. 그래서 야구 초창기 타자들의 타율 분포 곡선은 완만한 반면, 현대 타자들의 타율 분포 곡선은 양쪽에서 눌려 뾰족하다.

평균 타율이 2할 6푼에서 안정되어 있다는 사실을 기억하자. (타자만큼 투수도 '오른쪽 벽'으로 밀어붙여지므로, 투수와 타자의 상호 작용인 타율은 안정되는 경향을 보인다.) 정규 분포 곡선의 중간값이 2할 6푼으로 같기 때문에, 오른쪽 꼬리와 왼쪽 꼬리가 짧아진 현대 야구에서 4할이라는 '먼 곳'에 도달할 확률은 극적으로 떨어진다. (같은 논리로 1할이라는 '먼 곳'도 마찬가지다.) 이것이 굴드가 말하는 '안정화'다.

3. 백인천 프로젝트 연구 결과

결론부터 말하자면, 한국 프로 야구에서 4할 타자는 다시 나오기 힘들다. 이것은 굴드 가설을 한국 프로 야구 데이터를 가지고 확인한 것이다.

집단 지성 데이터 연구 모임 '백인천 프로젝트'가 한국 프로 야구 30년 데이터를 수집해 검증한 뒤 타자와 투수 지표의 변화를 과학적으로 분석한 연구 결과를 공개했다.

백인천 프로젝트는 소셜 네트워크 서비스(Social Network Service, SNS)인 '트위터'를 통해 자발적으로 모인 58명이 결성한 연구 모임으로, 정재승 KAIST 바이오및뇌공학과 교수가 2011년 12월 18일 제안해 이뤄졌다. 건축가, 회사원, 호텔 매니저, 법률가, 의사, 대학(원)생 등 다양한 배경을 지닌 비전문가 58명이 모여 야구를 소재로 한 과학 논문을 집필했다.

백인천 프로젝트의 연구 결과, 한국 프로 야구에서 4할 타자는 다시 나오기 어려운 것으로 밝혀졌다. 한국 프로 야구에서 연타율 '4할' 기록은 출범 첫해인 1982년 백인천 당시 MBC 감독 겸 선수가 기록한 4할 1푼 2리가 유일하다. 미국에서는 1941년 테드 윌리엄스가 기록한 이후 사라졌고 일본은 전무하다.

그 원인을 두고 논란이 분분했다. 야구계에서는 '타자의 기량 약화', '투수의 전문화와 기량 향상', '경기장의 변화' 등 여러 가지 요인을 제시해 왔다. 하지만 그동안 한국의 데이터를 바탕으로 본격적인 과학 연구를 진행한 적이 없어 정확한 이유를 알지 못했다. 이에 백인천 프로젝트가 데이터를 수집 후 검증, 분석해 그 이유를 추론했다.

먼저 연구팀은 지난 30년 동안 '투저타고(投低打高)' 현상이 지속됐다는 사실을 확인했다. 이는 타자의 기량이 지속적으로 향상됐다는 뜻으로, "4할 타자가 사라진 이유가 자기 관리 부실, 심리적 압박 등 타자의 기량 하락이 큰 이유"라는 주장과 배치된다.

연구팀은 그 근거로 지난 30년 동안 타자의 기량을 의미하는 지표가 모두 지속적으로 향상됐다는 점을 들었다. 상대적으로 투수의 성적을 의미하는 지표는 대부분 지속적으로 하락했다. 그리고 타자와 투수 모두 기량이 높은 선수와 낮은 선수 사이의 차이가 줄어들었다.

먼저, 타자 지표로서 연도별 평균 타율(AVG), 평균 출루율(OBP), 평균 장타율(SLG)을 계산했다. 평균 타율은 연평균 0.3리, 평균 출루율은 연평균 0.6리, 평균 장타율은 연평균 1.1리 상승했다. (팀 경기수×2타석 이상 출전 선수 기준) '타고' 현상이 실제로 지속적으로 유지되어 왔음을 확인한 셈이다. 타자의 기량 향상에도 4할이 나오기 힘든 이유로 선수 사이의 기량 차이가 적어져 '튀는' 선수가 나올 가능성이 줄어들었다는 점을 제시했다. '4할' 기록은 최상위 기량을 지닌 일부 선수 중에서도 극히 일부만 달성한 바 있는 지극히 '튀는' 기록이다. 연구팀은 기량 지표의 변동폭을 분석해 기록이 좋은 선수와 나쁜 선수 사이의 기량 차이가 꾸준히 줄어드는 현상(표준 편차의 감소)을 확인했다. 한국 프로 야구는 점점 '튀는' 선수가 쉽게 나오지 않는 무대로 향하고 있는 것이다. (그림 2-3 참조.)

한편 연도별 수위 타자(타율 최고 기록을 달성한 타자)를 분석한 결과, 2위와 격차가 큰, '튀는' 수위 타자가 몇 명 있었다. 연도별 수위 타자를 제외할 경우 타율 평균을 큰 폭(9푼 이상)의 격차를 보이는 '튀는' 수위 타자는 백인천(1982년 시즌), 장효조(1983, 1985, 1987년 시즌), 이종범(1994년 시즌)이다. 10년 동안 세 명의 타자가 4할을 달성하거나 4할에 육박했으므로 앞으로도 4할 타자가 다시 나올 가능성이 있는 것이다. 이에 대한 추가 분석이 필요하다.

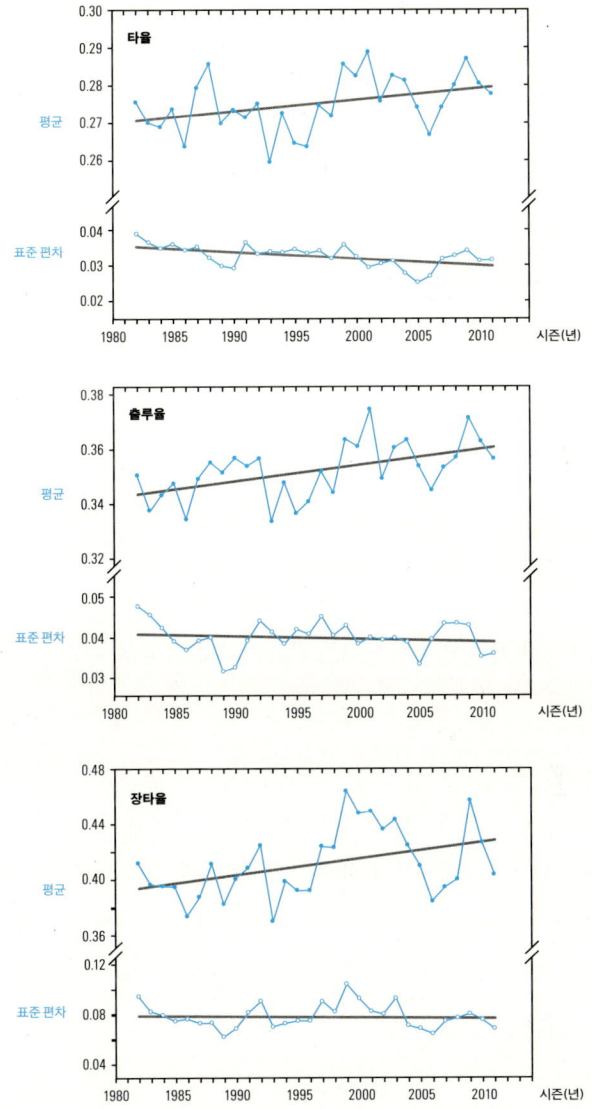

그림 2-3 | 30년간 타자 지표 변화 추이.

반면 투수는 약세다. 투수 지표로서 연도별 평균 자책점(ERA), 이닝당 출루 허용률(WHIP), 9이닝당 삼진수(K/9)를 분석했다. ERA와 WHIP은 미세하게 상승해 투수의 기록은 해가 갈수록 약하게 하락하는 경향('투저' 현상)을 보였다. 하지만 K/9는 매해 0.1개 상승했는데(팀 경기수×1/3이닝 이상 출전 선수 기준), 이는 장타율이 증가한 것과 연관이 있는 것으로 분석됐다. (그림 2-4 참조).

이 연구 결과는 야구와 과학 양쪽 분야에서 오랫동안 회자된 '굴드 가설'을 한국 야구 데이터를 바탕으로 검증했다는 데 의미가 있다. 스티븐 제이 굴드는 자신의 저서인 『풀하우스』에서 "미국 프로 야구에서 4할 타자가 사라진 것은 시간이 지날수록 시스템이 안정화됐기 때문"이라며 "최고 타율의 선수와 최저 타율 선수 사이의 차이가 줄어들어 튀는 선수가 사라졌다."라고 말했다. 그는 "4할 타자가 사라진 것은 타자들의 기량이 떨어져서가 아니라 오히려 향상되어서"라고 주장했다.

한편 이 연구는 집단 지성을 활용한 연구로, 한국 야구 협회(KBO)의 데이터를 검증해 숨겨진 오류를 찾아내는 성과를 냈다. 참여자 전원이 KBO의 기록 대백과와 홈페이지 자료 약 28만 항목을 일일이 확인했으며, 기록 대백과와 홈페이지 기록이 다른 경우 27건, 두 기록이 일치하지만 오류일 가능성이 있는 경우 3건 등 모두 30여 건의 오류를 발견했다.

백인천 프로젝트는 이번에 확보한 데이터를 이용해 제2, 제3의 주제를 연구할 예정이며, 데이터를 공개해 추가 집단 지성 연구에 활용되도록 할 예정이다.

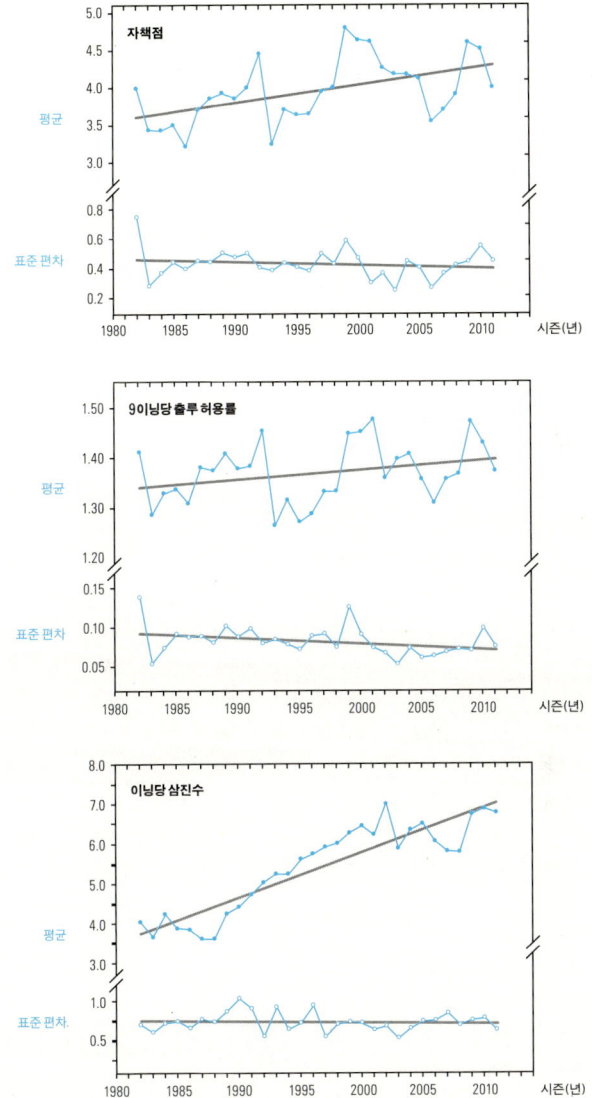

그림 2-4 | 30년간 투수 지표 변화 추이.

표 2-1 | 백인천 프로젝트가 발견한 KBO 공식 자료의 오류들(30건).

구분	선수 이름	소속	연도	오류 기록	KBO 기록 대백과	KBO 홈페이지	백프로 검증 자료
투수	최상주	해태	1985	투구 이닝	31	31	31
투수	김태형	롯데	1993	상대타자	78	254	254
투수	김태형	롯데	1994	상대타자	3	173	173
투수	김태형	롯데	1991	상대타자	210	584	584
투수	김태형	롯데	1992	상대타자	181	502	502
투수	신태중	청보	1986	상대타자	144	114	114
투수	장태수	롯데	1989	상대타자	12	146	146
투수	김태형	롯데	1995	상대타자	1	24	24
투수	가내영	태평양	1991	상대타자	1	16	16
투수	김재현	삼미	1982	상대타자	889	890	890
투수	황규봉	삼성	1982	상대타자	865	864	864
투수	천창호	롯데	1982	상대타자	723	724	724
투수	권영호	삼성	1982	상대타자	710	711	711
투수	감사용	삼미	1982	상대타자	616	615	615
투수	성낙수	삼성	1982	상대타자	500	516	516
투수	이길환	MBC	1982	상대타자	493	505	505
투수	이광권	MBC	1982	상대타자	489	498	498
투수	최옥규	롯데	1982	상대타자	222	221	221
투수	김현홍	OB	1983	상대타자	186	177	177
투수	김현홍	OB	1982	상대타자	135	120	120
투수	박상열	OB	1982	상대타자	480	480	480
타자	토마스	한화	2008	경기수	1	7	7
타자	정대현	SK	2008	경기수	1	6	6
타자	조웅천	SK	2008	경기수	1	5	5
타자	이재우	두산	2008	경기수	1	4	4
타자	가득염	SK	2008	경기수	1	3	3
타자	김원형	SK	2008	경기수	2	3	3
타자	김혁민	한화	2008	경기수	1	3	3
타자	한영준	롯데	1985	실책	0	0	0
타자	스미스	한화	2005	안타	422	22	22

*기록 대백과와 KBO 홈페이지 기록 사이에 차이가 있는 경우 KBO 홈페이지 기록을 사용했다. 회색으로 표시된 부분은 기록 대백과와 KBO 홈페이지 기록 동일한 경우로, 해당 선수의 다른 기록으로 유추해 볼 때 둘 모두에 오류가 있을 가능성이 있다.

4. 4할 타자에 얽힌 이야기

프로 야구 출범 첫해부터 작년까지 규정 타석 이상 출전 선수들의 연도별 평균 타율을 그래프로 그려 보았다. 그리고 각 해의 수위 타자를 제외하고도 그래프를 그려 보았다. (그림 2-5 참조.)

이 그래프에서는 몇 가지를 예상할 수 있다.

1) 당연히 모든 해에서 수위 타자를 제외한 그래프가 원래 그래프보다 아래에 있다. (수위 타자를 제외하면 타율이 낮아진다.)
2) 일부 특출한 타율을 기록한 수위 타자가 있어서 나머지 선수와 기록 차이가 컸다면 두 그래프의 간격이 커질 것이다.

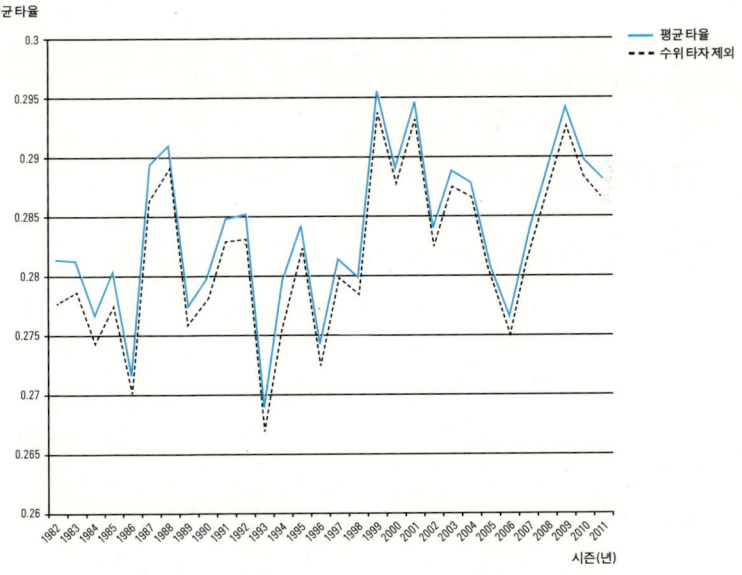

그림 2-5 | 규정 타석 이상 연도별 평균 타율 vs. 수위 타자 제외 연도별 평균 타율.

3) 수위 타자를 제외한 타율 평균과 제외하지 않은 타율 평균은 프로 야구
라는 시스템이 안정될수록 적을 것이다.

실제로 그래프를 그려 보니 이 모든 모습이 확인되었다. 그리고 그래프 사이의 간격이 큰 해가 일부 발견되었다. 그 가운데 특별히 차이가 컸던 경우만 골라 보기 위해 연도별 차이를 따로 구해 보았다. 아래 표 2-2와 그림 2-6을 살펴보자.

이 표 2-2에서 시즌 최고 타율과 수위 타자 제외 평균 타율의 차이가 9푼 이상인 해는 모두 다섯 번이다. (회색 표시) 원년인 1982년과 1983년, 1985년, 1987년, 그리고 1994년이다. 차이가 0.134나 났던 1982년의 수위 타자는 바로 우리나라 유일의 4할 타자 백인천 선수이고 1994년의 수위 타자는 이종범 선수이다. 그리고 1983, 1985, 1987년 세 시즌의 수위 타자는 놀랍게도 한 선수였는데, 바로 장효조

표 2-2 | 규정 타석 이상 평균 타율 데이터.

시즌(년)	1982	1983	1984	1985	1986	1987	1988	1989	1990	1991	1992	1993	1994	1995	1996
시즌 평균 (A)	0.281	0.281	0.277	0.281	0.272	0.289	0.291	0.278	0.280	0.285	0.285	0.269	0.279	0.284	0.274
수위 타자 제외 평균 (B)	0.278	0.279	0.274	0.277	0.270	0.287	0.289	0.276	0.278	0.283	0.283	0.267	0.267	0.282	0.272
최고 타율 (C)	0.412	0.369	0.340	0.373	0.329	0.387	0.354	0.327	0.335	0.348	0.360	0.341	0.393	0.337	0.346
(C)-(B)	0.134	0.091	0.066	0.095	0.059	0.101	0.065	0.052	0.057	0.65	0.077	0.074	0.117	0.054	0.074

시즌(년)	1997	1998	1999	2000	2001	2002	2003	2004	2005	2006	2007	2008	2009	2010	2011
시즌 평균 (A)	0.281	0.280	0.296	0.289	0.295	0.284	0.289	0.288	0.281	0.277	0.283	0.289	0.294	0.290	0.288
수위 타자 제외 평균 (B)	0.280	0.279	0.294	0.288	0.293	0.283	0.288	0.287	0.280	0.275	0.282	0.287	0.292	0.288	0.286
최고 타율 (C)	0.344	0.342	0.372	0.340	0.355	0.343	0.342	0.343	0.337	0.336	0.338	0.357	0.372	0.364	0.357
(C)-(B)	0.064	0.064	0.078	0.052	0.062	0.060	0.054	0.057	0.057	0.061	0.056	0.070	0.079	0.076	0.071

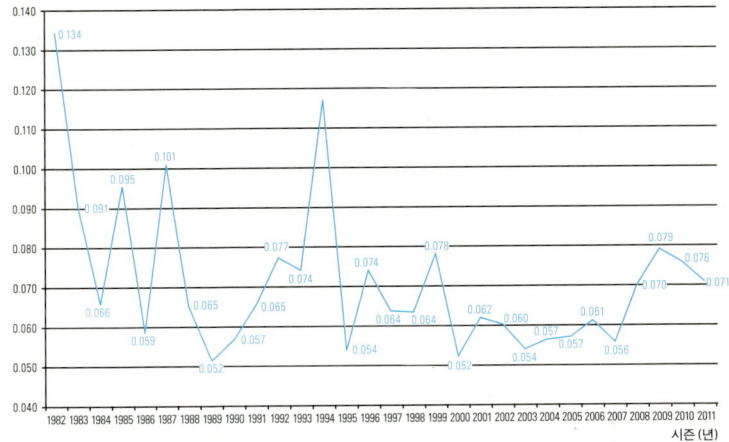

그림 2-6 | 연도별 최고 타율과 수위 타자 제외(규정 타석 이상) 평균 타율의 차.

선수이다. 장효조 선수는 통산 네 번 수위 타자를 차지했고(1983, 1985, 1986, 1987년), 그 가운데 세 번이나 나머지 선수들과의 격차를 9푼 이상 벌렸다.

이 표에서는 다른 재미있는 현상도 발견되었다. 수위 타자 제외 효과가 해가 갈수록 줄어든다는 것이다. 이것은 수위 타자와 나머지 타자와의 차이가 해가 갈수록 적어진다는 뜻이다. 시스템이 안정된다는 논문의 논의와 크게 어긋나지 않는 결과로 보인다.

*2장의 글은 백인천 프로젝트 팀에서 논문과 함께 발표한 한글 보고서 중 실질적 연구 성과를 소개한 1회부터 4회까지의 글을 옮겨 실은 것이다. 5회 이후의 내용 중 백인천 프로젝트의 실제 진행 과정과 집단 지성 연구로서의 성격을 부각시킨 글을 발전시킨 글들이 이 책 3장과 4장에 실려 있다. 그 외 백인천 프로젝트 발표 논문과 추가적인 논의를 백인천 프로젝트 공식 홈페이지(www.whyaverage4.net)에서 확인할 수 있다.

천관울 @gwanyul

《시사IN》 정치팀 기자. 자연 과학이 기자의 필수 교양이라고 늘 주장하지만, 정작 본인은 근의 공식도 잊어버린 수학맹(數學盲). 정치를 진화 심리학과 게임 이론으로 해석하는 기사를 쓰는 게 꿈이다. 그런 걸 쓰고도 학계와 정치권에서 욕을 안 먹을 내공이 쌓이기를 기다리고 있다. 2012년 총선을 코앞에 두고 백인천 프로젝트에 덜컥 합류한 걸 30초 만에 후회했다. 프로젝트 내내 농땡이의 신기원을 열어젖힌 주제에, 정신을 차려 보니 책을 쓰고 있었다. 이걸로 속죄가 되었으면 좋겠다.

03

백인천 프로젝트의 현장을 가다!

2011년 봄, 정재승 교수는 트위터에 "한국 프로 야구에서 4할 타자가 왜 사라졌는지 연구하고 싶은데, 데이터를 어떻게 구하나요?"라는 질문을 별 생각 없이 올렸다. 반응은 기대를 훌쩍 뛰어넘었다. 순식간에 수십 개의 멘션이 쏟아졌다고 한다. 어디를 가면 데이터가 있는지 알려 주는 이부터 '4할 타자 실종'에 대한 나름의 이론을 펼치는 이까지 종류도 다양했다. 뇌과학자의 트위터 계정을 난데없이 '야구 덕후'들이 점령했다.

—「백인천 프로젝트 결과 보고」에서

출발은
단순했다

KAIST에서 뇌과학을 연구하는 물리학자 정재승 교수는 2011년 봄 자신의 트위터에 이런 질문을 올렸다. "한국 프로 야구에서 4할 타자가 왜 사라졌는지 연구하고 싶은데, 데이터를 어떻게 구하나요?"

야구 팬이 아니라면 "이게 뭐야?" 하고 지나쳤을 질문. 보통의 야구 팬이라 해도, 왜 물리학자가 저런 엉뚱한 질문을 하는지 좀 궁금해 하다가 잊어버렸을 질문. 하지만 과학에도 관심이 많은 야구 팬이라면 대번에 이 질문의 '족보'를 알아챌 수 있었다.

미국의 고생물학자 스티븐 제이 굴드. 진화 생물학계의 주류인 적응주의에 맞서 2002년 사망할 때까지 소수파로서 논쟁을 마다하지 않았던 싸움닭이자, 라이벌 리처드 도킨스(C. Richard Dawkins)와 나란히 세계 과학계에서 손꼽히는 당대의 문장가. 그리고 뉴욕 양키스의 열혈 팬.

진화 생물학자이자 야구광인 굴드는 국내에도 번역된 그의 책 『풀하우스』에서 '왜 현대 야구에서 4할 타자가 멸종했는가?'라는 오래된 질문에 아주 새로운 답을 내놓았다. 그는 '4할 타자 실종 사건'은 타자의 기량이 나빠져서가 아니라 좋아져서 일어난 일이라는 역설적인 답을 내놓고, 이것을 메이저 리그 경기 기록을 분석해 증명해 낸다.

굴드는 미국 야구 통계를 분석해, 첫째, 리그의 평균 타율은 장기적으로 2할 6푼(0.260)에서 안정되며, 둘째, 최상위 타자와 최하위 타자의 타율 차이가 갈수록 줄어든다는 사실을 밝혀냈다.

이로부터 나오는 결론은 이렇다. 첫째, 4할 타자가 사라진 것은 타자의 수준 하락이나 투수의 수준 상승으로 설명할 수 없다. 리그 평균 타율은 변하지 않았다. 이로부터 4할 타자 실종 사건을 설명하는 오래된 가설들이 줄줄이 기각된다. '실종'의 이유는, 타자의 근성이 사라져서도, 투수의 변화구가 다양해져서도, 선발과 중간 계투와 마무리로 투수의 분업화가 이뤄져서도, 야간 경기가 타자에 불리해서도, 전부 아니었다. 이중 하나라도 진실이라면(즉 타자가 투수보다 열등해졌다면) 평균 타율이 하락해야 하지만, 현실은 그와 달랐다.

둘째, 야구라는 생태계는 시간이 갈수록 최고와 최저 사이의 폭이 줄어들며 안정화된다. 거듭된 경쟁이 최고 수준의 선수들만을 리그에 남기기 때문에, 시간이 지날수록 선수들의 능력은 상향 평준화된다. 인간에게는 생리적·물리적 한계가 있어서 능력이 무한히 상승할 수는 없고 언젠가는 벽에 부딪히게 된다. 최고 선수들이 벽에 부딪힌 후에도 평범한 선수들은 계속해서 더 뛰어난 선수들로 바뀐다.

그 결과가 오른쪽 그림 3-1이다. 왼쪽에서는 경쟁이 타자들을 오른쪽으로 밀어붙이고(즉 뒤떨어진 타자를 퇴출시키고), 오른쪽에는 인간의 한

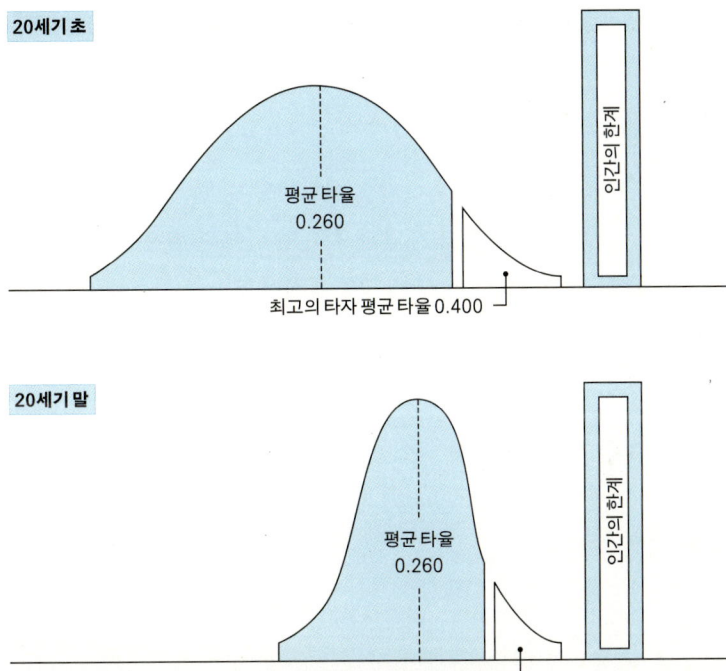

그림 3-1 | 굴드는 20세기 초의 타율 분포 곡선(위)과 20세기 말의 타율 분포 곡선을 비교하면서 경쟁에 따른 전반적인 경기 수준 향상이 4할 타자를 사라지게 만들었다고 주장한다. (스티븐 제이 굴드, 이명희 옮김, 『풀하우스』(사이언스북스, 2002년), 165쪽에서 인용.)

계라는 벽이 있다. 그래서 야구 초창기인 20세기 타자들의 타율 분포 곡선은 옆으로 넓게 퍼져 있는 반면, 현대 타자들의 타율 분포 곡선은 양쪽에서 눌려 뾰족하다.

평균 타율이 2할 6푼에서 안정되어 있다는 사실을 기억하자. (타자만큼 투수도 '오른쪽 벽'으로 밀어붙여지므로, 투수와 타자의 상호 작용인 타율은 안정되는 경향을 보인다.) 정규 분포 곡선의 중간값이 2할 6푼으로 같기 때문에, 오른쪽·왼쪽 꼬리가 짧아진 현대 야구에서 4할이라는 '먼 곳'에 도달할 확률은 극적으로 떨어진다. (같은 논리로 1할이라는 '먼 곳'도 마찬가지다.) 이것이 굴드가 말하는 '안정화'다. 오래된 가설들은 4할 타자가 사라진 이유는 당연히 타자의 실력이 떨어졌기 때문이라고 생각하고, 타자의 실력이 떨어진 이유만을 찾아 헤맸다. 하지만 굴드의 답은 기존 가설의 전제부터 허물어 버렸다. 야구라는 생태계의 전반적인 상향 평준화가 4할 타자(그리고 1할 타자) 실종의 원인이라는 색다른 통찰은 야구 팬을 매혹시켰다.

진화 생물학자인 굴드는 시스템의 특정 부분(이 경우에는 4할 타자라는 '오른쪽 꼬리')에만 주목하면 늘 오류가 생기며(굴드에 따르면, 4할 타자가 왜 사라졌는지 알아내려고 최고 타자들만 관찰하는 것은 쓸데없는 짓이다.), 시스템 전체의 변화 패턴에 주목해야만 제대로 된 답을 얻을 수 있다는 것을 설명하기 위해 야구를 예로 들었다. 야구광인 굴드의 눈에 '4할 타자 실종 사건'은 자신의 논지로 독자를 끌어들이기 좋은 소재였을 것이다.

그러나 야구 팬의 관심사가 어디 그런가. 수많은 야구 팬들은 굴드의 의도야 어찌됐든 『풀하우스』에서 4할 타자 논증 부분만 따로 떼어 몇 번씩 읽었다. 한국 야구에 적용해 분석해 보는 상상도 수도 없이 했다. 다만 보통의 야구 팬은 정확한 데이터가 없거나 전문적인 통계 지식이 없어서 실천으로 옮기기는 쉬운 일이 아니다. 때문에 '4할 타자 실종 사건'이라는 흥미로운 주제의 족보를 아는 야구 팬이라면, 정재승의 트윗은 눈이 번쩍 뜨일 만한 것이었다.

그 자신 야구 팬이기도 한 정재승 교수는, 언젠가 굴드의 『풀하우스』를 인상 깊게 읽고 한국 야구에 적용해 볼 생각을 하고 있었다. 하지만 일을 키울 생각은 아니었다. 이때까지만 해도, 단순히 한국 야구 데이터를 구하기가 생각보다 어려워서 질문을 올렸을 뿐이었다.

하지만 반응은 예상을 훌쩍 뛰어넘었다. 순식간에 멘션 수십 개가 쏟아졌다. 어디를 가면 데이터가 있는지 알려 주는 이부터 4할 타자 실종에 대한 나름의 이론을 펼치는 이까지 종류도 다양했다. 뇌과학자의 트위터 계정을 난데없이 '야구 덕후'(광적인 야구 팬을 뜻하는 인터넷 조어)들이 점령했다.

그때 그는 직감했다. "느낌이 왔어요. 아, 이게 폭발력이 있는 질문이구나. 이 정도 에너지를 끌어낼 수 있는 주제라면, 훈련받지 않은 대중이 모여서 과학 연구를 해 볼 수도 있겠구나." 대중이 단순히 각자의 지식을 공유하는 위키피디아 모델을 넘어, 과학 논문이라는 지식 생산까지 나아가는 시도, '집단 지성'을 통한 과학 연구라는 구상이 탄생하는 순간이었다. 전문적인 훈련을 받지 않은 불특정 다수가 모여서, 과학 연구를 하고 논문까지 써낼 수 있을까? 모험이었다. 그리고 그는 모험을 즐기는 사람이었다.

정재승은 이 기획을 1년 가까이 묵혔다. "누가 1년만 기다리면 한국 프로 야구가 30년이 된다고 해서, 그럼 기왕 하는 거 그때에 맞추자고 했죠. 프로 야구 30주년 기념 프로젝트. 있어 보이잖아요?" 프로젝트 개시 시점까지 집단 지성의 '도움'을 받아 결정한 그는, 2011년 12월 트위터를 통해 프로젝트 시작을 알리고 지원자를 모집했다. "4할 타자는 왜 사라졌는가? 이 질문에 답을 하기 위해 지난 30년간 한국 야구 데이터를 분석하는 프로젝트를 트위터에서 지원자를 모아 1월부터 시작합니다. 영문 논문과 우리말 리포트로 세상에 내놓을 예정.

많이 참여해 주세요."

백인천 프로젝트라는 이름

2011년 12월 18일. 정재승의 이 트윗을 보자마자 뭐에 홀린 듯 덜컥 참여하고 싶다는 멘션을 보낸 나는 곧바로 정신을 차리고 머리를 쥐어뜯었다. 아무리 생각해 봐도 정신 나간 짓이었다. 정치 담당 기자가, 총선과 대선이 한해에 몰린 대목 중의 대목인 2012년에, 본업과는 아무런 상관이 없는, 넉 달이나 지속되는 과학 연구 프로젝트에 참여한다? 인문학 전공으로 학부만 졸업한, 통계 분석은커녕 중학교 수학도 가물가물한 주제에? 가만 있자, 근의 공식이 뭐더라?

문제는 또 있었다. 나는 어쩌다 보니 직업만 기자일 뿐, 새로운 사람을 만나고 새로운 일을 벌이는 걸 무서워하는 현실 안주·무사 안일형 소시민의 전형이다. '무언가 낯설고 새로운 일'에 시큰둥한 걸로 따지면 거의 직무 유기 수준이다. 그런데 얼굴도 모르는 수십 명과 넉 달을 부대끼는 프로젝트? 더 생각할 것도 없다. 어림없는 일이었다. 하지만 이미 이름과 회사까지 밝혀 버렸으니 말없이 안 나갈 수는 없고, 당장 죄송하다고 취소 멘션 보내야지.

뭐라고 말을 주워 담을까 고민하던 차에, 정재승의 트윗이 계속 업데이트되고 있었다. 이 양반 '폭트(트위터에 글을 연속적·집중적으로 올린다는 뜻의 '폭풍 트윗'의 줄임말)' 중이시군. 새 트윗을 열었다. 일종의 '참가 자격'쯤 되는 내용이었다. "되도록 통계 분석이나 컴퓨터 프로그래밍을 통한 데이터 처리, 홈페이지 구축, 과학 논문 작성, 영어 능통, 우리말 글쓰기 능통 등 재능 있는 분들. 무엇보다 한국 야구와 야구 과학/분석에 애정이 있는 분들을 모십니다."

갈수록 난관이다. 통계 분석, 컴퓨터 프로그래밍, 과학 논문, 홈페이지……. 할 줄 아는 게 안 보이잖아 이거. 괜히 갔다가 망신만 당하는 모습이 눈에 선했다.

가만, 우리말 글쓰기? 이건 왜 필요하지? 아, 우리말 리포트도 낸다고 했지. 어쨌든 한글은 뗐으니까 이건 어떻게 비벼 볼 수도 있지 않을까? 직업이 기자라고 하면 글 잘 쓰는 걸로 오해하고 껴 줄지도 모르는 일이었다. 아무리 봐도 프로젝트에 내가 기여할 여지는 없어 보였지만, 과정을 옆에서 지켜보고 기사로 세상에 알리는 건 할 수도 있겠다 싶었다. 나는 참가자라기보다는 관찰자라고, 이것도 일종의 취재라고 생각하니 마음이 편해졌다. 총선이 코앞이라는 현실은 당분간 편리하게 잊어버리기로 했다. (이 책을 데스크가 절대로 못 보게 해야겠다.) 딱 첫날만 가 보자. 도저히 아니다 싶으면, 그때 사과하고 빠져야지 뭐.

나중에 안 일이지만, 나와 비슷한 생각으로 과감히 "저요!"를 외친 사람이 오히려 다수였다. '우리말 글쓰기'와 '야구에 대한 애정'이라는 조건을 넣은 덕에, '과학 논문'이라는 무시무시한 목표를 내건 이 프로젝트도 문턱이 낮아졌고 나 같은 사람도 발을 걸칠 수 있게 됐다.

사소하지만 미묘하게 마음에 걸리는 문제가 하나 남았다. 이름. 정재승 교수는 프로젝트 이름을 이미 백인천 프로젝트로 정해 뒀다. 4할 타자 실종 사건을 연구하는 프로젝트이니만큼, 한국 야구 최초이자 최후의 4할 타자 백인천의 이름을 따는 게 이상한 일은 아니었다. 문제

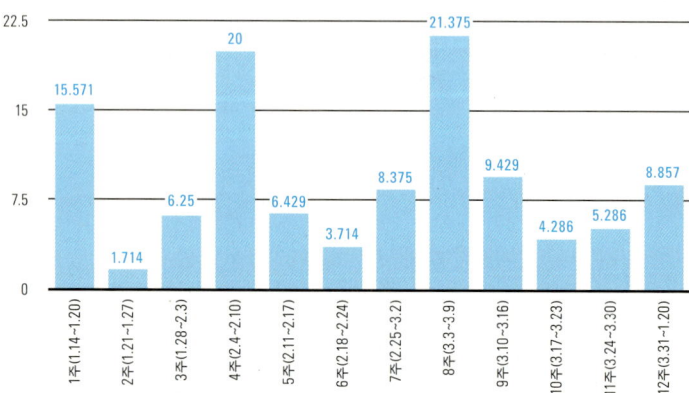

그림 3-2 | 주별 일평균 트윗 개수 변동.

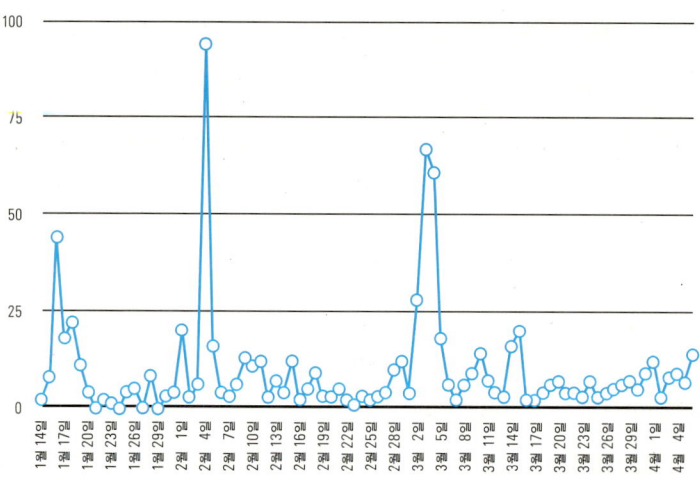

그림 3-3 | 일일 트윗 개수.

가 있다면, 내가 롯데 자이언츠 팬이라는 거였다. 역시 나중에 안 일이지만, 나만 이름이 신경 쓰인 것도 아니었다.

2012년 1월 14일 토요일

첫 모임은 2012년 1월 14일 토요일이었다. 장소는 이화 여자 대학교 앞의, 한 층을 통으로 쓸 수 있는 창이 넓은 카페였다. 나중에 알고 보니 그 카페 사장도 프로젝트 참여자였다. 프로젝트는 당분간 이 카페를 거점으로 썼다.

나는 10분쯤 늦었다. 이미 50명 가까이 모여서 앉을 자리가 없었다. 정재승 교수는 아직 도착하지 않았고, 대학원생쯤 되어 보이는 남녀가 부지런히 빔프로젝터와 스크린을 설치하고 있었다. 스크린이라고 해 봤자 큰 마분지였지만, 그나마도 창으로 들어오는 햇살이 강해서 붙일 곳이 마땅찮았다.

"정재승 교수님 곧 도착하신다고 연락 왔거든요. 잠시 후에 백인천 프로젝트 첫 모임 시작하겠습니다." 남자가 여전히 마분지와 가망 없어 보이는 씨름을 하는 동안, 여자가 전화를 받고 나더니 '안내 방송'을 했다. 누가 봐도 정재승 연구실의 대학원생으로 보였.

주말의 별난 취미 생활이야 교수 마음이지만, 대학원생을 자기 취미 생활에 동원하면 어떡하나. 정재승도 별 수 없네. 나는 생각했다. 둘은 심지어 커피를 배달하고 회비도 걷었다. 자기가 재밌어서 따라 나선 건지 교수가 가는 길이라 어쩔 수 없이 온 건지, 꼭 물어 봐야겠다고 마음먹었다. 물어 보나마나 뻔하다고 생각했지만.

"네? 대학원생이 아니라고요?" 돌아온 답은 의외였다. 남자는 여름에 영국 유학을 떠날 예정인, 반년짜리 시한부 백수 생활을 즐기고 있는 학생이었다. 여자는 자연 과학 전공 대학원생이기는 했다. 하지만 정재승 연구실은커녕 KAIST 학생조차 아니었다. 그러니까 둘은, 정재승의 영향력하고는 전혀 상관이 없는, 나와 같은 평범한 참가자들이었다.

오해한 건 정재승 교수에게 살짝 미안했지만, 아무튼 조짐이 좋다고 생각했다. 불특정 다수 50여 명을 모았을 때, 그중에 발 벗고 나서는 사람이 있을지, 없을지는 사실 운이다. 한두 명만 있으면, 자발성도 전염이 된다. 선순환이 일어난다. 하지만 누군가 방아쇠를 당기지 않으면, 마음이 있는 사람들도 멈칫거리곤 한다. 기름은 가득 채웠지만 정작 시동이 안 걸리는 꼴이 되기 쉬운데, 이 차는 시동이 쉽게 걸렸다.

곧 정재승 교수가 도착했다. 정재승의 첫인상은 우리가 흔히 생각하는 '연구실 안에서만 편안함을 느끼고, 사람 만나는 걸 어색해하는 숫기 없는 과학자'를 우선 떠올린 다음에, 그와 가장 거리가 먼 사람을 상상하면 된다. 늘 캐주얼 차림을 즐기고, 정치와 문화를 주제로 대화하는 걸 어색해하지 않으며, 대화하다 난데없이 수학 공식을 토해 내지도 않는다. 아, 영어는 좀 섞는다. 그래도 문장이 조사, 접속사 빼고 전부 영어인 '업계 평균 과학자'에 견주면 안 쓰는 편이나 다름없다.

학부 시절부터 천재 소리를 들었다는 정재승 교수는, 대중이 흔히 과학계의 천재에게 기대하는 '사회성이 결여된 괴짜 과학자' 이미지를 묘하게 비틀어 놓은 캐릭터다. 괴짜다 싶을 때는 있다. 하지만 전형적 이미지와는 정반대로, 사회성이 평균 이상으로 넘쳐흐르는 괴짜다. 프로젝트가 한창일 때 나는 정 교수에게 "시민 운동가 시절의 박원순 시장을 보는 것 같다. 사람들을 모으고 자발적 참여를 이끌어내어 결국 '사회적 행동'을 만들어 내는 재능이 꼭 닮았다."라고 말한 적이 있다. 그는 겸연쩍어했지만, 나는 농담이 아니었다. 과학에 재능이 없었다면, 사회 활동가를 했어도 어울렸겠다 싶은 에너지가 있다. 말하자면 그는 '실험실 밖의 세계'를 전혀 무서워하지 않고 오히려 거기서 무언가를 만들어 내는 보기 드문 과학자다.

수줍은 기색이라고는 전혀 없이 자기 소개를 한 정재승 교수가 프로젝트 첫 발제를 하겠다며 빔프로젝터를 찾았다. 내가 대학원생으로 오해했던 남자가 벌이던 마분지와의 사투는 그때쯤 안쓰러운 결말을 향해 가고 있었다. 누군가 카페의 갈색 벽돌벽에다 곧바로 빔을 쏘는 게 어떠냐고 했다. 스크린 치고는 아주 훌륭하지는 않았지만 그럭저럭 알아볼 수는 있었고, 의외로 운치도 있었다. 묘하게 체계가 없고 즉흥적이면서도 어디선가 아이디어가 튀어나와 결국 어찌어찌 해결해 나간다. 그 후 넉 달 동안의 여정이 그랬던 것처럼.

정재승 교수가 준비해 온 발제는 한·미·일 프로 야구에서의 4할 타자 실종 사건 현황, 이것을 설명하기 위한 여러 가설들(이를테면 투수의 분업화로 타자들이 더 힘들어졌다거나, 야구 선수의 연봉이 높아지면서 스타 의식에 젖어 '근성'이 사라졌다거나), 그리고 굴드가 다른 가설들을 반증하며 내놓은 '굴드 가설'을 설명하는 것이었다. 앞의 둘은 야구 팬이라면 새로울 것이 없는 이야기였고, 마지막 '굴드 가설'은 낯선 사람이 좀 있어 보였다. 어

쩄거나 굴드 가설을 검증하는 것만이라면, 프로 야구 30년 타율 데이터만 확보하면 간단한 엑셀 작업만 남는다. 별 문제는 없겠다 싶었다.

"미국에서 마지막 4할 타자는 ······." 덜컥 자르고 들어오는 목소리. "테드 윌리엄스." "······ 네, 그렇죠. 이 테드 윌리엄스 이후로 미국에서는 더 이상 4할 타자가 나오지 않습니다. 마지막으로 도전했었던 토니 그윈은······." 한 번 더, 덜컥. "3할 9푼 2리. 아, 아니다, 3할 9푼 4리였나?" 어색한 정적.

별 문제가 없는 게 아니었다. 정재승 교수의 발제는 거의 입을 열 때마다 끊기기 시작했다. 선수 이름과 타율을 '정재승보다 먼저 말하기'라 할 만한 묘한 경쟁이 붙었다.

그건 분명 서열 싸움이었다. 서로 다른 무리에서 나름 '우두머리 수컷 야구 팬' 대접을 받았던 야구광들은, 새로 만들어진 무리에서 누구의 깃털이 더 크고 화려한지 경쟁하는 공작새 수컷처럼 굴기 시작했다. 마치 여기서 밀리면 이 새로운 무리에서 말석에 앉아야 한다고 느끼는 것처럼. 야구광들 사이의 우두머리 서열 경쟁은, 남들 눈에는 보통 한심해 보이는 게 아니지만, 더 세세하고 정확하며 들어본 적 없는 야구 데이터를 누가 더 많이 아는가로 판가름이 나곤 한다. 우리도 안다 쓸데없는 거. 하지만 한 번 경쟁이 불붙으면 여간해서는 가라앉는 법이 없다. 공작새 수컷이라고 어디 그렇게 거추장스럽고 쓸데없는 깃털을 갖고 싶었을까.

그중에서도 곧 한 명이 두각을 나타냈다. 사실 너무 두각을 나타내서 문제였다. 덩치도 목소리도 눈에 띄게 컸던 그 야구광 홍길동(가명)은 존재감을 과시하는 데 유난히 안달이 난 것처럼 보였다. 테드 윌리엄스를 모르는 사람이 그 자리에 몇 명이나 될까 싶었지만, 그러거나 말거나 홍길동은 기회 있을 때마다 알고 있는 야구 정보를 전부 쏟아냈다. 별 쓸모가 없거나 주제와 어긋나거나, 대체로 둘 다였다. 50여 명을 무작위로 모아놓았으니 하나쯤 있을 법한 그런 사람이 어김없이 있었다. 정재승 교수가 조용히 가서 자제를 부탁해 보기도 했다. 소용없었다.

후에 정재승 교수는 내게 첫날의 감상을 이렇게 이야기했다.

> 백인천 프로젝트 이전에 제가 했던 '10월의 하늘'이라는 프로젝트가 있습니다. 과학 강연 재능 기부 프로젝트인데요, 여기는 주제 성격부터가 그래서 그런지 협력, 공동 작업, 배려 뭐 그런 쪽으로 마음의 준비가 아주 투철하신 분들이 모여요.
>
> 그런데 백인천 프로젝트는 첫날 보니, 농담 좀 섞어서 대화보다 키보드에 훨씬 더 익숙할 것 같은 '야구 오덕' 몇분이 분위기를 주도하는데, 아 이건 '10월의 하늘'과는 완전히 다른 분들이 모인 팀이구나 싶더라고요.
>
> 걱정이요? 아주 안 됐던 건 아닌데, 그보다는 재밌었어요. 주제에 따라 이렇게 극과 극의 캐릭터들이 모이는구나. '10월의 하늘'과는 또 다른 양상이겠구나, 그랬죠. 기대도 되고.

첫날의 정재승 교수는 분명, 훗날의 이 회상보다는 좀 더 당황하고 있었다.

당황하는 사람은 또 있었다. 오원기는 취미 삼아 굴드 가설을 검증하고, 야구를 더 잘 즐겨 보겠다고 스포츠 생리학 원서를 찾아 읽는 '끝판 대장급 야구 오덕'이다. 그날 모인 한칼 쓴다는 야구광들 사이에서도 그는, 별달리 튀려는 노력 없이도 튀었다. 굳이 깃털을 펼쳐 보일 필요도 없는 진짜 공작새 수컷이었다.

정재승 교수의 발제가 끝나고 그는 이런 의견을 냈다. "사실 굴드 가설 자체는 시간이 지날수록 리그의 타율 분포가 좁아진다는 것만 확인하면 되기 때문에, 데이터만 구하면 그냥 엑셀 작업만 남습니다. 이 수많은 인원이 몇 달 동안 할 목표로는 좀 소박하지 않나요? 제가 궁금한 것은 오히려 이런 겁니다. 굴드 가설이 사실이라 치고, 왜 이 생태계에서의 '오른쪽 벽'은 4할일까? 다시 말해, 왜 5할이나 3할이 한계가 아니라 4할일까? 이를테면 이런 식의 문제들도 고민해 볼 수 있으리라 봐요."

그것은 흥미롭기는 했지만 참석자들 중 상당수가 굴드 가설 자체를 처음 들어 본 첫날 모임에 던지기에는 지나치게 의욕적이었다. 오원기에게 주목이 쏠리자, 홍길동은 논점을 파악하지 못한 것이 분명한 엉뚱한 반론을 했다. 토론은 불붙지 않았다.

후에 오원기는 내게 "첫날 모임 이후, 기대치를 절반 이하로 낮췄다."라고 말했다. 그는 굴드 가설 검증 자체에는 별 흥미를 보이지 않았다. "그거 20년 전 주제 아닌가요?" 하지만 그는 첫날 '회심의 질문'이 메아리 없이 흩어지는 걸 보고, 프로젝트 내에서 '굴드 너머'로 가는 것이 만만치 않다는 것을 받아들였다. 이제 그는 "프로젝트 이후에도 야구를 가지고 같이 놀 수 있는 사람들을 발견하는" 걸로 목표를 바꿨다.

문제는 그것만이 아니었다. "아무래도 프로젝트 이름이 영……." 그도 롯데 자이언츠 팬이었다.

오합지졸?

첫 모임 참석자는 51명. 전공이며 직업은 천차만별. 좋게 말해 어떤 돌발 상황에도 대응할 수 있을 만큼 구성이 다양했고, 나쁘게 말하면 과학 논문 쪽으로는 경험이랄 게 없는 오합지졸이었다. 직장인, IT 전문가, 대학원생, 기자, PD, 판사 등, 이공계 전공자는 절반 정도밖에 없었고, 전문적인 과학 연구 경험자는 더 적었다.

정재승 교수는 데이터 수집팀, 데이터 분석팀, 과학 논문 작성팀, 우리말 보고서팀, IT 지원팀, 운영팀 등 총 6개 팀으로 나누는 구상을 들고 왔다. 매주 토요일 모임을 갖되, 한 주는 팀별 회의를 해서 논의를 진행시키고, 다음 한 주는 전체 회의를 해서 진도를 공유하는 방식이었다. 정재승 교수는 철저하게 조언자, 아니 차라리 관찰자로 자기 역할을 한정할 생각이었다. 그는 팀별 회의는 건너뛰고 내용을 공유하는 전체 회의만 참여하기로 했다.

수집팀은 프로 야구 데이터 30년치를 확보한다. 끈기와 정보 검색 능력, 협상력이 필요하다. 프로젝트의 성패를 가르는 팀이다. 여기서 진도가 지체되면 모든 팀이 손가락만 빨고 있어야 한다. 이 팀은 데이터 수집이 끝나는 대로 흩어져 각자 원하는 팀으로 재배치될 계획이다.

수집팀 인원이 많이 필요는 없었다. 어디에 원하는 데이터가 있는지를 확인하고, 프로젝트가 합법적으로 자료를 이용할 방안을 타진하면 되는 일이었다. 데이터 검증은 어차피 팀에 관계없이 참가자 전원이 달라붙어야 하니 논외. 다섯 명으로 이뤄진 단출한 팀이 꾸려졌다. 문제의 홍길동과 오원기가 이 팀에서 만났다. 나는 수집팀이 과제를 끝내기까지만 아무 일이 없기를, 혹 무언가 충돌이 있을 거라면 아예 초반에 있기를 바랐다. 둘 중 하나는 이루어졌다.

수집팀이 데이터 수집에 성공하면 분석팀이 넘겨받은 데이터를 분석한다. 프로젝트 과제를 정확히 이해해야 하고, 통계 분석 능력도 갖춰야 한다. 백인천 프로젝트의 꽃이다.

20명 가까운 지원자가 분석팀으로 몰렸다. 절대 다수가 남자였다. 프로젝트에 참여한 야구광 대부분이 데이터 분석을 하겠다고 온 이들이니 당연한 결과였다. 분석이 진행되면서 드러나게 되지만, 야구 데이터를 다루는 능력도 들쭉날쭉했고 특히 통계 분석의 전문성이 있는 지원자는 손에 꼽다시피 했다. 전문가 모임과는 다른, 불특정 다수가 참여하는 프로젝트다운 구성이다. 이런 분석팀 구성은 이후 프로젝트의 경로를 결정적으로 규정했다.

논문팀은 분석팀의 분석 결과를 학술 논문 형식에 맞게 정리한다. 논문 작성 경험이 필요하고, 영어도 능숙하게 다뤄야 한다. 프로젝트의 최종 결과물인 과학 학술 논문이 이 팀의 손에서 태어난다.

여기는 가장 프로페셔널한 팀이다. 아무리 집단 지성 프로젝트라지만, 엄격한 형식을 갖춰서 영어로 써야 하는 학술 논문 작성까지 집단 지성이 해결해 줄 수는 없다. 학술 논문을 써 봤거나 곧 쓸 예정인 과학 전공자들이 모였고, 통·번역 전문가도 합류했다. 합쳐 봐야 7명이었다. 분석팀과의 묘한 대조. 이 팀은 5명이 여자였다.

내가 대학원생으로 오해했던 두 사람 중 여자 쪽도 논문팀이었다. 김효임은 지구 물질 과학 박사 과정을 밟고 있다. "내 논문 안 쓰고 이거 한 거 알면 교수님이 혼낼 텐데."를 프로젝트 내내 입버릇으로 달고 다녔지만, 술이 몇 잔 들어가면 "이거 안 했어도 어차피 제 논문은 별 차이 없었을 거예요."라고 천기누설을 하곤 했다. 그녀는 1년 전 정재승 교수의 최초 트윗에 반응을 보였다가 1년 내내 정재승 교수에게 '찜'을 당했다. 정재승 교수는 잊을 만하면 트위터로 그녀의 옆구리를 찔렀다. "효임 씨, 백인천 프로젝트 잊지 않고 있지요?" 아무리 집단 지성을 내세웠다 해도, 과학 연구자 하나 없이 프로젝트가 진행되는 것은 정재승 교수에게도 악몽이었다.

우리말 보고서팀은 일종의 홍보팀이었다. 프로젝트 진행 과정을 관찰해 기록으로 남긴다. 대중에게 결과물을 공개하는 보도 자료와 결과보고서 작성도 이 팀의 몫이었다.

한글 읽고 쓰는 것 말고 할 줄 아는 게 없었던 나는 보고서팀으로 갔다. 분석팀을 좀 고민하기는 했는데, 아무래도 민폐가 될 게 틀림없어서 관뒀다. 보고서팀도 덩치가 제법 컸다. 프로젝트에는 흥미가 있지만 딱히 기여할 것이 없다는 나 같은 참가자가 많았고, 분석 결과물보다도 이 초유의 프로젝트가 결과를 이끌어내기까지의 과정이 더 흥미로워서 관찰자 자리를 찾아왔다는 참가자도 꽤 됐다.

보고서팀은 보도 자료와 한글 보고서가 주된 업무인데, 이건 프로

표 3-1 | 백인천 프로젝트 인원 구성.

구분	SUM	총괄	운영	데이터 수집	데이터 분석	과학 논문	IT 지원	비주얼	기타
인원	●●	•	●●●●●●●●●	●●●●●	●●●●●●●●●●●●	●●●●●●●●	●●●●●	●●●●●●●●●●●●	●●●●●●●●
남	●●	•	●●●●●	●●●●	●●●●●●●●●	●●	●●	●●●●●●●●	
여	●●●●●●●●●●●●●●●●●●●		●●●●	•	●●●	●●●●	●●	●●●	
20대	●●●●●●●		●●		●●●●●●	●●●		•	
30대	●●●●●●●●●●●●●●●●●●●●●●		●●●●●	●●●●	●●●●●●●	●●●●	•	●●●●●●●●	
40대	●●●●●●	•			●●●			•	
인문 사회계	●●●●●●●●●●●●●●		●●●●	●●●	●●●●●●●	•	●●	●●●●●●	
이공계	●●●●●●●●●●●●●●●		●●●●	•	●●●●●●●	●●●●●	●●	●●●●●	
예체능계	●●●●		•			•	●	•	
기타	●●								
연구 경험 Y	●●●●●●●●●●●●●●●●●	•	●●	●●	●●●●●●●	●●●●	•	●●●●●	
연구 경험 N	●●●●●●●●●●●●●●●		●●●●●	●●	●●●●●	●●●	●●	●●●●●●●	
야구	●●●●●●●●●●●●●●●●●●●●●●	•	●●●●●●●	●●●	●●●●●●●	●●●●●	●●●	●●●●●●●●	
과학 연구	●●●●●●●●●	•	•	•	●●●●●			●●	
집단 지성	●●●●●●●●●●●●●●		●●●		●●●●●●		•	●●●●●●●	
천목	●●●●●							●●	
기타	●●●●				●●●●				
삼성	●●●●●					●●	•	●●●	
롯데	●●●●●●●●●		•	•	●●	•	•	●●●	
SK	●●			•				•	
KIA	●●●●●●●●			•		●●●	●●	●●	
두산	●●●●●●			●●		●●●		•	•
LG	●●●●			•		•		●●	
한화	●●●				•		●●		
넥센	•			•					
기타	●●●●●●●●●●●			●●	●●	●●●●●●	•		●●●●●

* 지원자 기준이다.

젝트 결과물이 나올 때쯤에나 시작할 일이었다. 시간이 좀 있었다. 나는 각 팀별 파견 취재를 제안했다. 직업병이다. 미리 팀별 논의 과정을 봐 두면 나중에 리포트를 쓸 때 도움이 될 것 같았다. 받아들여지는 분위기가 되자, 날름 분석팀 파견을 지원했다. 분석팀에 속해도 기여할 능력은 없는데, 분석 과정은 꼭 보고 싶어서 꼼수를 좀 쓴 셈이다. 다행히 다들 내 꼼수를 묵인해 줬다. 이후로도 나는 프로젝트 내내, 입으로 할 수 있는 장면에서는 열심히 떠들다가도, 뭔가 손으로 일을 해야 할 타이밍이 되면 총선 취재 핑계를 대면서 뒤로 빠지기를 반복했다. 용케 안 쫓겨나고 끝까지 버텼다.

IT 지원팀은 프로젝트의 온라인 논의를 지원하고, 결과물을 홈페이지 형태로 남기는 플랫폼 제작을 담당했다. 홈페이지를 채울 내용을 넘겨주는 데 놀라울 정도로 게을렀던 다른 팀들 덕에 고생이 이만저만이 아니었다.

운영팀은 사령탑이다. 팀별 진행 상황을 수시로 체크하고 조율한다. 특히 커뮤니케이션이 중요한 수집팀 - 분석팀 - 논문팀 사이를 부지런히 오가면서 프로젝트를 굴린다. 소소하게는 모임 장소 섭외부터 커피 서빙까지 나서서 도맡았다.

정재승 교수 연구실의 대학원생으로 오해받았던 두 사람 중 마분지와 가망 없는 싸움을 벌였던 남자, 신은교가 운영팀장이 됐다. 시대에 한참 뒤진 내 눈에 그는 스마트폰만 쥐어 주면 맥가이버가 되는 사람으로 보였다. 모든 모임의 속기와 영상 기록을 스마트폰 하나로 잘도 해냈다. 공식 트위터 계정을 관리하면서 참가자들의 모든 동선을 꿰다시피 했다. 프로젝트의 흐름을 훤히 들여다보던 신은교는 그만이

할 수 있었던 결정적인 판단으로 프로젝트를 살리게 된다.

첫 번째 고비

첫 번째 고비는 금방 찾아왔다. 프로젝트 초반에는 데이터 수집팀의 일이 진척되기를 기다리는 수밖에 없었다. 그런데 수집팀이 좀 이상했다. 팀원끼리 소통이 안 되는 게 밖에서 봐도 확연했다. 어디에서 데이터를 모으고 어떻게 분담을 해서 검증을 할지 합의가 끝난 사항을, 다음날이면 홍길동이 뒤엎는 상황이 몇 차례 반복됐다. 다른 팀원들은 하나같이 이유를 알 수 없다고 했다. '플레이바이플레이(Play-by-Play, PBP라고 하며 투수의 피칭과 타자의 스윙 등 모든 플레이 하나하나에 대한 상세 데이터)' 자료를 구해야 한다거나, 외부 업체와 제휴를 하자며 독단으로 접촉을 시도하거나 하는 등 대체로 방향도 종잡을 수가 없었다. PBP는 물론 있으면 분석거리가 풍부해져서 좋기는 하지만, 적어도 굴드 가설 검증에는 전혀 필요가 없다.

   지켜보는 몇몇은 홍길동이 프로젝트의 콘셉트를 이해하고 있는지 의심하기 시작했다. 하지만 하필 그가 팀장이었고, 합의되지 않은 내용을 팀장 명의로 전체 참가자들에게 뿌릴 수가 있었다. 그리고 그는 그렇게 했다. 말하자면 홍길동은 첫날부터 쭉 "내가 보스다." 놀이를 하고 있었다. 깃털을 지나치게 넓게 펼친 공작새 수컷이었다. 덕분에 수집팀 일정은 계속 뒤로 밀렸고, 백인천 프로젝트 전체가 사실상 개점 휴업 상태였다.

자발적·수평적 모임은 이럴 때가 가장 곤란하다. 지나치게 의욕적인 참가자가 정작 프로젝트의 흐름을 끊을 때, 그를 제어할 수단이 마땅치 않다. 다들 동등한 자원자 자격이어서 통제가 불가능하다. 유일하게 권위를 가진 사람은 정재승 교수이지만, 그는 이 프로젝트를 나서서 이끌어 갈 생각은 없었다. 피치 못할 상황까지 몰리지 않는 한 정재승 교수는 프로젝트 내내 리더라기보다는 조언자·관찰자였다.

그렇게 다들 속만 태우고 있을 때, 프로젝트 공식 트위터 계정에 공고가 올라왔다. "홍길동 씨가 프로젝트에서 하차합니다. 앞으로 수집팀은 박상화 씨가 팀장을 맡습니다." 너무 빠르지도 느리지도 않은 타이밍. 참석자들이 수집팀의 문제를 인식할 만큼은 충분히 기다렸고, 수집팀 문제가 전체 프로젝트의 발목을 잡지는 않을 만큼 충분히 빨랐다. 감정을 드러내지 않은 공지는 건조하고 무심하게 사실만을 툭 던졌다. 토론 생략. 더 이상 논의할 여지가 없는 기정사실이라는 인상을 줬다. 나는 정재승 교수의 개입 시점과 방식이 절묘하다고 생각했다.

그런데 아니었다. 홍길동의 하차는 운영팀장 신은교의 결단이었다. 수집팀의 갈등이 고조되는 상황을 관찰하던 신은교는, 더 이상 방치할 수 없다고 판단한 시점에서 본인 판단으로 공지를 띄워 버렸다. 모든 팀의 진행 상황을 볼 수 있고 전체 공지 권한을 가진 운영팀장이어서 가능한 일이었다. 불특정 다수의 자원자 모임에서 누가 누구를 '자를' 수 있다는 생각부터가 쉽게 떠오를 수 있는 상황은 아니었는데, 과감했다.

그가 '결정적 시점'이라고 느낀 것은 언제였을까? "수집팀 내에서 문제를 해결하기 위해 다른 팀원들이 홍길동에게 연락을 하려 했는데, 홍길동은 전화가 고장났다며 연락을 받지 않았다더군요. 그런데 제게 고장이 났다는 그 전화로 연락이 온 겁니다. 여러 가지로 주시하던 차에(아시잖아요?), 이 분은 소통과 협력의 의지가 없고 개선의 여지도 없다고 그때 최종 결론을 내렸죠." 그는 '제명 공지'는 자기 판단이었고 정재승 교수에게는 사후에 알렸다고 했다. 정재승 교수는 무덤덤했다고 한다.

서로에게 강제력이 없는 자발적 모임에서 홍길동과 같은 인물이 등장했을 때 가장 흔한 결과는 다수 참가자가 이탈하는 것이다. 이런 인물을 상대로 맞서 논쟁을 벌여서 얻는 것은 많지 않고, 이탈은 아주 간단하다. 이탈은 개인에게 '합리적 선택'이 되고, 충돌은 홀로 부담을 지는 '비합리적 선택'이 된다. 다들 이탈이라는 합리적 선택을 하면, 모임은 끝이 난다. 파국으로 가는 가장 흔한 경로다. 홍길동의 하차 공지가 올라온 것은 수집팀에서 이런 징후가 막 보이려던 시점이었다. 스트레스로 떨어져나가는 팀원이 발생하기 직전이었다. 신은교는 합리적 선택으로 도망가지 않으면서도, 가장 정확한 타이밍을 잡아내 자신의 부담은 최소화했다. 나는 후에 그에게 "정치해 볼 생각 없나?"라고 물었던 적이 있는데, 반쯤은 진담이었다.

화성에서 온 야구광, 금성에서 온 통계광

1월 21일. 분석팀 첫 모임이 있었다. 나는 보고서팀의 관찰자 자격으로 참석했다. 머릿속에는 오원기의 질문(왜 '오른쪽 벽'이 하필 4할인가?)을 포함한 몇 가지 '굴드 너머'에 대한 파편적인 아이디어들이 있었다. 굴드 가설에 대한 논의가 빠르게 끝난다면 테이블에 던져 볼 생각이었다. 관찰자이니 최대한 말을 자제해야 할 텐데, 입이 근질거려서 그게 가능할지가 걱정이었다.

산업 공학 박사 과정을 밟고 있는 박종혁은 훗날 만만찮은 야구 오덕으로 확인되지만, 분석팀 첫 모임에서 얻은 그의 첫인상은 야구에는 관심 없는 통계 전문가였다. 그는 '샌프란시스코 자이언츠와 KIA 타이거즈의 팬이면서도, 시카고 컵스와 LG 트윈스 팬인 양 자학 개그를 즐길 줄 아는' 야구 팬이었지만(나는 한동안 그를 컵스-트윈스 팬으로 알고 진심으로 안쓰러워했다.), 야구판의 낭만적 속설들을 기각할 만큼은 엄밀한 통계광이었다. 그의 트위터 프로필에는 딱 여섯 글자만 적혀 있다. "통계, 통계, 통계."

그가 일종의 기조 발제를 했다. 내용은 이랬다. ① 한국 프로 야구에도 굴드 가설은 성립한다. 한국 프로 야구의 생태계는 4할 타자가 등장하기 힘들 만큼 충분히 안정적이다. ② 다만, 굴드가 본 미국 프로 야구의 '안정화되는 과정'은 없으며, 30년 리그 내내 이미 '안정된' 상태인 것으로 보인다. ③ 이것은 한국에 프로 야구가 도입된 시점에 야구라는 스포츠가 이미 체계가 잡혀 있었기 때문일 수 있다. ④ 그럼 백인천의 4할은 뭔가? 외계인이다. 상위 생태계(일본 프로 야구 리그)에서 난입한 개체가 낸 기록이므로 한국 리그 생태계 분석에서 외계인으로 취급해야 한다. ⑤ 실제로 1982년 시즌에서 백인천의 기록을 빼고 보면 타율 생태계는 이미 안정된 수준에 이르러 있다.

그림 3-4 | MBC 청룡 창단식 때의 백인천 감독.

야구는 이미 안정화 과정이 끝난 상태로 수입됐고 4할 타자는 생태계 외래종의 난입이라는 이 '백인천 외계인설'은, 분석팀 모임 며칠 전 오원기도 자신의 블로그에 올려둔 가설이었다. 상당히 그럴듯했다. 잘하면 굴드 가설을 빨리 해결하고 다음 단계로 넘어갈 수도 있겠다 싶었다. 하지만 문제가 없는 것은 아니었다. 몇 번을 망설이던 나는 결국 박종혁의 발제를 끊을 수밖에 없었다. "저기 죄송한데, CV 값이 뭔가요?"

내가 쪽팔림을 무릅쓰고 이 질문을 했을 때, 회의 테이블에는 묘한 기운이 감돌았다. 그건 분명 안도감이었다. 그 자리에 있던 야구 팬 열의 여덟은 CV 값이 뭔지 모른다는 걸 느낌으로 알 수 있었다. 최소한, 나만 그걸 모르는 건 아니었다. 통계 분석의 기초 개념인 CV(변동 계수)

개념을 모르는 사람이 다수라는 데 박종혁은 좀 당황한 것처럼 보였지만, 현실이 그런 걸 어쩌랴. 이건 집단 지성 프로젝트다. 그 말은, 모든 구성원이 비슷한 전문성을 가지리라 가정하면 안 된다는 뜻이기도 하다.

생각보다 빨리 끝날 수도 있겠다는 기대는 과한 것으로 드러났다. '굴드 너머'는 꿈도 못 꿀 분위기였고, 굴드 가설까지 가는 것도 보통 일은 아니었다. 문제는, 문제라고 할 수도 없는 당연한 일이지만, 야구 팬이 너무 많다는 거였다. 데이터와 통계에 대한 모든 논의는 너무나도 쉽게 끝도 없는 야구 수다로 넘어갔다. 노트북과 메모지보다는 500시시 생맥주잔이 훨씬 어울리는 분위기가 됐다. 야구광들은 화성에서, 통계광들은 금성에서 온 게 틀림없었다. 아예 쓰는 언어부터가 달랐다. 거의 통역이 필요해 보였다. 두 별 사람들이 서로의 언어를 익히기 전에 프로젝트가 끝날 판이었다.

1994년 이종범. 3할 9푼 3리. 백인천 이후 한국 프로 야구에서 타자가 최고 타율을 기록했던 시즌이다. 한국 프로 야구 생태계가 출발부터 안정되어 있었다면 1994년 이종범은 어떻게 설명할 수 있냐는 질문을 누군가 던졌다. 번쩍, 스위치가 켜졌다. '화성에서 온 야구광'들은 "1994년 이종범"이라는 말을 듣는 것만으로도 그해 타율 0.393을 정확히 기억해 냈다. 어떤 천적 투수가 이종범의 4할을 저지했는지, 이종범의 1994년 시즌과 심정수의 2003년 시즌 중 어느 시즌이 더 위대한지, 자기가 직접 본 이종범은 어떤 선수였는지, 왁자지껄한 수다판이 벌어졌다. "그때 이종범이 여름에 육회 잘못 먹고 배탈이 나지만 않았어도 정말로 4할 쳤을 거라니까요. 본인이 직접 한 이야기에요, 이건!" 토론 주제가 통계 분석에서 육회로 넘어가는 데 5분도 채 걸리지 않았다.

수다판이 벌어지는 동안 '금성에서 온 통계광' 박종혁은 조용히 노트북을 타닥타닥 두드리고 있었다. '화성에서 온 야구광'들의 흥이 절정에 달할 때쯤, 그는 특유의 조용한 목소리로 말했다. "1994년 시즌의 타율 분포가 정규 분포라고 가정하면, 이 해의 정규 분포에서 이종범의 타율 0.393이 출현할 확률은 50시즌에 한 번으로 예측됩니다. 한국 프로 야구가 30시즌을 보냈으니, 따로 설명이 필요할 만큼 이례적인 사건으로 보이지는 않네요." 회의실은 찬물을 소방 헬기로 뿌린 분위기가 됐다.

그날은, 어쩌면 프로젝트 내내, 대체로 이런 식이었다. 종족이 두 개야. 언어가 달라. 통역이 필요해. 나는 절박한 기분으로 속으로 중얼거렸다.

창조론자에서 진화론자로

어쨌거나 '생태계가 이미 안정된 상태로 수입됐다.'라는 가설은 흥미로운 아이디어였다. 이것은 야구라는 생태계가, 투수-포수 간 거리(현재와 같은 18.44미터로 정착된 것은 1893년이다.), 볼넷 규정(볼 아홉 개에 출루하던 것이 점점 볼 개수가 줄어들어, 1889년 볼 네 개에 출루하는 것으로 정착한다.), 파울 규정(파울볼이 스트라이크로 카운트되기 시작한 것은 1901년이다.), 장비와 경기장의 규격화, 스트라이크 존 변화, 공인구 반발력 등 각종 규칙과 제반 조건의 조정을 통해 균형에 도달한다는 관점을 함축하는 것이었다. 한국과 일본은 그 균형을 맞춘 이후의 야구를 수입해 생태계가 출발부터 안정적이었다는 것이 이 가설의 요지다.

이렇게 보면 첫날 등장한 "왜 오른쪽 벽은 3할도 5할도 아닌 4할인가?"라는 질문은, "왜 야구라는 게임은 하필 지금과 같은 수준에서 균형에 도달했는가?"와 같은 질문이 된다.

퍼뜩 떠오르는, 검증되지 않은 아이디어가 있었다. 이건 진화론의 세계였다. '언제든 다른 오락으로 눈을 돌릴 수 있는 관중'이라는 강력한 선택압이 존재하기 때문에, 게임을 흥미롭게 만드는 요소는 선택되고 아닌 요소는 도태된다. '볼 아홉'과 '파울 노카운트' 따위의 지루한 규정은 도태됐다. 반발력이 지나치게 높거나 낮은 공인구도 오래 쓰이지 못했다. 무조건 공격을 촉진한 것만도 아니었다. 1990년대 약물 시대를 거치면서 홈런이 급증하자 메이저 리그 사무국은 도핑 테스트를 도입한다. 홈런은 약물 시대 이전 수준으로 돌아갔다.

관중이라는 선택압은 결국 야구라는 게임을 '한 경기에 3시간쯤 걸리고 한 팀이 4~5점을 뽑는 경기'에서 균형을 찾게 만든 것이 아닐까? 경기 규칙과 제반 규정이 선택압에 반응해 도달한 균형의 세계. 예전의 나는 야구의 이 절묘한 균형에 매료되어 이 게임을 만들어 낸 사람은 천재가 틀림없다고 믿었다.

이를테면 포수와 2루 베이스 간의 거리는 그야말로 기가 막히지 않은가? 초일류의 주자라면 도루 성공률 80퍼센트를 넘기고, 초일류의 어깨를 가진 포수는 도루 성공률을 60퍼센트 아래로 묶어 둘 수 있는, 딱 그 정도의 거리. 그런데 한참 뒤에 이뤄진 통계 분석을 보면, 한

베이스를 더 가는 이득보다는 아웃 카운트 하나가 올라가고 주자가 사라지는 손해가 훨씬 크기 때문에, 도루는 대충 70퍼센트 이상의 성공률을 거둘 때에만 실제로 팀에 기여할 수 있는 공격 방법이다. 야구의 발명자는 결코 알 수 없었을 이야기지만, 그럼에도 그는 정확한 균형점을 찾아냈다.

도루가 얼마나 미묘한 균형 위에 서 있는지는 사회인 야구를 보면 안다. 주자의 주루 능력보다 포수의 송구 능력이 더 큰 폭으로 떨어지는 리그에서는, 도루는 도박적인 옵션이라기보다는 필수 공격 기술이 된다. 동네 야구에서는 아예 도루가 금지인 경우가 꽤 많다. 우리가 보는 야구는 이렇게 한쪽으로 조금만 기울어도 와장창 무너져 버리는 아슬아슬한 균형점 위에 서 있다. 이런 균형을 만들어 낸 사람이 천재가 아닐 수도 있나? 말하자면 나는 야구를 최초로 발명한 사람의 위대함을 찬양해 마지않는 '창조론자'였다.

백인천 프로젝트에서 만난 "왜 4할인가?"라는 질문은 나를 창조론자에서 진화론자로 전향시켰다. 균형은 천재가 만들어 낸 것이 아니라 변덕스러운 관중이라는 선택압에 야구가 적응해 오는 과정에서 도달한 것이라는 생각은, 떠올리고 보면 너무 단순하고 자명해 보여서 거의 어처구니가 없을 정도다. 초창기 야구 규칙과 경기장 규격의 변천 과정도 완전히 새로운 의미로 보였다. 그러니까 나는 진화의 증거를 숱하게 알고 있으면서도 정작 진화라는 아이디어를 떠올리지 못했던 19세기 박물학자의 눈으로 야구를 대하고 있었던 셈이다. 선택압에 탁월하게 적응을 거듭해 온 결과물을 두고, 엉뚱하게 창조자에 영광을 돌렸던 것까지도 꼭 닮았다.

멘붕의 현장

과대망상은 여기까지만 하자. 어쨌든 나는 이날, '오른쪽 벽'이 왜 하필 4할인가 하는 화두에, 관중이라는 선택압이 만들어 낸 게임의 최적 균형점이 거기라는 가설을 제안했다. 이 제안에 박종혁은 "모의 실험이 가능할지도 모르겠다."라며 아이디어를 내놓았다. '한 경기에 3시간쯤 걸리고 한 팀이 4~5점을 뽑는 경기'를 관중이 가장 선호하는 균형점이라고 가정할 때, 여러 야구 규칙을 컴퓨터에 집어넣고 이 균형점에 먼저 도달하는 규칙이 무엇인지, 그것이 현행 야구 규칙과 얼마나 비슷한지 비교하는 모의 실험이 가능하리라는 제안이었다. 즉석에서 나온 가설이며 제안이라 서로 확신은 없었지만, 최소한 따져보는 게 재미있겠다는 생각은 들었다.

하지만 이 기획은 프로젝트가 끝날 때까지 다시 거론될 일은 없었다. '굴드 너머'는 저너머로 사라졌다. 프로젝트 진행 과정에서 나온 다른 수많은 흥미로운 아이디어들 역시 마찬가지 운명이었다. 프로젝트가 진행될수록 시간과 참여 동력의 한계가 턱밑까지 차오르는 게 느껴졌다. 굴드 가설을 검증하는 논문 하나를 만들어 내는 것이 현실적인 목표가 되었다.

'굴드 너머'를 고민하고 기대했던 프로젝트 멤버들은, 이 프로젝트가 끝나는 대로 '시즌 2'를 기획해서, 잠깐 등장했다 사라진 아이디어들을 본격적으로 갖고 놀아 보자는 공감대를 만들기 시작했다. 후에 보게 되겠지만 이런 공감대는 실제로 '프로젝트 시즌 2'로, 그리고 생각지도 못했던 프로페셔널한 '야구 학회'의 창설 움직임으로 이어지게 된다. (2013년 6월 1일 야구 학회가 공식 출범했다.)

2월 한 달 동안 프로젝트는 사실상 제자리를 맴돌았다. 참여의 에너지는 신기할 정도로 높게 유지되고 있었다. (예상할 수 있듯 첫날 참석자들 중에서는 어느 정도 이탈이 나왔지만, 2주차 이후로는 이탈이 현저하게 줄었다.) 하지만 화성 야구광과 금성 통계광이 통역 없이 대화한다는 건 여전히 최대 난관이었다. 2월 11일 분석팀 회의는 절정이었다.

계량 경제학을 전공하는 남상욱은 이날 회의에서 굴드가(그리고 그를 따라 백인천 프로젝트가) 사용한 통계 분석의 전제에 의문을 제기하는 급진적인 의견을 내놓았다. 내가 이해하지 못한 전문적인 대목을 빼고 말하자면(사실은 거의 다 이해를 못했다. 그러니 독자 여러분이 무슨 말인지 모르겠다고 해도, 그건 내 잘못이지 여러분 잘못이 아니다.), '그해 타율'을 대상으로 변동 계수를 구하는 방법은 표본을 편향되게 추출한다는 문제 제기였다.

낮은 타율의 타자들 또한 분명 생태계의 구성원으로 분석되어야 하지만, 이들은 출전 기회가 적을 것이므로 고타율의 타자보다 높은 확률로 배제된다. 남상욱은 이렇게 저타율 타자를 편향적으로 배제한 표본을 분석하면 실제 생태계보다 평균은 높게(저타율 타자들이 빠졌으므로) 분산은 작게(분포 곡선에서 왼쪽 꼬리가 잘려나갔으므로) 나오는 잘못된 분석이 될 것이라 주장했다. 말하자면, 굴드와 프로젝트가 분석 대상으로 삼은 '그 시즌의 규정 타석(경기당 3.1타석이다.) 또는 경기당 2타석을 채운 타자'는 한국 프로 야구라는 생태계에서 상대적 고타율 타자만을 대상으로 하므로 잘못된 표본이라는 것이 남상욱의 주장이다.

그렇다고 기준 타석수 제한을 포기할 수는 없다. 한 시즌에 두 타석만 나와 1안타를 친 타자는 5할 타자이다. 표본에 집어넣는 순간 데이터는 엉망이 된다. 기준은 필요하다. 하지만 기준을 세우는 순간 저타율 타자의 배제는 필연이다. 딜레마가 아닐 수 없다.

남상욱이 내놓은 대안은 A년도 시즌의 데이터를 분석할 때에는 그 전년도(즉 (A-1)년도 시즌)의 규정 타석 타자를 대상으로 하자는 것이었다. 그는 이것이 자신이 공부하는 개량 경제학에서 표본의 편향을 피하기 위해 사용하는 유력한 대안이라고 소개했다.

참석자들은 2월 11일 분석팀 회의가 "멘붕의 현장"이었다고 회상한다. ('멘붕'은 '멘탈 붕괴'의 줄임말로 정신적 혼란 상태에 빠졌음을 나타내는 인터넷 은어이다.) 한 참석자는 "이야기가 돌고 돌고 돌고, 또 돌았다. 남상욱의 발제는 굴드 가설의 전제가 틀렸다는 공격이었는데, 몇몇 팀원은 굴드 가설 자체가 소화가 덜 된 상태였다. 그러니 논의가 진행될 리가 있나. 회의는 예정 시간을 훌쩍 넘겨 3시간 동안 진행됐는데, 이렇다 할 진전은 없었고 엄청나게 헛바퀴를 돌았다."라고 회상했다.

이쯤이면 결론이 날 수가 없는 상태다. 애초에 화성과 금성만큼 멀었던 통계광과 야구광의 거리는 이제 다른 은하만큼이나 멀어 보였다. 그러나 결국 결론은 났다. "뭔가 동의가 이뤄졌다기보다는, 발제자나 토론자나 다들 지쳐 버렸던 것 같다. 다음 주 전체 회의에서 남상욱이 다시 한번 발제를 하는 걸로 했다. 분석팀 내에서는 수용이든 기각이든 어떻게 해 볼 도리가 없다는 데 동의한 셈이다." 말하자면, 골치 아픈 문제는 정재승에게 떠넘기기로 결정한 셈이다.

남상욱은 후에 "2주 이상 고민했던 문제가 10분 만에 의미 없는 문제로 결정되어 버렸다."라고 회상했다. 전체 회의에서 그의 발제는 10분 만에 정재승에게 기각되었다. 정재승의 논리는 "타자의 타율은 사전에 정해진 확률 분포를 갖고 있지 않으므로, 저타율 제거 편향이 없는 '이상적인 상태'는 존재하지 않는다."라는 것이었다. 남상욱이 '편향'이라고 주장한 그 생태계가 사실은 '실제 생태계'라는 의미다. (내가 쓰면서도 제대로 쓰고 있는 건지 모르겠다.)

남상욱은 정재승의 '기각'에 동의하지는 않았지만, 이후 프로젝트에서 적극적으로 의견을 내는 일은 없었다. 그는 마지막까지 통계 분석에 대한 기술적인 조언을 하며 논문 완성에 크게 기여했다. 하지만 논의의 방향에 대한 제안은 이때가 마지막이었다. 프로젝트가 전부 마무리되고, 일반에 공개된 우리말 보고서에서 남상욱은 당시 자신의 논지를 설명하는 글 「굴드에 반대했다」를 실어 아쉬움을 달랜다. 그 글이 없었다면, 나는 그의 논지를 대충이라도 여기 적어 둘 수조차 없었을 것이다. (남상욱의 이 글은 백인천 프로젝트와 공식 홈페이지에서 확인할 수 있다.)

우린 다 속고 있는 거예요

3월이 되었다. 프로젝트가 표류하고 있다는 건 이제 누구의 눈에도 분명해 보였다. 통계를 다룰 줄 아는 박종혁과 남상욱, 방향을 제안할 수 있는 오원기는, 이 시기에 누구는 본업 때문에, 또 누구는 '멘붕'을 치유하느라, 프로젝트에 거의 참여하지 못했다. 분석팀에서는 몇몇 금성에서 온 참석자가 '데이터'로 관심과 진로를 돌리려는 노력을 하고 있었지만 한계가 있어 보였다.

예정된 논문 마감일(2012년 4월 6일, 이날은 2012년 프로 야구 개막일 하루 전이었다.)을 한 달 앞두고, 여전히 논문 초안은커녕 제대로 된 분석 결과도 확보가 안 돼 있었다. 데이터 초벌이 나온 후에도 여러 차례의 추가 분석과 수정이 필요할 것은 뻔히 예상이 되었는데, 아직 시동도 못 걸고 있었던 셈이다. 이대로라면 시간이 턱없이 부족했다. 아니 시간은 관두고라도, 논문 비슷한 결과물을 만들 수 있을지부터가 문제가 되는 상황이었다.

회의가 있던 3월의 어느 토요일, 유난히 할 일이 없던 멤버 몇몇이 모여 수다를 떨고 있었다. 위기 의식은 누가 먼저 말하지 않아도 다들 공유했다. 대화는 자연스럽게 프로젝트 뒷담화로 흘러갔다.

"분석팀 팀원들 사이에 관점이 너무 다르다. 처음부터 있었던 문제가 3월까지 이어지고 있다." 오래된, 그러나 여전한 이야기. 화성에서 온 야구광과 금성에서 온 통계광.

"지금 와서 생각해 보면, 애초에 분석팀과 논문팀을 나눈 것이 좀 이상했다. 논문의 핵심은 무엇을 연구할 것인가 하는 질문을 정하는 것 아닌가? '질문'이 정확하게 나와 준 다음에야 '분석'도 의미가 있다. 그런데 지금은 정확한 질문을 못 받은 분석팀이 '재밌어 보이는 모든 것'을 분석한 자료를 논문팀에 넘기고, 논문팀은 그걸로 뭘 쓸 수 있을지가 감이 안 잡혀서 멘붕이 오는 구조다. 둘이 애초에 한 팀이거나, 최소한 논문팀이 분석팀을 컨트롤해야 한다." 결과가 질문보다 먼저 나오는 기묘한 도치 상태. 내가 보기에도 문제의 핵심은 이 대목이었다.

"정말 '굴드 가설' 검증만 하고 끝나는 건가요? 해 보고 싶었던 게 많은데." 저도 정말로 그렇습니다만, 지금 추세면 굴드 가설 검증도 못하게 생겼네요. 넣어두세요.

그러던 차에 나온, 뭔가 득도한 듯한 한마디에, 나는 무릎을 쳤다. "우린 다 속고 있는 거예요. 이건 집단 지성 프로젝트가 아니라 사실 '정재승의 뇌과학 실험실'이고, 우리는 뇌의 진화 과정을 재연하고 있는 거죠. 제각각 놀던 신경 세포(뉴런)들이 어떻게 연결돼서 문제를 해결하는가, 혹은 못하는가. 뭐 그런 거? 4할 타자 따위 하나도 중요하지 않다니까요."

아아 이것은 차라리 깨달음의 순간. 나는 보리수 아래의 싯다르타가 된 기분으로 맞장구를 쳤다. "그러니까 우리는 지금, 진화가 덜 된 뇌에서 서로 접속하려 애쓰는 신경 세포들이라는 거죠? 심리학 실험에서 자주 그러는 것처럼, 정재승 교수는 엉뚱한 걸 과제랍시고 내주고 사실은 피실험자 모르게 반응을 관찰하고 있는 거고?" "그런 거죠. 일이 이렇게까지 꼬이는데도 정재승 교수가 개입을 안 하는 이유가 뭐겠어요? 4할 타자 같은 건 다 핑계라니까요."

조금 전까지만 해도 초조하던 마음이 어째서인지 편안해지면서, 그냥 하루 정도는 저 말을 믿기로 했다. 그날의 프로젝트 뒷담화는 결국 그렇게 정재승 교수 뒷담화로 흘러갔다. 제대로 된 논문을 쓰는 연구실 대학원생들도 스트레스는 교수 뒷담화로 푼다더니, 우리는 본격 연구자도 아니면서 그런 건 귀신같이 닮아 갔다.

'굴드 너머'를 포기하다

우리가 그러거나 말거나, 가장 초조한 사람은 정재승 교수였다. 그가 적극 개입했던 것은 아니지만, 어쨌거나 이 프로젝트는 '정재승 브랜드'로 널리 알려져 있었다. 재미삼아 해 보다가 안 되면 안 되나 보다 흐지부지할 수는 없는 일이었다.

2012년 3월 10일. 프로젝트 개시 두 달 만에, 정재승 교수가 최초로 개입했다. 전체 모임이 있던 이날, 분석팀과 논문팀 멤버들은 전체 모임에 앞서 정재승 교수의 연구실에 모였다. 대학원 실험실 경험이 있는 참가자들은 이 날을 '지도 교수 면담일'이라고 불렀다. 손에 쥔 것이 아무것도 없다는 점이 특히 비슷했다. 논문팀은 정말로 빈손으로 면담에 불려가는 대학원생처럼 표정이 안 좋았다. 기록을 위해 나와 윤신영《과학동아》기자도 참석했다.

프로젝트가 현재까지 확보한 분석 결과가 우선 테이블에 올라왔다. 흥미로운 데이터는 많았지만, 일관된 논리는 없었다. "표준 편차는요?" 몇 번이나 이 질문이 나왔다. 정작 논문의 논지를 구성할 핵심 데이터가 비어 있다는 것이 10분도 못 되어서 분명해졌다.

프로젝트의 '현재 스코어'를 확인한 정재승 교수는 목표를 확 좁혀버렸다. '굴드 너머'와 '굴드 이전'의 모든 주제와 아이디어들은 이날 최종 기각되었다. 정재승 교수 본인이 관심을 갖고 있던 '빅 데이터(big data) 분석' 차원의 접근도 이날 기각되었는데, 이유는 단순했다. "빅 데이터가 아니네?" PBP 데이터 수준이 아닌 단순 타율 데이터는, 빅 데이터 분석을 적용하기에는 양이 너무 작았다.

지금까지의 분석 결과 중 상당수는 논문에 반영하지 않는 것으로 결정됐다. 오직 평균과 표준 편차만이 이슈가 되었다. 프로젝트의 유일한 권위(정재승 교수)를 빌려서, 이제서야 '질문'이 정해졌다.

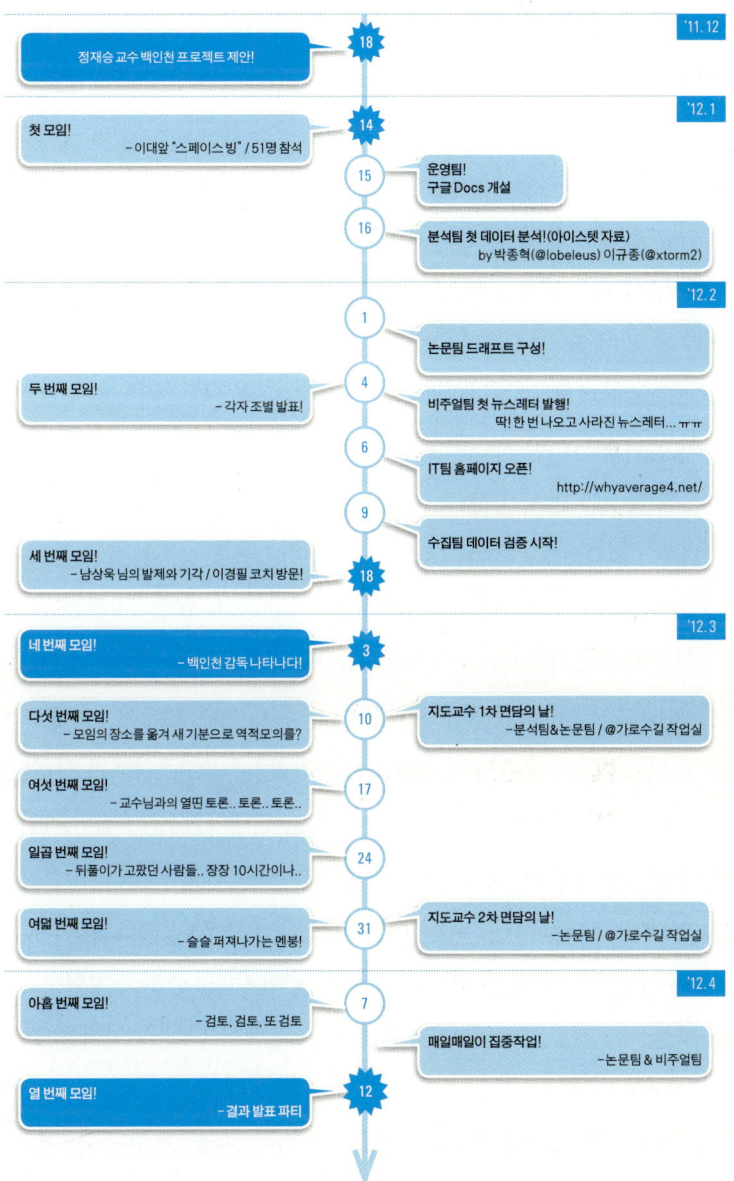

그림 3-5 | 백인천 프로젝트 타임라인.

첫날 발제 이후로 두 달 동안 참여자들의 동의 수준을 끌어올리는 데는 성공했지만, 정확히 평가하자면 먼 길을 돌아 결국 제자리로 온 셈이었다. 여전히 '굴드 너머'에 미련을 가지는 사람도 많았다. 나도 그 중 하나였다. 하지만 이 시점에서는 별 방법이 없다는 정재승 교수의 판단은 틀리지 않았다.

후에 정재승 교수는 "많은 사람이 참여하는 프로젝트였고, 장기화 될수록 힘이 빠지는 국면이었다. 어떻게든 결과를 내는 게 참여자들에게도 중요했다."라고 말했다. 남은 시간은 한 달. 일정을 확 늘리는 것이 불가능하다면(이런 제안도 있었지만, 간단히 진압당했다.), 할 수 있는 것만 하도록 목표를 좁혀야 했다. 프로젝트에서 가장 권위가 필요했던 시점이라면 '홍길동의 난'이 아니라 여기, 미련이 남은 불가능한 목표 '굴드 너머'를 포기하게 만드는 장면이었다.

질문이 확정되자 논의는 급격하게 기술적인 문제로 넘어갔다. 타격 기록에서는 타율 외에 출루율과 장타율이, 투수 기록에서는 평균 자책점 외에 이닝당 출루 허용률(WHIP)과 9이닝당 삼진수(K/9)가 선택됐다. 대부분 합리적이거나 최소한 안정적인 선택이었고(출루율과 장타율의 합인 OPS는 세이버 스탯이지만 요즘은 거의 클래식 스탯만큼 친숙해졌다.), WHIP은 요즘 유행은 아니라지만 그냥 넘어갔다. 그걸 토론하기 시작하면 다시 야구 수다판이 될까 봐 말도 꺼내지 않았다. 두 달 동안의 경험으로, 프로젝트의 진도가 나가려면 뭘 가장 조심해야 하는지 이때쯤에는 다들 알고 있었다.

이제 숙제는 간단해졌다. "평균, 표준 편차. 평균, 표준 편차. 평균, 표준 편차." 6개 기록의 30시즌 평균과 표준 편차. 굴드가 내놓은 '안정화'가 관찰되는지(즉 표준 편차가 의미 있는 정도로 감소하는지) 확인할 것.

그렇다고 해도 마감을 맞추는 것은 불가능해 보였다. 최소한의 분석과 집필 시간이 확보가 안 되는 상황. 개막일에 맞춘 발표는 포기해야 했다. 일정 연기는 불가피했다. 누군가 4월 12일을 제안했다. 최초이자 최후의 4할 타자 백인천의 타율이 4할 1푼 2리(0.412)였다. 야구광들의 모임다웠다.

집단 지성은 민주 지성이 아니다

단어가 주는 어감과 달리, 집단 지성은 민주적인 시스템은 아니다. 집단이 모여 결과물을 만들 때 다수결은 시도조차 되지 않는 방법이다. 분야별로 자연스럽게 리더가 떠오르게 된다. 아이디어를 생산하는 소규모 핵심 집단과, 그 아이디어를 검증·적용·되먹임하는 대규모 기여 집단. 집단 지성 프로젝트의 전형적인 구도이다.

집단 지성의 산물로 즐겨 인용되는 사례 중에 오픈 소스 운영 체제인 리눅스가 있다. 리눅스는 '사용자 15만 명이 만드는 집단 지성 운영 체제'로 널리 알려져 있다. 하지만 『집단 지성이란 무엇인가(We-Think)』(이순희 옮김, 21세기북스, 2009년)의 저자 찰스 리드비터(Charles Leadbeater)의 평가는 좀 다르다. 리드비터는 리눅스가 핵심 프로그래머 400명과 등록 사용자 15만 명이 만드는 이중 구조라는 사실을 알려 준다.

한 명, 한 명의 기여도를 평균하면, 핵심 프로그래머는 일반 등록 사용자와는 비교도 안 되는 큰 기여를 한다. 집단 지성이라 해서 모두가 N분의 1의 기여를 하는 모델은 상상 속에서나 가능하다. 분명, 기여는 불균등하다.

하지만 집단 단위로 평가를 하면 이야기는 달라진다. 비록 개개인이 핵심 집단만큼 큰 기여를 하지는 않지만, 일반 사용자 15만 명이 이따금씩 내놓는 작은 기여의 총합은 핵심 집단의 작업만큼이나 귀중하다고 리드비터는 평가한다.

백인천 프로젝트도 결국 비슷한 양상으로 전개됐다. '질문'이 확정되고 논문 완성까지 한 달밖에 남지 않은 국면으로 들어서면서, 프로젝트의 핵심 집단은 선명하게 떠올랐다. 분석팀과 논문팀의 공식 경로 커뮤니케이션은 줄어들고, 통계 분석에 전문성을 가진 참가자들과 과학 논문 작성 경험이 있는 참가자들의 소규모 미팅이 생겨났다.

비로소 '질문'과 '대답'이 한자리에서 실시간으로 처리되기 시작했다. 논문팀은 박종혁과 남상욱을 납치하다시피 했다. 논문팀은 3월 31일과 4월 8일에도 '지도 교수 면담'을 두 번 더 거쳐야 했다. 다수가 모인다고 결과물이 하늘에서 떨어지는 것은 아니다. 마지막 '노가다'는 결국 소수의 몫이다. 4월이 되자 논문팀과 납치된 분석팀은 이 프로젝트가 본업이나 다름없는 스케줄로 움직였다. 사실상 매일 모임이 있었고, 모든 모임이 늦게까지 이어졌다. 평균, 표준 편차, 논문 한 문장. 다시 평균, 표준 편차, 논문 한 문장. 또다시 평균…….

전문성과 끈기와 책임감, 거기에 약간의 미련함까지 요구되는 이 작업을 모든 참가자가 기여할 수 있었던 것은 물론 아니다. 하지만 마치 리눅스 이용자 15만 명이 집단으로 커다란 기여를 해 내듯, 프로젝트 참가자들은 논문에 데이터 분석보다도 어쩌면 더욱 중요한 기여를 했다. 참가자들은 프로 야구 30년 데이터를 일일이 검증해, 논문의 신뢰성을 결정짓는 데이터 신뢰도를 확보했다.

데이터 검증 과정을 지휘한 수집팀은 모든 참가자들에게 KBO 웹사이트의 기록실 데이터 엑셀 파일과, KBO 기록 대백과 PDF 파일을 돌려 비교 검증을 분담시켰다. 둘 다 KBO 공식 기록이고, 디지털 시대 이전의 기록지를 다른 경로로 디지털화한 결과물이다. 따라서 두 자료가 일치하는 것은 신뢰할 수 있다고 봤다.

눈 빠지는 작업이다. 기록 대백과에 타자 기록은 모두 스물다섯 종류가 실려 있다. 타율, 홈런 같은 주요 기록뿐만 아니라 도루 성공률과 같은 비교적 마이너한 기록도 실렸다. (그렇다 해도 메이저 리그에 비하면 기본 중의 기본만 실어 둔 것이다.)

여기에 그 선수가 뛴 시즌만큼을 곱하면 한 선수의 데이터 총량이다. 네 시즌만 뛰고 사라진 선수라 해도 데이터 개수가 100개다. 열두 시즌을 활약한 주전급 선수라면 데이터 300개를 비교해야 한다. 그나마도 좁은 공간에 집어넣겠다고 데이터가 촘촘하게 붙어 있어서 잠깐 정신줄을 놓으면 내가 어느 줄을 보고 있었는지 헷갈리기 십상이다. 이것을 다시 모든 선수의 모든 시즌 기록으로 모아 놓으면, 전체 분량은 PDF 파일 기준으로 960쪽이다. 한 쪽에 데이터가 20시즌 안팎으로 빽빽하게 들어가는데도 저 정도다.

엑셀과 PDF를 오가다 보면 문득문득 정신이 아득해진다. 정신을 차려 보면 웹사이트 기록의 1987년 시즌과 기록 대백과의 1988년 시즌을 비교하고 있는 자신을 발견하게 된다. 후보급 선수여서 거의 모든 기록이 0의 행진일 때에는 엉뚱한 시즌을 비교하는 사실조차 모르고 몇 시즌씩 진행할 때도 있다. 우리가 이름을 아는 선수보다는 이렇게 기록 대백과에 0의 행진만 몇 줄 남기고 사라진 선수가 훨씬 더 많다. 네댓 시즌을 그럭저럭 출전한 선수 정도만 되어도 30년 프로야구 역사에서 상위 10퍼센트에 들어가는 것처럼 보였다. 나는 박준서(2013년 현재 롯데 자이언츠 백업 내야수)와 이승화(2013년 현재 롯데 자이언츠 백업 외야수)를 좀 더 존중해야겠다고 생각했다.

58명이 달라붙어서 30년치 데이터를 붙잡고 씨름했다. 데이터 검증 작업도 거의 3월 말이 다 되어서야 끝났다. 몇 명이 게으름을 좀 피웠는데, 물론 나는 그중에서도 탁월한 게으름뱅이였다. 나는 공식 기록을 그냥 신뢰하면 안 되나, 공식 기록에 오류가 있으면 그건 KBO 책임이지 우리 책임인가, 뭐, 이렇게 좀 투덜거렸던 것도 같다. 과학 전공이라도 했다가는 큰일날 마인드다.

내가 틀렸다. 백인천 프로젝트는 KBO 공식 기록에서 오류 30건을 발견했다. 웹사이트 기록실 데이터와 기록 대백과 데이터가 불일치하기도 했고, 현저히 비논리적이어서 오류로 볼 수밖에 없는 사례도 있었다. '그까이꺼 대충' 정신을 바탕에 깔고 공식 기록을 신뢰하고 싶었던 나는 꽤 민망해졌다.

어쨌든 덕분에 백인천 프로젝트는 한국 야구 연구에서 가장 정확한 데이터(공식 기록보다 정확한 데이터라고 우리끼리 자화자찬하곤 했다.)를 바탕으로 한 분석 결과를 내놓을 수 있게 됐다. 우리가 오류 30건을 잡아내지 않았다 해도, 분석 결과가 큰 틀에서 달라졌을 것 같지는 않다. 전체 데이터 양에 견줘 보면 30건은 결과를 바꿀 만한 오류는 아니다. 하지만 할 수 있는 한 가장 정확한 데이터를 사용했고, 그렇게 믿을 수 있도록 어떤 검증 과정을 거쳤는지를 보여 줄 수 있었다는 건, 이 프로젝트가 과학의 기본 중의 기본에 정직하고 충실했다는 빛나는 훈장이었다.

나는 프로젝트가 굴드 가설이 한국 리그에도 적용되는지를 검증했다는 사실보다도, KBO의 '두 공식 기록' 간의 불일치 30개를 잡아낸 것이 더 의미 있는 기여라고 생각한다. 전자는 통계 분석의 전문성과 정확한 데이터만 있다면 그럭저럭 해 낼 수 있는 일이라고 한다면, 후자는 생기는 것 없이 맨땅에 헤딩하는 사람 여럿이 있지 않으면 불가능한 성과다. 58명을 맨땅에 헤딩하게 만든다는 건, 그럭저럭 해 낼 수 있는 일보다는 분명 좀 더 어렵다. 전자는 내가 기여한 게 전혀 없지만 후자는 58분의 1 정도 기여해서 하는 말이 절대 아니다. 거 참, 정말 아니라니까.

발등에 떨어진 불

발표일로 예정된 4월 12일이 이제 코앞이었다. 막판이 되자 보고서팀도 발등에 불이 떨어졌다. 결과가 안 나왔다는 핑계로 무임 승차의 신기원을 보여 주던 나와, 나보다는 훨씬 열심이었지만 어쨌거나 결과를 기다리기는 마찬가지였던 다른 팀원들은, 논문의 윤곽이 잡혀 가면서 갑자기 가장 바쁜 팀이 되었다. 바쁜 티를 가장 많이 내는 팀이라고 하는 게 정확할지도 모르겠다. 모임이 있는 토요일마다 약 30분의 불꽃 토론과 업무 분담을 다른 팀 다 보는 데서 한 다음에, 안 보는 곳에서 대충 6시간 안팎의 뒤풀이를 했다.

보고서팀은 최종 보고서와 보도 자료 작성에 들어갔다. 우리 팀의 이름은 프로젝트 초반부터 비주얼팀으로 바뀌어 있었다. 평균 비주얼(외모)이 탁월한 팀이라는 뜻은 물론 아니고, 최종 보고서를 글보다는 이미지와 인포그래픽(infographic) 위주로 구성해 보자는 의지를 반영한 이름이었다. 나는 괜히 민망해서 그냥 시각화팀이라고 불렀다.

아무튼 비주얼팀은 막판 보고서 작업에 더해 언론 섭외 작업까지 담당했다. 팀장을 맡은 윤신영 기자가 보도 자료를 만들어 돌렸다. 몇몇 매체에서 지면이 잡혔다는 소식이 들렸다. 당연하지. 내가 봐도 이런 별난 짓은 업계 용어로 '이야기가 되는' 기삿거리이다. 사회부 기자와 스포츠부 기자와 과학 담당 기자 중 누구 몫인지를 정하는 건 꽤 골치 아픈 일이겠지만. (어쨌든 정치부 기자가 맡은 매체는 단연코 없었다.)

물론 이 정체불명의 프로젝트를 기사로 쓰는 건 또 다른 문제이다. 프로젝트의 결과물인 논문 내용에 초점을 맞추면, 이 주제에 낯선 대중이 짧은 기사로 이해할 수 있도록 풀어내는 게 보통 일이 아니다. 그렇다고 이 별난 짓 자체에 초점을 맞추면, 이들이 왜 이런 짓을 벌이는지 설명이 잘 안 된다. 둘 다 소개하면? 복잡하다. 꽤 큰 지면이 필요하다.

어떻게 이렇게 자신 있게 말하냐고 한다면, 내가 써 봐서 안다. 나는 프로젝트 마감이 다가오면서 석 달간의 여정을 기록하는 기사를 쓰고 있었다. 4·11 총선을 코앞에 두고 잘도 엉뚱한 기사를 붙잡았지만, 사실 내가 일하는《시사IN》과 같은 주간지에는 일종의 맹점이 있다. 큰 선거가 있는 바로 전 주에는 오히려 선거 관련 기사를 쓰기가 애매하다.

주간지는 일주일 동안 시중에 유통되기 때문에, 수요일 선거 이후에 주간지를 집어드는 독자는 선거 결과를 알고 있는 반면 그 기사를 쓴 기자는 결과를 모르는 기묘한 상황이 된다. 때문에 선거 직전 주는 일종의 공백 상태가 된다. 덕분에 나는 정치 기자가 석 달을 외도한 것도 모자라 그걸 기사로 쓰기까지 하는 행운을 누렸다. 총선 따위 상관 않고 4월 12일로 발표일을 미룬 야구 덕후들에게 감사를.

논문에 실릴 분석 결과물이 속속 우리 팀으로 넘어왔다. 모든 데이터는 굴드 가설이 한국 야구에서 4할 타자가 사라진 이유도 설명한다는 결론으로 모이고 있었다. 나는 데이터를 받아 《시사IN》 기사와 한

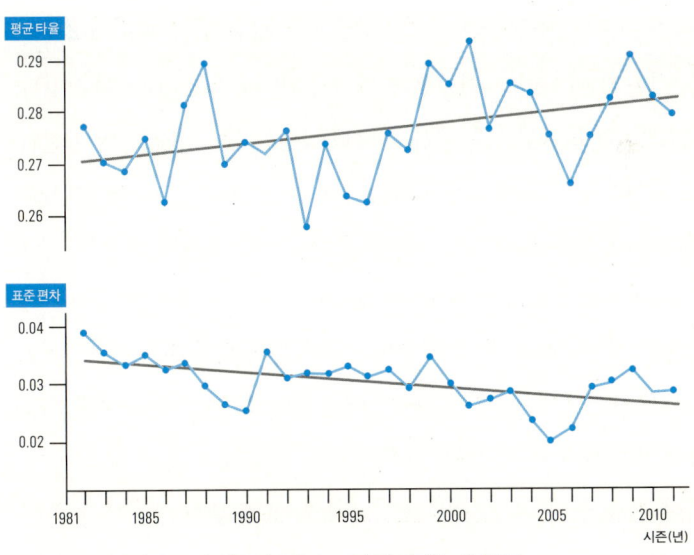

그림 3-6 | 한국 야구 30년, 평균 타율은 오르고 '4할 타자'는 사라졌다.

글 보고서 작업을 동시에 진행했다. (사실 거의 둘을 겹치게 구성했으니, 이마저도 날로 먹은 셈이다.) 넉 달을 들여다본 내용인데도, 제대로 설명하는 건 관두고라도 내가 내용을 장악하는 것도 만만치 않았다.

아래 그래프를 보면, 한국 리그는 30년 동안 타율이 증가 경향을 보여 왔다. 이것은 굴드가 분석한 미국 리그 타율이 0.260에서 안정화 경향을 보이는 것과는 다르다. 이것이 한국 리그의 특징인지 리그의 역사가 짧아서 경향이 드러나기 전 단계인지는 판단하기 힘들다. 어쨌든 "투수 분업화나 구질 개발 등으로 투수의 기량이 더 빨리 상승하고 타자의 기량이 상대적으로 퇴보해서 4할 타자가 사라졌다."라는 가설은 오히려 더 설 자리가 없다. 한국 리그는 오히려 타자의 향상이 상대적으로 더 빠른 리그로 보인다.

때문에 한국 리그에서 4할 타자 실종은 '첫시즌에 등장했던 4할이, 타격 기록의 전반적 향상에도 불구하고 실종된 현상'을 설명해야 한다. 기존에 나왔던 가설들인 타격 기술의 하락, 스타가 된 타자의 근성 하락, 투수 분업화를 통한 투수력 상승 등은 '타격 기록의 전반적 향상'이라는 실제 현실을 설명하지 못한다. 지금까지 나온 제안 중 이 현상을 설명해 낼 수 있는 유일한 모형이 굴드 가설이다.

그렇다면 한국 리그의 타율 분포 곡선은 굴드의 분석에서처럼 더 뾰족해졌을까. 이것을 알기 위해서는 표준 편차를 구해 보면 된다. 표준 편차가 클수록 평균에서 멀리 떨어진 값이 많다는 뜻이기 때문에, 표준 편차가 클수록 평퍼짐하고 작을수록 뾰족하다.

분석 결과, 한국 리그 30년 동안 타율의 표준 편차는 감소하는 경향이 나타났다. 리그가 '안정화'되는 것이다. 백인천 프로젝트는 한국 리그에서도 굴드 가설이 증명된다는 사실을 확인했다. 이 분석에 따르면 4할 타자가 사라진 것은 제2의 백인천이 나오지 않아서가 아니라, 너무 많은 선수들이 백인천과 장명부가 되어서다. 이것이 백인천 프로젝트가 내린 결론이다.

우리가 에베레스트 정상에 첫발을 디뎠다고는 말할 수 없지만, 우리가 도착한 곳은 아마도 관악산이나 인왕산 정도라고 하는 것이 정직한 평가겠지만, 누구도 해 보지 않은 기상천외한 방법으로 거기까지 갔다고는 말해도 될 것 같다.

제1저자 선정

4월 12일이 다가왔다. 모든 팀들이 막바지 작업만을 남겨두고 있었다. 우리 팀은 한글 보고서 작성을 진행하는 한편, 매체들을 상대로 보도 내용과 시점을 조율하고 있었다. 꽤 여러 곳에서 입질이 왔다. 12일에 맞춰 동시에 싣는 걸로 조율이 됐다. 그런데 한 매체가 1보를 단독으로 내버렸다. 신사 협정(일정 시점까지 보도 금지를 뜻하는 엠바고, 비보도를 전제로 정보를 주는 오프 더 레코드 등이 대표적이다.)을 파기한 것은 아니었다. 다른 경로로 백인천 프로젝트를 취재하다 결과물이 나오는 시점에 맞춰 기사를 썼던 거였다. 이해 못 할 일은 아니다.

하지만 아무튼, 꽤 큰 지면이 잡혀 있던 한 일간지를 비롯해, 여러 매체가 '킬(기사 게재를 없었던 일로 돌리는 언론계의 은어)' 또는 '단신 처리'로 방향을 틀었다. 다른 곳에서 1보가 나갔으니 이것 역시 이해 못 할 일은 아니다. 누구도 잘못한 사람은 없지만 일은 틀어진 묘한 상황. 보도 자료를 직접 돌린 팀장이 마음고생이 심했다.

잠깐 옆길로 새자면, 언론과 취재원의 신사 협정이란 일종의 죄수의 딜레마 게임이다. 다른 언론이 배신을 하든 협력을 하든 상관없이 '늘 배신이 최적 전략'이 된다. '협력 대 배신'이라면 내가 1보를 쓸 수 있고, '배신 대 배신'이라면 업계 용어로 '낙종(특종 기사를 다른 언론사에 뺏기는 것을 가리키는 말)'을 피할 수 있다. 반면 협력 전략의 결론은 잘 해 봐야 공동 보도이고, 배신을 당하는 순간 낙종이다.

늘 배신이 최적 전략이 되는 구조에서 어떻게 협력(엠바고와 오프더 레코드)이 유지될 수 있을까. 답은 '게임의 지속성·연속성'에 있다.

게임 이론과 진화 생물학을 연구한 정치학자 로버트 액설로드(Robert Axelrod)는 고전이 된 그의 책 『협력의 진화(The Evolution of Coorperation)』(이경식 옮김, 시스테마, 2009년)에서, 죄수의 딜레마 구조에서 '관계의 지속성'이 어떻게 협력을 창출해 내는지를 밝힌다. 연속된 게임이 언제 끝날지 모르는 조건에서는, '일단 협력하고, 상대가 배신하면 그다음 게임에서 배신으로 응징하는 전략(이것이 그 유명한 팃포탯(Tit-for-Tat) 전략이다.)'이 가장 성공적이라는 것을 밝혀냈다. 장기적 협력 관계에서 얻는 이득이 당장 눈앞의 배신으로 얻는 이득보다 크기 때문에, 배신 전략은 도태되고 팃포탯 전략을 택한 이가 승자가 된다. 늘 배신이 최적 전략인 죄수의 딜레마 구조에서도, 협력은 이렇게 살아남는다.

기자들의 세계가 바로 이 팃포탯의 세계다. 기자는 취재원과 장기적 협력 관계가 중요하기 때문에 배신의 유혹(1보 욕심)을 억누르고 협력(엠바고/오프 더 레코드)에 동의한다. 이 협력 관계가 깨지는 경우는 세 가지가 있다. 첫째, 장기적 협력 관계의 이득보다도 '한 번의 배신'이 주는 가치가 클 때, 즉 단독 보도의 중요도가 매우 높을 때다. 이때 배신 전략을 택한 플레이어는 응징으로 '협력 중단' 통보를 받게 된다. 특정 기간 동안 기자실 출입이 금지된다. 출입 금지 기간은 '배신'의 크기에 연동된다. 기자실이란 거의 무의식적으로 설계된 전형적인 죄수의 딜레마 게임 공간이다.

둘째, 관계가 충분히 장기적이지 않을 때, 다시 볼 일이 거의 없는 취재원의 엠바고/오프 더 레코드 요구는 거의 성립하지 않는다. 특히 사건 현장과 같은 단발성 취재 현장에서는 엠바고니 오프 더 레코드니 하는 말 자체가 코미디에 가깝다. 이 지속성 없는 게임은 늘 배신이 최적 전략인 단순 죄수의 딜레마 구조로 회귀한다. 취재원이 '앞으로 자주 볼 기자'와 '이번만 보고 말 기자'를 구분하는 것도 그래서다. 물론 기자도 비슷한 방식으로 취재원을 구분하곤 한다.

셋째, 게임 밖에 또 다른 플레이어가 있을 때. 해당 취재원이 아닌 다른 경로로 취재가 된 기사는 협력이니 배신이니를 따지는 것 자체가 의미가 없다. '닫힌 방에서의 한정된 플레이어'를 가정한 게임의 전제 자체가 무너진다. 이번 프로젝트의 엠바고 불발 사태가 이 경우다. 그야말로 누구도 책임은 없는, 운석 충돌이나 비슷한 상황이다.

본업 이야기가 나오다 보니 옆길로 너무 오래 샜다. 본론으로 돌아와서, 프로젝트는 마지막 남은 최대 이슈를 마침내 다룰 때가 되었다. 거의 농담에 가까운 이야기지만, 우리는 이 논문의 '제1저자'를 선정해야 했다. "이 논문이 인용될 때, '누구 외 57명' 이런 식으로 인용될 겁니다. 자, 제1저자의 영광을 누구에게 줘야 할까요?" 인용이라니 세상에. 너무 크게 웃지는 마시길.

논문의 저자는 58명. 데이터 검증에 참여한 사람 기준이다. 논문의 아이디어와 데이터 분석에 가장 크게 기여한 저자를 제1저자로 하는 것이 학계 관례라지만, 지금까지 보셨다시피 이 프로젝트에서 그런 사람을 뽑아 낼 방법이 있을 리가 있나. 체계도 위계도 없이 임기응변과 자원 봉사로 굴러온 프로젝트에서, 누구의 기여도가 크다 정도의 어림은 있었지만 한 명을 뽑는 방법 같은 건 생각해 본 사람조차 없었다.

약간의 침묵이 흐른 뒤, 도저히 반대할 수 없는 제안이 나왔다. "그냥 가나다 순으로 하죠?" 토론 종료.

아 물론, 국제 기준에 맞는 수정이 들어갔다. 가나다 순은 ABC 순으로 바뀌었고, 이름이 아니라 성을 기준으로 했다. 이 사람들 의외로 꼼꼼하게 글로벌하다. 그 결과 이 논문의 제1저자로 결정된 프로젝트 참가자는 IT 지원팀의 안진연이었다. 안진연은 프로젝트에서 유일하게 A로 시작하는 성을 가진 덕에 (혹은 탓에) 이 기묘한 논문의 제1저자가 됐다.

정재승 교수는 교신 저자로 이름을 올리는 것이 정석이었겠지만, 본인이 사양했다. 정재승 교수의 이름은 공동 저자 명단에 아무런 별도 표기 없이 알파벳 순서에 맞춰 열두 번째로 실렸다. 이력 소개에도 교수 직함조차 없이 소속 학과만 적었다. 처음부터 끝까지 그는 한 명의 참석자/관찰자로 본인 역할을 한정했으며, 결과물을 어떻게 '자기 장사'에 써 보겠다는 기색은 전혀 보여 준 적이 없었다.

"글쎄 그런 멋있는 이유가 아니라니까. 이 논문이 부끄러워서 그러는 게 틀림없어." 이때쯤 우리의 '교수 뒷담화'는 물이 오를 대로 올라 있었다. 정말로 대학원이라도 갔으면 큰일날 사람들이다.

4월 12일 마무리 파티

4월 12일이 되었다. 4·11 총선 다음날이어서 정치부 기자는 4년 만에 가장 바쁜 날이었지만, 야구 덕후들은 그런 거 신경 안 쓰고 백인천의 타율 0.412를 기려 이날로 발표 날짜를 잡았다. 경과 보고를 했고, 논문을 발표했고, 파티를 했다.

프로젝트 참석자로 당시 한창 파업 중이던 MBC 이민호 피디는 카메라맨까지 동반하고 나와 모든 참석자의 인터뷰를 꼼꼼하게 땄다. 카메라 앞에만 서면 눈동자가 불안하게 구르고 목소리가 떨리는 나도 어김없이 끌려가야 했다. 인터뷰를 뜰 때마다 이민호 피디는 "이거 언제 방송될지, 방송이 될지 안 될지 나도 몰라요."라고 했다. 농담같이 했지만 진담이었다. 나는 왠지 그가 우리 앨범을 만들어 주는 듯한 기분이 들었다. 아마 지금도 MBC의 자료실 어느 구석에서 잠자고 있을 거다. 석 달을 달려온 프로젝트는 그렇게 막을 내렸다.

석 달을 함께한 참가자들의 말을 들어 보면 만족도는 엇갈린다. 불특정 다수가 모여서 논문이라는 결과를 만들어 낸 일 자체를 중요하게 평가하기도 하지만, 굴드의 분석은 나온 지 20년도 더 지난 내용이고, 평균 타율과 표준 편차를 구해 굴드 분석을 적용하는 것이 독창적 연구 성과라고 보기는 힘들다는 평도 있다. 타율 분포를 정규 분포로 볼 수 없다거나, 안정화 경향이 보인다기보다는 첫해부터 쭉 안정된 생태계(첫해의 백인천 선수는 생태계 밖에서 온 '침입자'로 간주된다.)였다는, 결론에 대한 이견이 여전히 존재하는 것도 색다른 풍경이다.

우리는 이 정도의 결과물에 논문이라는 이름을 붙여도 되는 건지 민망해하기도 했지만, 정재승 교수의 평가는 오히려 후하다. "여러 사람이 함께 동의 수준을 끌어올려야 하기 때문에, 첫 단추를 끼우는 것은 더딜 수밖에 없다. 하지만 연구의 핵심인 데이터를 확보하고 검증했으며, 결론까지 상당히 빠른 시간 안에 마친 것은 큰 성과다. 굴드 가설에 입각해 한국 야구를 최초로 분석했다는 것도, 그것을 대중이 해냈다는 것도 의미가 크다. 첫 단추를 끼웠으니 지금부터가 중요하다."

당시에는 의례적인 이야기였겠지만, 이제 와서 보면 정말로 그때부터가 중요한 시기였다. 나는 프로젝트가 끝날 때쯤 실린 《시사IN》 기사를 이렇게 마무리지었다.

프로젝트팀은 검증된 데이터와 관심사를 공유하는 사람들의 네트워크라는, 어찌 보면 논문보다도 더 중요한 두 가지를 얻었다. 그리고 그것들이 화학 반응을 보이고 있다. 데이터를 손에 쥔 야구광들은 프로젝트 과정에서 눈여겨본 이들끼리 모여 '다음 놀거리'를 열심히 구상한다.

데이터광 오원기는 "해 보고 싶은 아이디어는 있는데 통계 전문성이 없어서 못해 본 게 많다."라며 박종혁을 열심히 꼬드기는 중이다. 법조인 박수현은 야구 데이터의 저작권 관련 조언을 해 줬다. 나는 KBO에 접촉해서 PBP 데이터를 구할 방법을 알아보라는 '특명'을 받았다. 스마트폰 앱을 만들겠

다며 사업 구상에 들어간 참가자도 있다.

집단 지성 프로젝트의 첫 결과물은 능력 있는 개인의 그것만 못해 보일 수도 있다. 10년도 더 전에 1차 붐을 이뤘던 한국의 세이버메트리션(야구 통계 분석가) 1세대와 비교해도 갈 길이 멀다. 하지만 일단 시동이 걸린 이 프로젝트가 앞으로 어디까지 진화하고 어떤 결과물을 내놓을지 지켜보는 것도 흥미로운 실험이 될 것 같다.

내 예측은 보기 좋게 빗나갔다. 프로젝트 이후에 벌어진 일은 그냥 흥미로운 정도가 아니었다. 지금부터는 프로젝트가 끝난 이후 벌어진 놀라운 일에 대한, 조금 긴 에필로그이다.

야구학회의 태동

데이터 수집과 검증이라는 최대 난관을 지휘하고, 이후에는 '화성어'와 '금성어'를 통역하는 역할을 맡았던 오원기는 프로젝트가 끝날 때쯤 '프로젝트 이후' 멤버들을 섭외하고 있었다. 섭외랄 것도 없이 프로젝트 진행 과정에서 눈이 맞은 멤버가 꽤 됐다. '시즌 2'가 자연스럽게 구성됐다.

야구 통계에서 스포츠 생리학까지, 메이저 리그 최신 동향에서 '그냥 흔한 꼴빠짓'까지, 야구장 순례에서 사업 구상에 이르기까지, 다양한 취향의 접점을 잡아낼 수 있는 오원기는 시즌 2의 허브였다. 그는 "나 없었으면 이거 안 굴러갔다."라고 말하기를 즐겼는데, 농담 티를

팍팍 내곤 했지만 틀림없이 진담이었다.

하지만 이때까지만 해도 일이 어느 정도로나 커질지는 오원기 본인도 짐작하지 못하고 있었다. 어쨌든 그의 구상은 통계에 밝은 야구광들이 모여, 검증해 둔 데이터로 이런저런 재밌는 일을 벌인다 정도의 소박한 것이었다. 일이 잘 풀리면, 통계도 전문적으로 배워 보고 책도 내 볼 생각이었다. 사업 구상이나 '친목질'은 가벼운 덤이었다.

그러던 차에, 오원기는 정재승 교수에게서 메일을 한 통 받았다. "야구학회를 만들 생각인데 관심이 있으신지요?" 동호회 수준을 말하는 게 아니었다. 본격 연구자들이 논문을 생산해 내는 진짜배기 학회. 미국의 SABR(Society for American Baseball Research)를 모델로 한 SKBR(Society for Korean Baseball Research, 한국 야구학회)를 만들어 보자는 제안이었다.

오원기는 눈이 번쩍 뜨였다. 사실 그가 하고 싶었던 것도 궁극적으로는 야구학회였다. "내가 전문 연구자가 될 건 물론 아니고, 제대로 된 한글 야구 논문을 끝없이 읽고 싶었던 거다. 팬의 욕망이지. '프로젝트 시즌 2'도 내 구상에서는 결국 야구학회로까지 가기 위한 과정이었다. 당장은 아니라도 최종 목표는 한국판 SABR로 잡고 있었는데, 생각지도 못하게 진짜 연구자가 당장 학회를 만들자고 제안했다."

가슴이 뛰었다. 실제로 가능할지 본인도 확신할 수 없는, 그저 먼 미래의 최종 목표 정도로 생각하던 프로젝트가 덜컥 눈앞에 떨어졌다. 하지만 불안했다. 이게 진지한 제안인지, 혹은 백인천 프로젝트의 시작 때처럼 가볍게 던져진 것인지 판단이 서지 않았다.

오원기는 시즌 2 멤버들과 논의를 했다. 야구학회라는 구상에 심장이 뛰는 건 다들 마찬가지였다. 진지한 제안이라면 두말할 것 없고, 가벼운 제안이라도 당당 달려가서 꼬드겨 진지하게 만들자는 결론이 났다. 며칠 후, 시즌 2 멤버들 몇몇이 정재승 교수를 만나 최초의 기획 회의를 했다. 야구학회라는 구상은 그렇게 구체화하기 시작했다.

프로들의 모임

백인천 프로젝트를 마치고 두 달이 지난 6월, 나는 이 책을 쓰기 위해 '백인천 프로젝트 시즌 2'를 취재하고 싶다는 연락을 했다. 나는 익숙한 얼굴들의 좀 더 깊이 있는 야구 통계 '오타쿠' 놀이를 예상하며 약속 장소를 찾았다. 그때까지도 나는 백인천 프로젝트 시즌 2와 야구학회 준비 모임의 차이도 제대로 감을 잡지 못한 상태였다. 그러니까 백인천 프로젝트 시즌 2 이름을 그냥 야구학회로 붙인 거 아냐? 독한 롯데 팬들이 결국 이름을 바꿨구먼, 대충 이런 정도의 오해를 하고 간 자리였다. 정말이지 대책 없는 취재였다.

  분위기가 영 엉뚱했다. 익숙한 얼굴들 사이로 낯선 얼굴도 꽤 보였다. 야구 기자, 현장 교육자, 변호사……. 정재승 교수가 와 있는 것도 예상 밖이었다. 테이블에 기획서가 돌았다. 학술지 발간부터 전공자 섭외까지, 그야말로 본격적인 학회 기획서였다. 나는 단순한 프로젝트 시즌 2와는 다른 뭔가가 벌어지고 있다는 걸 그때서야 알아챘다. "일이 커졌네?" 나도 모르게 중얼거렸다.

  위화감을 따라잡기가 힘들었다. 나름 야구 팬인 나에게도 '야구'

와 '학회'는 낯선 조합이었다. 대학 교수의 주말 취미 생활이라면 모를까, 전문 연구자들이 학회까지 만들어서 연구 성과를 발표한다는 건 또 다른 차원이었다. 나는 이때까지도 백인천 프로젝트의 아마추어리즘이 훨씬 익숙했는데, 이건 뭘로 보나 프로페셔널이었다. 오원기가 처음에 들었다는 그 생각이 나에게도 들었다. 정재승 교수가 이걸 정말로 진지하게 할 생각인 건가? 그러니까, 본업으로? 나중에 정재승 교수는 자신이 만나는 한 스포츠단 단장마저 "그런 것도 연구 주제가 되나?"라고 갸우뚱했다는 이야기를 들려줬다. 나는 그 정도까지는 아니었지만, 전문 연구자들이 다수 참여하는 학회는 내 상상 범위 밖이었다.

내가 정신을 못 차리는 와중에도 회의 테이블에는 정재승 교수가 섭외했거나 섭외 중인 전문 연구자들의 이름이 주루룩 펼쳐졌다. 숫자가 제법 됐고, '체급'도 제대로였다. 당장은 자연 과학 쪽이 많았지만, 역사·경영 등으로 연구 주제를 넓히겠다는 말도 나왔다. 학회 조직도와 회원 자격 문제와 회비 문제는 물론, 상근 직원과 사무실 같은 실무 이슈에 이르기까지 논의는 거침없이 이어졌다.

한국에서 세이버메트릭스가 처음 유행했을 때 비슷한 시도를 했던 (이름마저 SKBR로 같았다.) 역사를 복기하기도 했다. 당시 역사를 생생히 기억하는 산증인이 이제는 야구 기자가 되어 논의에 참여하고 있었다. 야구 팬들에게는 전설이 된 스포츠 전문지 《스포츠 2.0》의 야구 담당 기자였던 최민규 《일간 스포츠》 기자다.

논의는 급기야 학술 대회 개최로까지 이어졌다. "전문가 필드와 야구 팬 필드를 구분하는 건 어떨까요? 예를 들어 봄에는 프로페셔널,

가을에는 아마추어 이런 식으로, 연 2회 개최하는 건?" "우리 학회는 전문가만큼이나 일반인 참여도 활발한 모델로 가야 하는데, 둘이 뒤섞이면 이도저도 안 된다는 것 역시 중요하죠." 야구계에서 온 새얼굴들의 '현실적인 조언'도 속속 나왔다. "정관을 잘 손봐야 할 겁니다. 백인천 프로젝트까지는 자발적 참여로 충분했지만, 야구학회가 되면 자기 이익을 위해 학회를 이용하려는 사람도 충분히 생길 수 있어요. 매력적인 명함이거든요."

그러니까, 이건 뭘로 보나 제대로 해 보겠다는 사람들의 모임이었다. 집단 지성 프로젝트를 계승한 것은 역설적이게도 가장 프로페셔널한 기획이었다. 백인천 프로젝트가 없었다면 야구학회 논의는 태동하지 않았겠지만, 정작 야구학회는 백인천 프로젝트와는 거의 정반대에 가까운 모델이었다.

이 사람들 도대체 어디까지 가려는 걸까. 아마도 뭔가 '정통적인' 연구 주제가 쌓여 있을 뇌과학 교수가 난데없이 야구학회를 붙잡은 것도, 생업이 있는 야구 팬이 프로페셔널 학회의 간사(오원기는 '손발'이라고 표현했다.) 비슷한 역할을 자처한 것도, 영 낯선 풍경이었다. 궁금한 건 산더미였는데, 초기 단계라 내용은 아직 몇몇의 머릿속에만 있었다.

별 수 없었다. 직접 물어 보는 수밖에.

야구학의 '전사' 정재승 교수를 만나다

정재승 교수를 인터뷰한 것은 2012년 7월 14일이었다. 본격 인터뷰는 프로젝트 과정에서 처음 했고, 이번이 두 번째였다. 백인천 프로젝트 소회는 간략하게만 정리하고 넘어갔다. 첫 인터뷰에서 충분히 다루기도 했었지만, 정재승은 이미 야구학회라는 새로운 기획에 온통 관심이 쏠려 있었다. 새로운 도전을 앞둔 과학자의 흥분이 고스란히 전해져 왔다. 최대한 육성을 살려서 소개한다. 우선은 가장 궁금한 것부터 먼저 물었다.

어쩌다가 일이 여기까지 온 건가요?

심지어 정신 차려 보니 제가 야구 분야의 전사가 됐어요. (웃음)

야구는 그냥 아마추어 팬이셨죠?

그렇죠. 제가 선수협 파동 전까지는 야구를 꽤 즐겨 봤는데, 파동 때 엄청나

게 열 내고 흥분하면서 정을 뗀 거죠. (웃음) 정붙일 곳이 없다 보니 정말로 한참 안 봤어요. 그러다 보니 야구가 요즘 어떻게 돌아가는지 잘 모르고, 그래서 지금처럼 야구학회도 만들고 야구학을 위해 뛰는 전사처럼 된 포지션이, 되게 민망하고 조심스럽죠.

백인천 프로젝트를 시작할 때부터 야구학회까지 생각한 건가요?

우리나라에서도 SABR 같은 SKBR가 만들어져야 한다고 생각은 했어요. 백인천 프로젝트로 주의를 환기한 다음에 우리나라도 이런 게 필요하다, 그래서 SKBR 만드는 게 중요하다고 생각은 했었죠. 그런데 그거야 그냥 저 혼자 하는 공상이고, 실제 프로젝트 시작할 때는 이렇게까지 전개되거나 현실에서 가능할 거라고 생각하진 않았어요.

그런데 그게 가능해진 이유가 프로젝트를 진행하면서 사람들이 SKBR에 관한 욕망을 이야기했고, 어 이거 나랑 비슷한 생각을 하는 사람들이 있었네, 그러면 내가 하겠다고 하면 추진할 수 있는 동력이 좀 생기겠다, 그런 게 하나.

또 하나는, 제가 백인천 프로젝트를 시작하기 전에 세이버메트릭스와 관련된 원서를 한 20권쯤 샀어요. 이 분야를 잘 모르는데 굴드의 에세이 하나만 읽고 출발할 순 없으니까요. 머릿속에 내가 하고 싶은 게 있는데, 이게 세이버메트릭스의 맥락에서 의미가 있는지 없는지 궁금했던 거죠. 그걸 프로젝트 전부터 틈틈이 읽어 봤어요. 그런데 자꾸 읽으면 읽을수록 프로젝트에 어떻게 적용하면 좋겠다는 생각보다, 아 세이버메트릭스라는 분야가 굉장히 매력적인 분야구나 SABR란 곳이 되게 독특한 문화를 갖고 있구나 더 와 닿았어요. 그래서 그 자체에 매료가 됐던 것 같아요.

마지막으로 역사의 산증인을 만난 거. 최민규 기자. 그분을 만나서 지금까지 SKBR를 시도해 보려 한 사람들의 역사, 제가 쭉 들어봤거든요. 심지어 그분들도 SKBR라고 그 이름을 썼다고 하더라고요. 그렇게 해서 누군가 나서서 SKBR를 만들기만 하면 나도 기꺼이 참여하겠다는 사람이 굉장히 많다는 걸 알았죠.

곳곳에 '재료'가 있으니 연결하는 역할만 하면 되겠다 싶었군요.

그런데 이건 학회이기 때문에 학자들이 모여야 돼요. 학자가 없으면 동호회 수준으로 갈 수밖에 없고, 재정 지원도 받기 어렵고, 그러면 결국 동력을 잃게 되겠죠. 그러니까 일단 학문 교류가 꾸준히 이뤄지고, 학술 대회가 열리고 연구 결과를 발표할 수 있는 저널이 만들어지고, 이러면 지속적으로 이어 갈 수 있죠. 하지만 또한 이 학회는 본질적으로 학자들만으로 이뤄져서는 안 돼요. 대중적 요구를 담아낼 수 있는, 기존의 학회와는 굉장히 다른 성격의 활동들도 해야 되고, 그 두 가지를 동시에 해 내는 게 결국 핵심이죠.

백인천 프로젝트와는 인적 연속성이나 자발성의 연속성이 있기는 한데, 그럼에도 둘은 다른 거더군요?

백인천 프로젝트가 제게 이걸 시작할 용기를 줬죠. 하지만 둘은 굉장히 다르고, 어쩌면 백인천 프로젝트에서 연속성을 갖는 것이 맨파워 측면에선 도움이 되지만 한편으론 불안 요소도 돼요. 결국은 그거 했던 사람들끼리 모여서 한다는 인상을 주면 안 되죠. 권위를 갖기 어렵고, 각자 자기 분야에서 열심히 활동하는 사람들이 여기에 왜 들어오겠어요. 그러니까 굉장히 포괄적인 새로운 단체가 만들어져야 하고, 완전히 처음부터 출발한, 그러면서도 백인천 프로젝트에 참여했던 사람들이 그 굴레를 벗어나서 다시 개인으로 참여하는, 그 모양새로 가는 게 관건이라고 생각했죠.

프로페셔널로만 가도 이상하고 아마추어리즘도 아닌, 이런 모델이 참고할 만한 전례가 있나요?

저도 잘 몰랐는데 SABR 자체가 그런 성격을 가지고 있더라고요. 순전히 학자들의 모임이 아니라 야구 좋아하는 사람들이 모여서 정말 동호회처럼 출발했고. 그렇지만 굉장히 권위 있게. 저널도 만들고 학술 활동도 하고. 그렇지만 근본적으로는 대중적인 모임으로서의 역할 또한 생각하고 있는 거죠. 또 하나, 통계 분석 수준의 넘버 사이언스만 하는 게 아니라 정책이라든지 경영이라든지 야구와 관련된 논의를 굉장히 다양한 방식으로 담을 수 있는 모임이라고 하더라고요. 우리도 그렇게 가야 하는 게 맞겠다 생각했죠.

일이 너무 커진 거 아닌가요?

전부 다 끌어 모아도 그렇게 크지가 않아요. (웃음) 학자들도 별로 없어요. 야구 자체를 화두로 삼고 있는 분은 정말 거의 없고, 자신의 분야에서 그 분야 방법론을 야구에 적용해 보는 분들이 좀 있어요. 통계학, 빅 데이터, 스포츠 생리학 쪽이죠. 아무래도 일단은 데이터로 연구하시는 분들이 많은데, 더 넓게 모으려고요. 전·현직 지도자, 선수, 파워 블로거 등도 참여하게 될 것 같고. 그래서 활동도 춘계 학술 대회는 학문적이라면 추계 학술 대회는 대중적인 요소들이 포함되게. 저널도 투 트랙으로 만들어서 하나는 아주 엄격한 리뷰 시스템을 갖춘다면 또 하나는 기본적인 형식만 갖췄으면 올릴 수 있고 읽는 독자들이 자유롭게 피드백을 할 수 있게. 그래서 결국은 야구 좋아하는 사람들이 모여서 이야기할 터전을 마련하는 것, 플랫폼을 만들어 주는 것까지 가자는 거죠.

이 정도 '덩치'라면, 취미 활동 수준이 아니군요?

제가 학회 두 개 정도를 창립부터 같이 해 봤거든요. 학회가 만들어지고 형성이 돼서 어떤 틀을 갖춰야 하는지에 대한 경험이 있는데, 저는 이 SKBR도 그 포맷을 따라야만 오랫동안 생명력을 가질 수 있을 거 같아요. 정관도 잘 만들고, 정말 학회로서의 역할을 잘 수행할 수 있는 시스템을 갖춰야죠. 저는 이 학회가 야구를 학문적으로 연구할 수 있는 양질의 데이터를 제공해 주고, 관심 있는 연구자를 모으고, 연구 결과를 발표할 수 있는 온라인·오프라인 장을 만들고 그런 정도만 되어도, 제가 오래 계속 관여하기보다는 초기에 세팅을 잘하기만 해도, 거기까지가 제 역할이 아닌가 싶어요.

'어른들'이 별로 안 좋아하실 것 같은데(웃음)

저는 몰랐는데, 정말 그렇더라고요. (웃음) 제가 CEO를 상대로 강연을 하는데 제 수업을 듣는 분 중에 어느 대기업 스포츠단 단장님이 있어요. 야구단도 그분 관할 중 하나인데, 제가 그분한테 말했더니 "아니 정 교수, 뇌를 연구하는 사람이 야구로 학회를 만든다는 게 너무 웃긴 발상이다, 왜 그런 짓을 하냐."라고 말씀하시고, 당연히 도와주기는 하지만 되게 의외라고. (웃음) 스포츠계에서는 이 분야 자체에 대한 이해가 많지 않고, 그걸 또 전혀 다른 걸 전공한 학자가 하려고 하고. 많은 분들이 좀 의아하게 생각하죠.

스포츠계 '어른들'도 그렇지만, 학계 '어른들'도 당황하시지 않나요? "젊은

친구가 자기 연구는 안 하고 이상한 일을 벌인다." 이런 시선도 있을 것 같은데.

대놓고 이야기하시진 않지만 속으로는 뭐. (웃음) 그런데 제 분야는 그게 덜 해요. 저는 신경 과학으로 출발한 게 아니라 물리학으로 출발해서 뇌과학으로 왔어요. 물리학 분야의 복잡계 과학이라는 게 원래 다양한 분야에 적용하면서 발전해 왔거든요. 저는 그걸 뇌에 적용한 거지만 어떤 분들은 날씨에, 모래 알갱이에, 주가 변동에……, 다양하게 적용하는 게 일종의 학풍이죠. 그래서 제가 야구 데이터에 관심을 갖는다고 아무도 이상하게 생각하지 않아요. 야구도 일종의 복잡계이고, 그 데이터를 정확히 얻을 수 있나, 이게 학문적으로 연구 가능한 시스템인가 정도만 관심사인 거니까. 제 분야 사람들은 이런 시도가 익숙해요.

순전히 전문 연구자들만 모여서 만드는 학회와는 아무래도 다를 수밖에 없잖아요. 전문 연구와 자발적 참여를 어떻게 조화시키느냐의 문제가 있을 텐데.

앞으로 일어날 수 있는 갈등이 그런 거겠죠. 지금은 뜨거운 감자를 건드리지 않고 있는 상태인데, 조직의 중요한 역할을 학자들로만 갈 거냐, 투 트랙으로 할 거냐, 적절히 섞을 거냐, 그랬을 때 학회 경험이 없는 분들이 생각하는 모임의 성격이 있을 건데 충돌할 소지가 있는 거죠. 사실은 학회로서의 정체성을 붙들 수 있는 사람이 지금은 거의 저밖에 없기 때문에 갈등이 예상되기도 하죠. 흥미진진해요. (웃음)

이건 학회지만 대중적 요구를 어떻게 포용하느냐가 중요한 정체성인데, 이를테면 대중 취향이 우선이고 학문이 약간 곁들어진 모델이 돼 버리면 위험

하죠. 또 대부분 학회는 별로 걱정 안 해도 되는 문제인데 (웃음) 이해 관계가 개입한다거나 상업적으로 악용한다거나 할 여지도 있어요. 그런 걸 떠올리면 제가 흔들리지 말아야 되겠다고 생각하죠.

본업인 뇌과학 연구와 직접 관련이 있나요, 아니면 별개인가요?

별개죠. 그런데 가만히 보니까 제가 점점 본업보다 이 SKBR 일을 더 많이 해요. (웃음) 이쪽 일을 챙기고 이쪽 사람들을 만나고 그래요. 순전히, 이게 더 하고 싶고 더 재밌는 거예요. 제가 쭉 해 온 연구며 학회는 우연성도 적고 신선한 맛이 적어서 제 자발적 동기가 떨어지기도 하는데, 이 일은 생각할수록 모험인 거예요. 그런 걸 즐기는 거죠. 그래서 이 일을 한 3년 정도 어떻게 잘 꾸려 볼까 이것이 지금 제 화두인데, 이걸 제 학문과 연결시키거나 그런 건 뭐, 제가 이걸로 종신 교수 자리를 받을 것도 아니고. (웃음) 학문적으로 인정이라거나 그런 것과는 상관없이 하는 것 같고.

다만 저도 뇌를 복잡계로 바라보고 있고, 복잡한 시스템이 어떤 방식으로 전개되고 변화하는가에 관심이 있는 사람이니까, 복잡계가 정작 계 내부에 있는 당사자들도 모르게 양산해 내는 좋은 데이터, 숫자에 굉장히 매력을 느껴요. 내부자가 모르는 것을 오히려 밖에서 알아낼 수 있게 해 주는 그런 데이터. 그런 면에서라면 본업과도 상관이 있겠죠.

야구 분야에서 직접 하고 싶은 연구가 있나요?

이건 그냥 아이디어 차원인데, 사실 제 전공이 의사 결정이잖아요. 그래서 감독의 의사 결정을 연구해 볼까 생각도 하죠. 도루를 할 거냐 말거냐, 여기서 번트를 댈 거냐 말 거냐, 히트앤드런 작전을 걸 거냐 말거냐. 좋은 의사 결정,

성공한 의사 결정은 어떻게 이뤄지는가, 혹은 그 의사 결정이 그 전후 게임에 어떤 영향을 미치나, 이런 데 관심 있어요. 데이터를 그렇게 분석해 보면 재밌을 거 같고, 제 연구하고도 관련이 있고요.

예를 들면 이런 방법도 있겠죠. fMRI(기능성 자기 공명 영상 장치) 안에 야구 감독들을 모셔서, 상황을 주고 의사 결정을 하면, 그때 뇌에선 어떤 일이 벌어질까를 보는 거죠. 어떤 상황을 주면서, 이 선수에게 번트하라고 시킬 거냐 말 거냐, 예스/노 버튼을 누르게 하면서, 감독이 그 상황에서 계산을 하는지 직관을 하는지 뇌의 활성화 영역을 보고 그 데이터를 모은다든가 할 수 있겠죠.

굉장히 당황하겠는데요 (웃음)

재밌을 것 같아요. 또 제가 지난번 모임 때 마음이 뜨거워졌던 포인트가, 2군 리그의 데이터를 분석하면 어떠냐는 이야기가 나왔을 때 뒤통수를 맞는 느낌이었어요. 생각 못 해 본 건데 우리가 너무 신경 안 쓰고 있는 거고, 거기에 대한 애정을 갖고 분석해 주고, 결국 어떤 사람들이 1군에 가는지, 1군의 역학과 2군의 역학이 어떻게 다른지, 이런 걸 좀 보듬는 일이 필요할 것 같다. 그리고 과연 2군 데이터들이 제대로 정리는 돼 있나, 그렇게 논의가 흘러가는 걸 보면서, 와, 이거 정말 뜻 깊은 일이 되겠다 싶은 생각이 확 들더라고요.

현실적인 문제는 역시 운영 자금이겠죠?

그 대목에서 큰 바람은 각 구단으로부터 약간이라도 지원을 받고, 가능하면 KBO에서도 약간. (웃음) 그런 의미에서 제10구단의 창단을 기원하며. (웃음) 하나의 공간을 갖고 상주하는 직원을 가질 수 있으면 좋겠어요. 그래서 제가 갖고 있는 SABR에 관한 책도 거기 다 기부하고, 관련 책도 다 모이고, 앞으로 낼 저널들이 쌓이고, 사람들이 '거기에 가면 야구에 대한 고급 읽을거리를 볼 수 있다.'라고 생각하게 되는, 이 조직의 역사성이 쌓이는 공간을 마련하는 거, 그걸 3년 안에 만들고 싶어요.

집단 지성 프로젝트 중에서도 백인천 프로젝트는, 집단 지성이 과학 지식을 '생산'한다는 점에서 또 다른 차원이라고 저희끼리 자화자찬을 한 적이 있었죠. (웃음) 그런데 백인천 프로젝트가 이런 프로페셔널한 다음 프로젝트로 넘어간다는 건 또 또 다른 차원이지 않을까요? 이거야 말로 전례가 없는?

잘해야죠. 아직 넘어간 건 아니고 좌초될 수 있으니까. (웃음)

야구학회의
키 플레이어,
오원기

 같은 날, 백인천 프로젝트와 야구학회의 핵심 연결 고리였던 오원기를 만났다. 프로젝트부터 야구학회까지의 전 과정을 위에서 전부 내려다본 사람이 정재승이라면, 오원기는 두 기획의 인적 연결 고리를 만들어 낸 키 플레이어였다.
 그는 여자 친구와 함께 인터뷰 장소에 나타났다. 나와도 잘 아는 사이인 그의 여자 친구는 데이트를 방해받았다고 투덜대더니 스마트폰으로 야구를 켰다. 롯데 자이언츠 경기였다. 이 둘은 자이언츠를 응원하다 만난 커플이다.
 따가운 눈총을 받아 가며, 인터뷰를 시작했다. 술자리에서 몇 번씩 들었던 이야기였지만, 모아놓고 보니 '백인천 프로젝트부터 야구학회까지' 총정리판 인터뷰가 됐다. '짧고 건방진 컨셉'으로 가려던 원래 계획을 약간 수정해서, '그냥 건방진 컨셉'으로 정리했다. 어디까지나, 컨셉이다. 진짜다.

술자리에서 다 한 이야기라고 넘어가지 말고 좀. 짧고 건방진 컨셉으로 갈 거니까, 지금 겸손하게 이야기해도 어차피 책에선 건방지게 바뀔 거니까. 평소대로 하시면 되요. 오케이? 자, 일이 이렇게 커질 거 알고 시작하셨어요?

내가 언제 이야기한 적 있죠? 첫날 모임에 갔을 때 사실은 이게 뭐니 하고 그냥 집에 가려 했어요. 그리고 실제로 한동안 안 나갔었지 나는. 그런데 우리 데이터 수집팀에서 데이터 처리를 워낙 마음에 안 들게 하는 바람에(알죠?), 아 답답해서 이거라도 해야겠다 싶어서 그냥 하게 된 거예요.

막판에도 또 한 번 고비가 있었지. 논문 초안이 나왔을 때 사실 내 이름을 빼 달라고 할까까지 고민했어요. 논문의 결론이 내 생각엔 별 의미가 없는 내용이니까. 그야말로 굴드가 했던 이야기를 똑같이 하는 거였고, 오히려 어쩌면 더 헐거운…… 그랬는데 그 단계에선 이미 사람들과의 관계가 쌓인 후잖아요. 그래서 망한 거야. (웃음)

또 하나 초안이 나왔는데, 이게 영어 자체는 완벽한데 야구에 관한 영어 표현 몇 개가 마음에 안 드는 거예요. 실제로 쓰이는 말이 아니거나 뭐 그런 게 눈에 걸리니까 가만히 있을 수가 없는 거예요. 그걸 수정하러 정재승 교수 연구실에 간 거지. 최종본을 만지러. 그거까지 했는데 내 이름을 빼라고 어떻게 이야기를 해.

시작부터 동문서답이시네. 그래서, 조금 더 소수가 모여서 놀아 보자?
그렇죠. 프로젝트의 최종 결과물이 나는 마음에 안 들었는데, 내가 찜찜하잖아. 의욕 있는 사람들은 곳곳에 보이고. 그래서 우리 '시즌 2'를 하자, 좀 더 핫하고 재밌고 좀 더 도발적일 수 있는 것들. 그래서 몇 사람들이랑 새벽까지

술을 마시면서 규합을 했죠.

난 왜 안 불렀어요?

바쁜 척은 누가 했더라?

넘어가고, 야구학회는 어디서 갑자기 등장한 기획?

우리가 시즌 2를 하면서 단순히 노는 게 아니라 뭔가 목표를 갖자 생각을 해서, 최종적으로 우리가 뭘 하고 싶은 거냐 했을 때, 미국의 SABR를 우리도 만들자. SABR도 우리처럼 술 먹다가 생긴 그룹이다. 우리도 몇 년 하다 보면 되지 않겠니. 그래서 우리가 리포트를 정기적으로 내서 언론에도 노출시키고, 이름을 얻게 되면 KBO와도 이야기가 되지 않겠나 했던 거죠.

그건 말하자면 아마추어리즘에 가까운?

그렇죠. 전문 연구자라곤 할 수 없죠. 동아리에 가까운 그룹이 계속 리포트를 내면서 차츰차츰 제대로 된 학회를 만드는 거죠. 길게 보고 해 보자 하고 있었는데 마침 정재승 교수가 메일을 보낸 거예요. 세상에, 학회를 만들 생각이라는 거야. 그 메일 가지고 몇 사람이랑 이야기해 봤어요. 이분이 정말로 할 생각이 있는 걸까 아니면 가볍게 던져 본 걸까. 그럼 우리가 당장 달려가서 교수님한테 하자고 꼬드기자 했죠. 며칠 지나서 바로 정재승 교수랑 만났어요.

정재승 발목 잡으러 가서?

가장 중요한 게, 이게 '따까리들'이 있어야 돼, 나 같은, 실무적으로 움직일 사람들이. 그런데 그 사람이 없는 거예요. 그래서 그 자리에서, 우리가 다리가 돼서 움직일 테니까 정 교수님이 바람을 잡아 달라. 그리고 뭐 길게 보지 말고 지금 당장 시작을 하자. 어렵지 않다 이거. 최민규 기자 같은 경우가 야구판 안에 있는 사람들을 많이 연결해 줄 수 있다. 잡아와라. 그러면 이거 성공할 수 있다. 그렇게 이야기한 거죠. 그래서 바로 한 달 뒤로 첫 모임 잡은 거죠. 큰 그림은 이래요.

학회라는 게 원래 구상했던 프로젝트 시즌 2랑 좀 다르지 않나.

다르죠. 그런데 정 교수가 생각하는 아카데믹한 접근이 내 원래 목표였어요. 내가 바라는 건 이거지. 이런 학회가 생겨서 연구자들이 모이고 논문을 생산하잖아? 그럼 나는 그걸 읽고 싶은 것뿐이야. (웃음) 내가 무슨 연구를 할 것이며, 그런 위치에 있는 사람도 아니고 경험도 없어. 시즌 2는 우리가 그런 프로페셔널한 학회로 가기 위해서 바람을 일으키고 밑밥을 까는 과정이었던 거죠.

그런데 정재승이라는 지름길이 갑자기 등장했다?

그렇죠. 그래서 시즌 2가 지금은 잠시 중단이 됐죠. 시즌 2는 얼마 후에 출판 프로젝트를 시작하기로 했어요. 산업 공학 박사 학위를 곧 받을 통계 전문 박종혁 씨가 야구를 소재로 한 통계 전문 개론서를 쓰기로 했어요. 우리가 통계가 짧으니까 '박종혁의 통계 강좌' 8주 코스 하나 하자, 우리 좀 가르쳐 다오, 그렇게 시작을 한 게 출판 기획까지 간 거지.

나 원, 박사한테 맨입으로. 끽해야 술이나 살 거면서. (웃음) 출발은 정재승의 취미 생활 비슷한 일이 왜 이렇게 덩치가 커졌지?

그룹 다이내믹스를 생각해 보면, 이런 건 그렇게 만드는 놈이 있지. 이 자리에도 그런 놈이 하나 있고요.

본인?

뭐, 나도 그렇고.

이런 거 좋아. 계속 이 톤으로 갑시다. 이 '그룹 다이내믹스'에서 본인의 역할은?

바람 잡는 역할이죠. 뭔가 일을 꾸미는 사람. 사람들을 만나면서. 백인천 프로젝트 했던 사람들은 그 모임에서 알게 된 사람들끼리 술 마시고 차 마시고 그런 단계 정도로 다들 유지를 했는데, 그런 건 이 사람들 아니라도 내 주변엔 많이 있잖아요. 그런데 이 사람들이 어쨌든 야구를 좋아하고 각자의 분야에서 재능이 있는 사람들. 그래서 야, 우린 야구를 갖고 만나자.

내 주변에 야구를 좋아하는 각양각색의 재능 있는 사람들이 모인 게 나는 처음이었던 거 같아요. 지금까지는 롯데 팬들만 잔뜩 있었는데, 예를 들면 이런. (이렇게 말하며 그는 옆의 여자 친구를 지목했다. 이때 그녀는 활자로 옮길 수 없는 욕을 하고 있었는데, 자이언츠 내야수가 막 에러를 한 순간이었다.)

나는 야구가 너무너무 좋은데, 모르는 부분이 너무나 많아요. 그러니까 계속 알고 싶은 거야. 내가 며칠 전에 읽은 책 중에 이런 내용이 있어. 던지기 능력이 야구에선 가장 중요한 것 중에 하나인데, 이 던지기 능력이 유전적으로 남녀에 성차가 있는 걸 입증할 수 있다는 거야. 그런 걸 미국 애들은, 진화 생물학 막 이런 쪽에서 야구를 연구해서 페이퍼를 발표해요. 되게 재밌잖아요.

나는 우리나라에도 이런 사람들이 많았으면 좋겠어. 쉬운 한글로 막 읽었으면 좋겠어. 그게 내가 학회를 하고자 하는 목적이에요.

아, 이건 된다 하고 언제 생각했어요?
야구학회 첫날 모임에서 정재승 교수가 굉장히 의욕적이라는 생각을 한 게 첫 번째. 정 교수가 자기가 지금 하고 있는 일들에서 슬슬 자기 비중을 줄이고 있다는 거예요. 두 번째 모임에서 내가 확신을 갖게 된 게, 자기가 그 3주 동안 만난 사람들마다 전부 이 이야기를 하고 다녔다는 거야. 내 눈치에 이분이, 본인 표현으로 '야구학'을 굉장히 흥미롭게 여기고 있는 것 같았어요. 정 교수 캐릭터면 자기가 흥미가 생기면 아주 저돌적으로 밀고 나가는 타입이라고 보였거든요. 펀딩하거나 사람을 조직할 능력은 원체 탁월하니까, 본인이 원하기만 하면, 이건 되겠구나.

프로젝트 멤버들을 여기까지 끌고 오는데 본인 말고 핵심이 있었나?
누구? 없어요. (웃음) 실제로 내가 먼저 다 손을 잡고 이끌었어요. 내가 막 전화해서 만나자 하고.

건방진 톤으로 각색하려 했는데, 별다른 각색이 필요없겠다.
이 사람 원래 그런 사람이에요. (불쑥 여자 친구가 끼어들더니 다시 야구로 눈을 돌렸다.)

어디까지 갈 거예요? 학회면 이게 프로페셔널의 장이잖아요.
학회에 상근할 직원이 필요하잖아요. 우리는 사무실도 마련할 계획이어서.

상근할 직원을 내가 찾고 있어요. 그리고 학회가 창립이 되면 발기인을 모집하겠죠. 그럼 나도 발기인에 들어가겠죠, 평회원으로. 그럼 이사회가 꾸려지게 되겠죠. 나는 그런 데는 들어갈 수가 없죠. 그래서 딱 창립이 되면 끝이에요, 나는. 딱 거기까지 하고, 그다음부터는 나오는 결과물을 읽어야지. (웃음)

정재승 교수는 프로페셔널과 아마추어리즘을 어떻게 조화시킬지 고민이 많던데.

백인천 프로젝트 출신 중에 학회가 프로젝트 연장선이라고 생각하는 사람은 없어요. 그건 분명히 하고 시작을 했어요. 프로젝트랑 상관없다, 우리의 목표는 그냥 학회 만드는 것이다. 그런 부담은 덜어 드릴 수 있을 것 같은데?

해 보고 싶은 주제가 있어요?

사전 모임 때 정재승 교수가 걱정을 했어요. "숫자 통계만 갖고 노는 '너드들'의 모임은 좀 재미없지 않아요?" 우리가 그런 걸 생각하는 줄 알고. 근데 난 전혀 그렇지 않거든요. 오히려 나는 숫자로 야구를 보는 방법은 한계에 도달했다고 생각해요. 그랬더니 정 교수가, 그럼 요즘 미국에서 야구의 연구 트렌드는 어떤 거냐고 물어 보더라고요. 요즘엔 바이오 메트릭스라든가 영상 자료 갖고 연구를 한다고 했더니 그때서야 정 교수가 눈이 반짝거려요.

예를 들어 볼까요? 타자가 친 외야 플라이를 외야수가 받는 게 아무것도 아닌 것 같아도, 물리학적으로 수학적으로 어마어마하게 어렵고 복잡한 과정이에요. 이를테면 저쪽 대륙에서 미사일이 날아오는데 지상에선 탄착점 추론을 할 수가 없어. 그런데 외야수가 하는 일이 그거잖아요. 탄착점 찾는 거. 개네가 완벽하게 이론화하진 못하고 몇 가지 모델을 만들었어요. 그런데 그중 하나를 정 교수가 이야기하는 거예요. 그래서 오히려 내가 더 반가웠죠. 그냥 소위 '세이버쟁이들' 하는 건 난 더 이상 관심이 없거든요.

정 교수 아이디어는 뭐였나요?
그게, 사람의 뇌 프로세스가 공의 가속도를 서로 상쇄시켜서 공의 낙구 지점을 찾는다는, 대충 그런 이론인데.

결국 뇌가 정보 처리를 어떻게 하느냐는 거군요? 그러니까 갈 거면 그 수준까지 가자는 거네요. 숫자로 '너드질'만 하지 말고.
바로 그거죠. 내가 이런 이야기도 했거든요. 미국에선 요즘에 각 야구장마다 투수가 던진 공 궤적을 카메라 촬영해서 분석하는 카메라가 최소한 3개씩 설치돼 있어요. 그랬더니 정 교수가 우리도 한번 해 보자는 거야. 본인 인맥으로 경로를 뚫을 수 있을 것 같대. 세상에, 나는 땡 잡았다 했지.

야구학회는 2013년 출범을 목표로 준비 작업이 한창이다. 2012년 9월 현재 정관 작업은 거의 마무리가 되었고, 연구자들에 보낼 공개 제안서 작업도 마무리 단계다. 홈페이지 도메인 skbr.org는 논의 초창기에 구입해 뒀다. 온라인 기반 소통성을 살리는 데 큰 관심을 갖고 있다. 학회 준비 모임은 몇몇 프로 야구단에 지원 의사를 타진했고, 곧 전 구단에 제안할 계획이다.

백인천 프로젝트에 참여했던 '보통의 야구 팬' 중 몇몇은 학회 준비 모임의 손발이 되어 치열하게 달리고 있다.

백인천 프로젝트 시즌 2는 '박종혁의 통계 강좌'를 시작했다. 이 화성어-금성어 통번역 커리큘럼도 책으로 묶어 낼 계획이다.

* 한국 야구학회는 2013년 6월 1일 첫 컨퍼런스를 열고 공식 출범했다. 초대 회장은 정재승 교수가 맡기로 했다.

윤신영 @shinyoungyoon

"기자 같아."라는 말과 거의 같은 비율로 "기자가 아닌 것 같아."라는 말을 듣는 과학 기자. 현장을 분석하는 환경 기사와 SF인지 기사인지 구분이 안 가는 이야기성 기사 쓰기를 다 즐긴다. 야구와 통계를 잘 모르지만, 자발적으로 모인 사람들이 복작대며 결과물을 만드는 모습에 흥미를 느껴 '백인천 프로젝트'에 참여했다. 그러다 책까지 쓰는 난감한 상황을 맞았지만. 연세대와 서울대 대학원에서 도시 공학과 생명 공학, 환경학을 공부했으며,《과학동아》에서 과학 애호가이자 기자로서 행복하게 일하는 중이다. 로드킬에 대한 어린이 과학 기사로 2009년 미국과학진흥협회(AAAS) 과학 언론상을 받았다. 『노벨도 깜짝 놀란 노벨상』, 『과학, 10월의 하늘을 날다』(공저), 『소셜 네트워크』 등 몇 권의 청소년 책을 쓰고 번역했다.

세 건의 『백인천프로젝트 회의 끝. 9시간 채웠구나! XD 뭔가 전기가 필요하다는 지적에 많은 참가자들이 공감해, 다음 수는 꽤 큰 변화의 바람이 불 듯하다. 연구 자체보다, 좌충우돌하는 집단의 쏠림 현상과 인류학적 전이과정이 흥미롭다. ;)

04

야구는 과학이다?!

최고는 사라졌으며, 따라서 무엇인가가
계속 나빠지고 있다. 그러나 이러한 통념과는
달리 나는 4할 타자가 사라진 것이 오히려
프로 야구 경기의 전반적인 수준 향상을
의미한다는 모순적인 주장을 하고자 한다.

―스티븐 제이 굴드, 『풀하우스』에서

굴드, 풀하우스, 그리고 백인천 프로젝트

 미국에서 발행하는 세계적인 과학 저널 《사이언스》에는 종종 유명한 과학자들의 부고와 추모 기사가 실린다. 백인천 프로젝트가 물밑에서 논의되던 2012년 1월에는 전해 11월 타계한 생물학자 린 마굴리스(Lynn Margulis)의 추모 기사가 실렸다. 세포 내 공진화 개념을 제안한 『마이크로코스모스(Microcosmos)』(홍욱희 옮김, 김영사, 2011년)의 저자다. (아들인 도리언 세이건과 함께 쓴 책이다.) 동료였던 미생물학자 모셀리오 셰흐터(Moselio Schaechter)가 당차고 신념 깊은 여성 생물학자의 열정적인 학문 업적을 차분히 정리했다. 2010년 10월에는 현대 진화 생물학의 거두 중 한 명인 조지 윌리엄스(George C. Williams)를 추모하는 기사가 실렸다. 유전자 중심의 진화론을 제안해 리처드 도킨스에게 영향을 미친 대학자로, 국내에도 『진화의 미스터리(The Pony Fish's Glow)』(이명희 옮김, 사이언스북스, 2009년) 등이 번역돼 있다. 기사도 리처드 도킨스가 직접 썼다.
 이렇게 대가의 추모 기사는 또 다른 대가가 맡는다. 연구뿐만 아니

라 글쓰기 역시 따라올 사람이 없는 대가이기 때문에, 그에 걸맞은 글솜씨를 갖춘 동료 과학자를 찾는 일도 쉽지 않다. 하지만 이런 고민이 가장 심했을 과학자로 진화 생물학자이자 고생물학자 스티븐 제이 굴드만 한 이가 또 있었을까. 굴드는 "진화는 일정한 속도로 일어나지 않을 수 있다. 갑작스럽게 계단식으로 일어날 수 있다."라는 내용의 '단속 평형설'을 주장해 다윈 이후 정체에 빠져 있던 진화론을 '진화론 버전 2'로 탈바꿈시킨 세계적인 학자다.

하지만 그는 생전 22권의 저서와 101편의 서평을 쓴 빼어난 과학 저술가로 더 유명하다. 멀고 아득한 캄브리아기를 생물학계 전면에 떠오르게 한 『생명, 그 경이로움에 대하여(Wonderful Life)』(김동광 옮김, 경문사, 2004년)와 야구와 통계, 진화를 접목시킨 『풀하우스』 등은 평소 과학책을 읽지 않는 인문학 전공 독자들까지 매혹시킬 만큼 뛰어나다. (한 신문의 논설 위원은 몇 년 전 칼럼에서 『풀하우스』를 언급하며 "뿅간다."라는 표현까지 썼다.)

그래서일까. 2002년 5월 굴드가 타계했을 때, 《사이언스》는 또 다른 과학 글쓰기의 대가 리처드 포티(Richard Fortey) 영국 런던 자연사 박물관 수석 고생물학자를 추모 기사의 필자로 '모셨다'. 포티 역시 『삼엽충(Trilobite!)』(이한음 옮김, 뿌리와이파리, 2007년), 『런던 자연사 박물관(Dry Store Room No. 1)』(박중서 옮김, 까치, 2009년) 등으로 유명한 글쓰기의 달인이다. 포티는 글을 마무리하며 "아무도 굴드의 인류애, 박식함, 그리고 사람을 감동시키는 유창한 표현력을 대신할 수 없다."라고 썼다. 굴드는 동료로부터 이런 최고의 헌사를 들을 수 있는 거의 유일한 과학자다. 그에게는 '과학 글쓰기의 계관 시인'이라는 별명이 붙어 있다.*

* 이 부분은 필자가 썼던 《과학동아》 2012년 4월호 신간 소개 기사의 일부를 고쳐 썼다.

『풀하우스』라는 출발점

『풀하우스』는 스티븐 제이 굴드가 처음부터 단행본으로 작정을 하고 쓴 책이다. 생전 수많은 책을 펴냈고, 사후에도 몇 권의 책이 더 나온 굴드. 그의 책은 크게 두 가지로 나뉜다. 《자연사(Natural History)》라는 잡지의 연재물을 비롯한 각종 기고문을 모은 책이 그중 하나로, 그가 펴낸 전체 책의 약 절반이 여기에 해당된다. 그 외의 책 중 공저를 제외한 나머지가 온전히 하나의 주제로 한 권의 책을 쓴 경우인데, 『풀하우스』가 그중 하나다.

그는 몇 가지 강렬한 주제를 중심으로 진화론을 둘러싼 '오개념(誤 槪念, misconception)'과 맞서 싸웠다. 소재는 일상적인 경험부터 전문적인 고생물학 연구 결과까지 다양하지만, 학술적으로 중요하거나 대중의 흥미를 끌 만한 주제나 소재는 간혹 다른 글에서 반복적으로 등장하는 경향을 보이기도 한다. 때로는 기존의 에세이에서 취한 소재를 확장해 단행본을 펴내기도 하는데, 『풀하우스』 역시 마찬가지다.

예를 들어 이 책의 주요한 모티프이자 사건인 4할 타자 실종에 대한 분석은 굴드 스스로 밝히고 있듯 1983년 《베니티 페어(Vanity Fair)》라는 잡지에 실은 기고문인 「끄트머리의 상실: 4할 타자의 멸종」이 출발점이다. 이 주제에 대한 아이디어가 이미 단행본 원고 집필 10여 년 전부터 있었음을 짐작하게 한다. 굴드가 1988년 《뉴욕 리뷰 오브 북스(The New York Review of Books)》에 실은 메이저 리그 선수 조 디마지오(Joseph Paul 'Joe' DiMaggio)에 대한 책의 서평(「연속 안타의 연속」)은 굴드 사후에 『머드빌의 영광과 비극(Triumph and Tragedy in Mudville)』이라는 책에 실려 있다. (이 책은 굴드의 야구 관련 에세이만 따로 모은 책으로, 국내에는 번역돼 있지 않다.) 조 디마지오는 기록적인 56경기 연속 안타의 주인공으로, 통계적으로 예측할 수 있는 통상적인 한도를 넘어서 초인적인 성과를 낸 유일한 선수로 『풀하우스』 3장 「경향에 대한 설명들」에 등장한다.

『풀하우스』의 주요 주제인 "생명의 진화와 진보는 관계가 없다."라는 주장을 다윈의 쐐기 비유와 관련해 고찰하는 부분인 『풀하우스』의 12장 「자연 선택의 핵심」은, 『여덟 마리 새끼 돼지(Eight Little Piggies)』(김명남 옮김, 현암사, 2012년)에 실린 「운명의 바퀴와 진보의 쐐기」라는 에세이를 발전시킨 것이라고 볼 수 있다. 복부중피종의 발병과 완치에 대한 단상(『풀하우스』 4장 「죽음, 개인적인 이야기」)은 1985년 《디스커버》에 쓴 「중앙값은 메시지가 아니다」라는 에세이에 기본 내용이 있다. 말의 진화를 다룬 5장 「말, 생명의 작은 농담」은 1987년에 쓴 에세이를 다시 쓴 것이며, 이것은 국내에도 곧 번역돼 나올 『힘내라, 브론토사우르스(Bully for Brontosaurus)』(한국어판 미출간)에 실려 있다.

재미있는 것은 1983년 글(「끄트머리의 상실」)에서는 『풀하우스』의 주제 의식이 완전히 무르익지 않아 보인다는 점이다. 이 에세이에서는 굴드가 『풀하우스』에서 그토록 경계하고 쓰지 않으려고 애쓴 '진보'라는 표현이 4할 타자가 사라진 당시의 메이저 리그를 설명하는 후반부에 보인다. 반면 『풀하우스』의 해당 부분에는 그 표현을 애써 가린 흔적이 보인다.

뒤에 설명하겠지만, 굴드가 『풀하우스』를 쓴 이유 중 하나는 생명 진화에 '진보'를 비롯한 특정한 방향성(더 나아지거나 더 커지거나 더 복잡해지거나 등)이 없다는 사실을 보여 주는 데에 있다. 따라서 책 후반부로 가면 4할 타자 실종 사건이 프로 야구 전반의 수준이 향상됐다는 결론은 오히려 굴드가 하고 싶은 진짜 주장과는 상반된 이야기가 돼 버린다. (4할 타자의 등장 여부가 야구계의 수준 향상을 나타내는 증거가 아니라는 사실을 논증했지만, 어찌됐든 수준 향상이라는 말 자체도 '진보'를 연상시킨다.) 그래서 굴드는 『풀하우스』의 마지막 장에서 생명의 진화와 문화의 진화를 구분하면서 선명하게 둘 사이의 각을 세우는데, 아마 이때 독자들이 혼동을 느낄 것을 우려해 신중하게 그 단어를 제외한 것 같다.

백인천 프로젝트와 굴드 연구는 다르다!

굴드가 『풀하우스』를 펴낸 지 만 15년이 지난 2012년 한국에서 비슷한 주제를 연구해 보는 '백인천 프로젝트'가 태동했다. 그것도 한국만의 데이터를 이용해. 『풀하우스』의 분석을 '집단 지성'을 이용해 연구해 보자."라는 말 외에 연구 주제 선정부터 방식, 그리고 운영까지 모든 부분이 자발적으로 이뤄졌지만(이 과정은 시민이 자발적으로 과학 연구에 참여하는 '시민 과학', 또는 모두에게 열려 있다는 뜻에서 '오픈 사이언스(open science)'로도 볼 수 있다. 이 주제에 대해서는 뒤에서 다룰 것이다.), 처음 시도하는 주제와 방식의 연구다 보니 많은 부분 『풀하우스』(정확히는 에세이 「끄트머리의 상실」)의 전철을 밟았다.

그런데 백인천 프로젝트에는 몇 가지 중요한 모순이 있다. 우선 이름이다. 한국 프로 야구 역사에서 유일하게 4할 타율을 기록한 백인천 전 감독의 이름을 땄지만, 이 프로젝트는 한 선수의 영웅적인 일대기를 부각하거나 출중한 능력을 분석하기 위함이 아니다. 오히려 정 반대로, 우수한 그 기록이 재현되지 않는 것이 결코 후배들이 못해서 가 아니라는 말을 하기 위해서다. 이 말은 백인천 프로젝트 결과 보고 서와 보도 자료, 그리고 각종 기사가 이야기했듯 '야구의 전반적인 수 준이 높아져서' 4할 타자가 그후로는 나오지 못했다는 것이다.『풀하 우스』식으로 다시 말하면, 후대 선수들이 "고루 잘하게 돼" 백인천 전 감독처럼 '튀는' 선수가 '4할이라는 튀는' 기록을 기록하지 못하기 때문이다. 이 말을 뒤집으면, 물론 백인천 전 감독은 대단한 선수였지 만 오늘날의 최고 수준의 선수에 비해 무조건 뛰어난 타자였다고 말 할 수만은 없다는 뜻이다.

　백인천 프로젝트가 연구의 모델로 삼은 것이『풀하우스』에서 굴 드가 보여 준 연구 방식이다. 그런데 여기에도 또 중요한 도착(倒錯)이 있다.『풀하우스』역시 4할 타자라는 빼어난 영웅이 살던 '좋았던' 1900년대 초중반의 미국 프로 야구 이야기를 하고자 하는 책이 결코 아니라는 점이다. 4할 타자 이야기도 아니다. 만약 그랬다면 책이나 에세이의 제목에는 '테드 윌리엄스 프로젝트'가 더 어울렸을 것이다. 하지만 책의 출발점이 된 에세이의 제목은 정반대로 테드 윌리엄스 등 4할 타자를 의미하는 "끄트머리"가 상실됐다고 말하고 있다.

　뿐만 아니라 굴드는 아예 4할 타자 논쟁이 문제의 본질을 흐릴 수 있다고 과격하게 선언한다. 4할 타자의 출현 여부로 프로 야구(미국 메이저 리그)의 수준을 논하는 것 자체가 어불성설이라는 것이다. 전체를 대 표하지 못하는 아주 지엽적인 문제, 그것도 여러 가지 복합적인 이유 때문에 나타나는 문제일 뿐이다. 굴드는 탁월한 4할 타자는 전체 선수 생태계 안에서 극히 예외적인 존재일 뿐이며, 이들의 존재 유무가 전체 야구 시스템의 수준을 말해 줄 수 없다는 사실을 여러 가지 통계학적인 해석 오류를 예로 들며 주장하고 있다. 마찬가지로 평균이나 중앙값, 최빈값 등 통계도 대표성에 한계가 있다고 말하고 있다.

마지막으로 『풀하우스』와 백인천 프로젝트의 의도 사이에도 근본적인 모순도 있다. 앞에서 밝혔듯, 『풀하우스』는 야구, 그중에서도 4할 타자를 이야기하는 것이 목적이 아니다.

물론 굴드는 그럼에도 야구 팬을 충족시키는 것이 그보다 덜 중요한 목표라고는 생각하지 않는다고 밝히고 있다. "그렇다고 나는, 야구를 생명의 역사보다 중요시하고, 4할 타자 실종에 대한 정확한 해석이 35억 년이라는 생물학적 시간을 이해하는 것보다 미국인의 인생과 더 직접적인 관련이 있다고 생각하는 사람들을 얕보지 않는다."(『풀하우스』, 233쪽) 보기에 따라서 대단히 영리한 말이다. 야구에 대한 이야기를 실컷 푼 뒤, 살짝 비틀어 생물 진화는 그와 다르다는 말, 그것도 본격적으로 과학적인 서술을 시작하기에 앞서 야구 팬이 떨어져 나가는 것을 막기 위해 하는 말 같기 때문이다. 실제로 이후에는 야구 이야기가 거의 나오지 않는다.

굴드는 야구 이야기를 도입 삼아 자신이 천착해 온 진화론 이야기를 하려는 것이다. 야구의 4할 타자 실종이나 변이 축소 이야기는 사실 비교 대상일 뿐이다. "변이가 줄어서 생명 시스템의 수준이 높아졌다."는 이야기조차 최종 결론은 아니다.

그럼 굴드는 최종적으로 무슨 말을 하고 싶은 걸까. 생명 시스템의 '수준이 높아졌다.'는 말이 무슨 뜻인지 생각해 보자. 『풀하우스』에서는 야구계의 수준이 높아진 것을 선수 전체가 전반적으로 경기를 잘하게 됐다는 뜻으로 정의한다고 했다. '4할 타자 스토리'의 결론격인 10장 「4할 타자의 절멸」의 마지막에서 같은 설명을 하고 있다. "4할 타율은 '어떤 것'이 아니라 타율의 변이값들로 이루어진 풀하우스의 오른쪽 꼬리일 뿐이다. 경기의 일반적인 향상으로 변이가 줄어든 결과, 즉 경기가 계속 세련되어져 간 결과 4할 타자가 사라진 것이다."(『풀하우스』, 177쪽) 굴드에 따르면, 야구의 수준이 높아지고 선수들이 잘하게 된 것은 경기를 세련되게 하게 됐다는 뜻이다. 그런데 이 말도 여전히 모호하다. 야구에서 실책이 줄어들고, 수비 사이의 협업을 통한 교묘하고 정교한 플레이가 늘면 그게 세련된 경기일까. 굴드의 설명을 보면 대략 그런 뜻이긴 한 것 같다.

그럼 이번에는 굴드가 진정 말하고 싶은 주제인 생명의 역사에 이 말을 적용시켜 보자. 곧이곧대로 비유를 하자면, 정교한 협업을 하는 생물들이 많아진다는 뜻이 돼야 한다. 그럼 생물 사이의 차이(변이)가 줄어든다는 뜻인 걸까. 아니다. 굴드는 『풀하우스』는 물론 다른 여러 글에서 생명체의 진화가 어떤 특정 '방향성'을 갖는다는 사실 자체를 부정했다. 예를 들어 모든 생명체가 전반적으로 생명 적응력이 높아지는 현상이나 힘이 강해지는 현상, 몸집이 커지거나 무거워진 현상 등은 모두 사실이 아니라는 것이다.

여기에서 굴드가 하려는 진짜 말이 드러난다. 굴드가 하려는 말은 4할 타자의 상실과 야구계의 전반적인 향상은 별개라는 점이다. 그는 그 사실을 마지막 장에서 선명히 선언하고 있다. 문화나 스포츠, 예술의 영역에서는 경쟁을 통한 수준 향상(또는 소위 '진보')이 가능할 수 있다. 4할 타자는 진보의 상징이 아니다. 오히려 4할 타자가 등장하기 어려워진 현상이 더욱 수준 높은 야구판을 증명한다. 야구는 더욱 세련된 경기를 보여 줄 수 있게 됐고, 그것을 (「끄트머리의 상실」에서 언급했듯) '진보'라고 칭하는 것조차 허용될지 모른다. 하지만 생물의 진화에서는 어불성설이다. 방향을 지닌 진화는 신화다.

그래서 『풀하우스』를 어느 정도 읽다 보면 4할 타자 이야기를 잊어야 한다. 그래야 굴드가 진짜 하고 싶은 이야기를 놓치지 않을 수 있다. 하지만 백인천 프로젝트는 생물의 진화와 같은 다른 논의를 위해 야구 이야기를 하는 것이 아니다. 오히려 야구 자체를 대상으로, 목적으로 삼는 프로젝트다. 그래서 결론 자체도 야구에서의 실력 향상에 초점을 맞춰질 수밖에 없었다. 분명한 모순이다.

하지만 이유나 계기야 어쨌든 무슨 상관인가. 그래서 야구와 야구 통계를 이야기할 수 있는 계기가 됐다면!

우연과 생명의 역사

여기서는 굴드의 핵심 주장 몇 가지를 간략하게 살펴보자. 『풀하우스』 전체를 요약할 생각은 없지만, 굴드가 『풀하우스』에서 특히 강조하고 싶어했던 한 가지 핵심 주제가 의외로 독자의 눈에 덜 띄는 경향이 있어 상술한다. 4할 타자 이야기가 그만큼 매력적이기 때문인데, 아무리 굴드가 야구에 죽고 못 사는 열혈 팬일지라도 본질을 놓치면 저승에서 조금 서운해 할지도 모르니까.

조금 색다른 이야기로 시작해 보자. 6년쯤 전, 전주와 김제 사이에 위치한 귀신사라는 절을 찾은 적이 있다. 이 지역에서 유명한 사찰은 단연 금산사다. 3층의 변형된 목탑 형식을 한 본당과 불상이 유명하다. 잘 꾸며놓은 정돈된 절마당과 규모가 대규모 사찰로서의 위엄을 드러내고 있다. 하지만 이 절이 사실은 과거에는 더 큰 절의 말사(딸린 절)였다는 사실은 잘 알려져 있지 않다.

언젠가 이 절의 본사에 해당하는 절을 찾아간 적이 있다. 그리 멀지 않은 곳에 있다는 이야기를 듣고 지방도를 무작정 걸었다. 출발할 때 3킬로미터 남았다는 이정표를 봤는데, 한참 간 뒤에 3.5킬로미터 남았다는 이정표를 다시 보니 기분이 묘했다. 찾아가는 절이 '귀신사'라는 이름이라 더 그런 기분이었던 것 같다. 귀신에 홀린 기분이었으니까. 물론 실제로는 한자로 歸信寺로, 귀신(鬼神)과는 관련이 없다.

막상 찾아간 절은 초라했다. 두 칸짜리 작은 본당이 있었고 주변에 가건물로 지은 요사채가 있었다. 본당(대적광전)은 그나마 공사 중이었다. 외부와 완전히 차단시켜 놓고 안에 비닐 파이프로 공기까지 불어 넣으며 대대적인 수리를 하고 있었다. 비가 흩뿌렸다. 비구니 한 분이 요사채에서 나와 공사 중인 다른 건물로 들어가며 나를 흘끔 봤다. 관광객이 올 곳이 아닌데 하는 눈빛이었다. 조용히 합장을 하고 물러났다.

귀신사가 과거에 큰 절이었다는 사실은 쉽게 알 수 있었다. 단을 높이기 위해 쌓은 축대가 여러 층으로 높았다. 물론 이미 무너져 있는 곳이 태반이었다. 무너져 방치된 돌에는 파란 이끼가 끼어 있었는데, 그 중에는 과거에 어느 건물에 쓰였음직한 무늬가 있는 돌도 있었다. 장식적인 목적으로 쓰였을 가공석. 아마 어느 건물에선가 들어내어 버려졌다가 급조된 돌계단에 사용됐을 것이다.

본당에서 수십 미터 떨어진 곳에는 밭이 펼쳐져 있었다. 그 한가운데에 부도가 놓여 있었다. 고승이 입적하면 그의 사리를 모시는 게 부도다. 보통은 절마당 한가운데에 두거나, 절 입구에 따로 구역을 정해 모아둔다. 단 한 채가 덩그러니 놓여 있는 것으로 봐 절 한가운데 있었을 가능성이 있었다. 그렇다면 그 넓은 밭까지가 절마당이었다는 말이다. 근데 이토록 위세 당당하던 절이 망하기 직전까지 갔다가 겨우 살아남아 건물 몇 채의 초라한 절로 변했다. 아예 망해서 절터만 남아 있다면 장엄미라도 있다. 논이나 밭 한가운데에 흩어진 돌무더기와 그 속에 숨은 탑의 파편이나 기와를 발견하면 기분이 아득해진다. 하지만 초라한 모습으로 남아 있는 모습이라니!

더구나 거기에 딸린 말사에 불과했던 금산사는 지금 대표적인 명찰로나마 위세를 뽐내고 있다. 아이로니컬하다. 역사가 한 부조리한 농담 같은 기분이 든다. 열흘을 가는 꽃은 없다, 노인이 지는 해를 보며 북을 두드린다!

양귀자의 단편 소설 중에 귀신사를 다룬 게 있다는 것을 안 것은 귀신사를 다녀온 이후다. 아직 그 소설은 읽지 않았다. 내가 느낀 강렬한 아이러니, 역사의 농담을 기억하고 싶었기 때문이다. 지금도 귀신사는 변함없이 작은 마을과 밭 한가운데에서 옛 영화를 반추하고 있다.

금산사와 귀신사 이야기를 갑자기 길게 한 이유는 인문학적, 문화사적 소재로 자주 글을 열었던 굴드의 에세이에게 바치는 헌정의 의미가 아주 조금이고(감히!), 사실은 『풀하우스』 전반을 아로새기는 굴드의 중요한 주제와 관련이 있기 때문이다. 바로 굴드가 "생명의 작은 농담"이라고 표현한 대목이다.

"생명의 작은 농담"이라는 말은 라틴 어 '자연의 농담(Lusus natura)'을 떠올리게 한다. 이것은 원래 서양에서 기형과 이형을 안고 태어난 동물을 일컫는 말이다. 다리가 네 개 달린 병아리나 머리가 둘인 송아지가 태어나 별 탈없이 자라며 낯선 행태를 보일 때, 사람들은 기이한 기분과 기특한 감상이 뒤범벅이 된 채로 "자연의 농담"이라고 말했다.

생명의 작은 농담은 귀신사가 몰락하고 금산사가 남아 지역의 명찰이 된 과정과 비슷하다. 전쟁이나 재해, 사고 그 어떤 이유인지는 알 수 없지만 뿌리가 되는 큰 절이 이 세계에서 사라지고(또는 세를 잃고) 다른 절이 남아 지금에 이르는 현상이 주는 역설적인 감상을 굴드 식으로 표현한 셈이다.

『풀하우스』의 초중반에 나오는 말의 이야기는 이채롭다. 진화의 아이콘, 생물학계의 슈퍼 스타 말! 우리와 친숙한 가축이기 때문인데(근데 곰곰 생각해 보면 우리나라 사람, 그리고 개발도상국에 사는 사람들 대부분은 말과 별로 친하지 않다. 이 글이나 굴드의 『풀하우스』를 읽는 사람 중 실제로 말 타 본 사람이 몇 명이나 될까.), 의외로 지금 우리가 보는 말은 과거에 존재했던 훨씬 다양한 말 무리 가운데 극히 일부의 '생존자'다.

여기서 중요한 부분은 살아남은 말이 결코 경쟁에 이겨서나 강해서 살아남은 게 아니라는 말이다. "물론 나는 알고 있다. / 오직 운이 좋았던 덕택에 / 나는 그 많은 친구들보다 오래 살아남았다. / 그러나 지난 밤 꿈속에서 / 이 친구들이 나에 대하여 이야기하는 소리가 들려 왔다. / 강한 자는 살아남는다. / 그러자 나는 자신이 미워졌다."(베

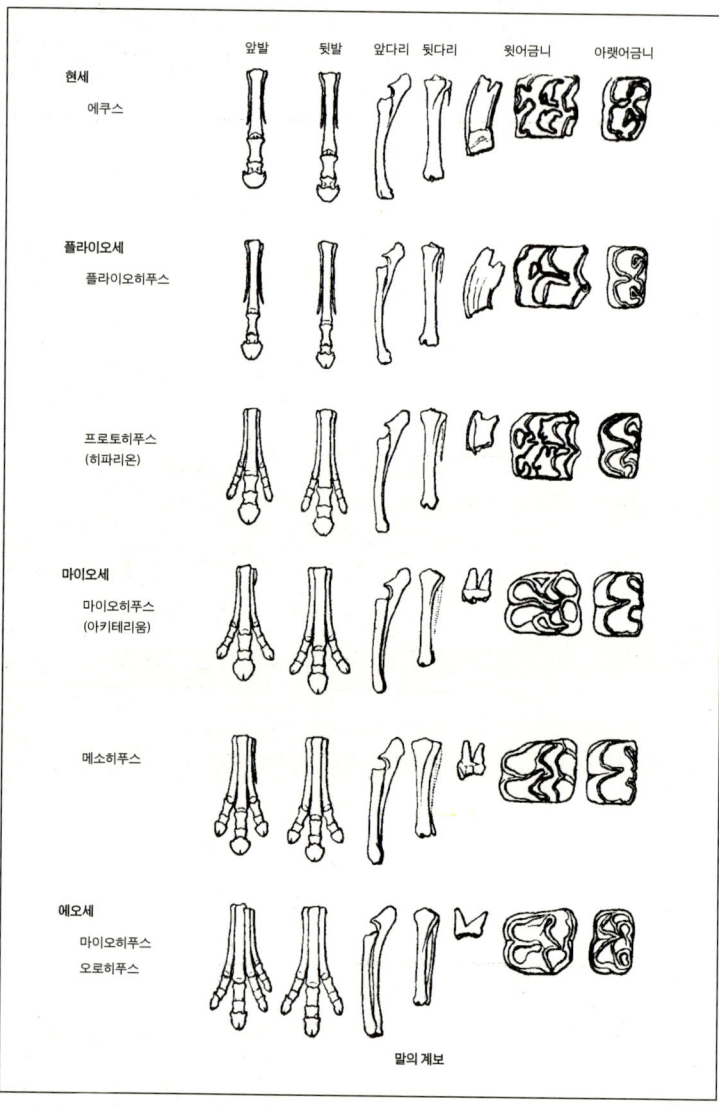

그림 4-1 | 오스니엘 마시가 그린 말의 진화 계보. 말의 모든 특성이 직선적으로 변한 것처럼 보이게 그림을 만들었다. 진화가 진보라는 착각의 사례 중 하나로 굴드가 들고 있는 것이다.

르톨트 브레히트, 김광규 옮김, 『살아남은 자의 슬픔』(한마당, 1993년)에서)라는 시는 생명 진화에도 똑같이 해당된다.

굴드는 이 주장을 여러 에세이와 책에서 끊임없이 반복하고 있다. 『레오나르도가 조개 화석을 주운 날(Leonard's Mountain of Clams and the Diet of Worms)』(김동광, 손향구 옮김, 세종서적, 2008년)이라는 자연사 에세이집에 실린 「오래전의 대가에게서 얻은 교훈」은 일명 '아일랜드엘크'라고 불리는, 머리에 45킬로그램 이상의 무거운 뿔을 달고 사는 멸종 큰사슴 화석을 분석하고 있다. 그에 따르면, 이 동물이 등쪽 척추에 뿔의 무게를 지탱하는 구조물을 지니게 된 이유는 결코 필요의 산물이 아니라 우연의 산물이다. 뭔가 다른 이유로 생긴 구조인데, 그게 적응 과정에서 우연히 그 용도로 이용됐을 뿐이다.

> 처음에는 다른 목적을 위해, 또는 아무 목적 없이 진화된 구조들이 다른 곳에 차용되는 원리에서 대부분의 환상적인 것들과 기발한 것들, 예측 불가능한 것들이 도출된다. 뛰어다니는 조그마한 공룡에게 있어 깃털은 체온 조절 장치로서 진화한 것이지만 새에게서는 날기 위한 장치로 차용된다.

앞에서 '필요의 산물'이라는 표현을 썼는데, 적응주의적 진화론자들의 말을 이용해 보다 정확히 표현하자면 '적응의 산물'이 맞다. 적응주의는, 쉽게 말하면 생명의 모든 특성은 다 자연 선택을 받았기 때문에 살아남았다는 뜻으로, 리처드 도킨스 등 굴드의 '맞수'들의 주장이다.

하지만 굴드에게는 진화가 진보를 의미하지 않으며, 생명체가 지니고 있는 여러 가지 형질은 자연 선택과 적응 외에 우연을 통해서도 얻어질 수 있다. 이 주장이 바로 굴드 진화론의 핵심 중 하나다. 우연에 의한 진화가 가능하면, 생명이 현재의 특성(형질)을 지니게 된 것은 다 자연 선택에 유리해서만이 아니다. 과학 기술 사회학 책에서 자주 거론되는 유명한 예인, 쿼티(QWERTY) 자판이 선택된 과정과 같이 그저 우연히, 하지만 딱히 손해는 아닌 선에서 선택됐을 가능성이 높다. 굴드는 다른 에세이에서 그런 기관이나 구조의 예를 여럿 들고 있다. (예를 들어 척추 동물의 손가락 발가락이 5개씩인 이유.) 이 말은 살아남은 생명이 꼭 더 나은, 혹은 진보한, 심지어 강하거나 큰 생물이 아니라는 뜻이다. 진화에는 방향성이 없다.

개방, 참여, 공유,
시민 과학 프로젝트의
3요소*

백인천 프로젝트는 야구라는 대중적 소재와, 저널에 과학 논문을 낸다는 대중적이지 않은 목표가 만난 프로젝트다. 그 과정에서 다른 과학 연구에서는 볼 수 없는 독특한 특징을 지니게 됐다. 바로 대용량 데이터를 매개로 한 '시민 과학' 프로젝트라는 점이다.

배명훈의 연작 소설 『타워』(오멜라스, 2009년)에는 적국의 땅에 불시착한 조난자를 찾는 장면이 나온다. 구출은 해야겠는데 시간은 한정돼 있고, 불시착했을 가능성이 있는 장소는 너무 넓었다. 다행히 부근 상공을 지나던 인공 위성이 있어 지표면을 찍은 영상 자료를 얻을 수 있었지만 워낙 넓어서 소수의 인원이 다 볼 수 있는 분량이 아니었다. 자포자기한 심정으로 이 영상 자료를 구역별로 잘게 나눠 웹에 올리고, 주변 몇몇 사람들에게 조난자가 있는지 확인해 달라고 부탁했다. 아

* 이 꼭지의 후반부는 필자가 주간지 《시사IN》 2012년 4월 18일자에 기고했던 「집단 지성으로 과학의 비밀을 풀다」를 기본으로 해 사례를 추가하고 내용을 구체적으로 풀었다.

그림 4-2 | CERN의 데이터 센터에 있는 서버 컴퓨터들. 빅 데이터와 그리드 컴퓨팅을 이용한 입자 물리학 연구의 핵심 시설이다.

무래도 한두 명이 보는 것보다는 낫겠다는 마음이었다.

다음 날 놀라운 일이 벌어졌다. 밤새 사이트를 개방해 둔 사이 수많은 사람이 찾아온 것이다. 이들은 영상 속 구역을 알아서 나눠 맡아 수색했고, 전부 수색해도 사람 흔적을 찾지 못하자 알아서 두 번, 세 번 다시 확인했다. 시간이 지날수록 참여자는 기하 급수적으로 늘어났고, 결국 만 하루가 채 지나지 않아 조난자를 발견해 구출할 수 있었다.

이 에피소드는 개방과 자발적인 참여 그리고 협력과 공유라는, 인터넷 시대의 '집단 지성'이 갖춰야 할 요건을 다 보여 주고 있다. 개미처럼 개개인이 조금씩 참여해 뭔가 작업을 했다. 강요하는 사람은 없었고 특별히 거창한 동기도 없었다. (소설에서는 왜 이런 일을 하느냐는 주인공의 질문에 누군가 "그냥 하는 거예요, 그냥!"이라는 답을 한다.) 그런데 여기서 한 가지 요건을 더 추가해야 한다. 바로 엄청난 분량의 위성 영상, 즉 대용량 데이터다.

오늘날 대용량 데이터의 등장은 그 자체로 하나의 새로운 현상이다. 물론 과거에도 데이터는 있었다. 그중에는 '대용량'이라는 이름을 붙일 수 있는 데이터도 물론 있었다. 당대의 데이터 처리 기술로 처리하기 벅찬 데이터는 다 대용량 데이터다. 소위 '빅 데이터'다. 1990년대 중반이 배경인 영화 「건축학 개론」에는 "하드디스크 용량이 1기가바이트(GB)라니, 평생 써도 못 쓰겠다."라고 말하는 대목이 있다. 당시 1기가바이트짜리 자료가 있었다면 아마 보통 사람은 다뤄 보지 못할 대용량 데이터라고 불렸을 것이다. 하지만 오늘날 1기가바이트는 「건축학 개론」 영화 한 편도 채 못 담을 정도로 작을 용량이다. 오늘날 1기가바이트짜리 데이터를 '빅 데이터'라고 부르는 사람은 없다.

오늘날의 대용량 데이터는 다르다. 관측과 측정 기술이 발달하며 수집되는 데이터의 정밀함이 높아졌다. 이것은 그만큼 대용량 데이터가 늘었다는 뜻이다. 기존 아날로그 데이터도 속속 디지털 데이터로 전환되고 있다. 미국 의회 도서관은 보유한 책을 디지털화하는 작업을 하고 있는데, 지난해 1월까지 디지털화한 데이터가 약 285테라바이트(1테라바이트(TB)=1,024기가바이트)였다. 이 도서관은 홈페이지를 통해 매달 5테라바이트 분량을 새로 디지털화하고 있다고 밝히고 있다.

이에 비해 자료의 저장이나 처리 기술은 상대적으로 떨어진다. 데이터 용량이 커진다고 처리 속도나 용량을 무한정 높이기에는 기술적, 경제적 제약이 크다.

백인천 프로젝트와 데이터, 그리고 시민 과학

백인천 프로젝트는 처음부터 집단 지성 프로젝트로 시작됐다. 웹을 바탕으로 한 최근의 다른 집단 지성 프로젝트('위키백과'가 대표적이다.)에는 하나의 큰 흐름이 보인다. 바로 대용량 데이터와 관련이 깊다는 사실이다. 앞서 이야기했듯, 오늘날 그 자체로 새로운 현상이 된 데이터가 다수의 시민의 과학 참여를 부르고 있다. 데이터의 생산 속도는 과거와는 비교할 수 없을 정도로 빨라졌고, 소수의 사람이 활용해 의미 있는 결과물을 낳을 수 있는 수준을 넘어섰다. 자발적이고 개방적인 집단 지성이 위력을 발휘한 것이 이 대목이다. 모두가 조금씩 개미처럼 참여해 지식을 모으고 구조화하고 검증한다. 틀린 내용을 찾으면 그때그때 새로운 내용으로 교체한다. 이 과정이 실시간으로 이뤄진다. 개인은 자기 능력만큼만 일하지만, 결과는 전 지구적·전 인류적인 거대 지식 체계다.

과학이 이런 흐름에 동참한 것은 어쩌면 당연하다. 다른 어떤 분야보다 대용량 데이터가 많이 만들어지고 있기 때문이다. 특히 최근 입자 가속기나 핵 발전소 등 대규모 연구 시설을 이용한 이른바 '거대 과학(big science)' 연구가 크게 유행하면서, 거대한 규모의 데이터를 수집하고 분석하는 방법 자체가 과학의 새로운 도전 과제가 됐다. 이것은 '데이터 과학'이라는, 데이터 자체를 효율적으로 수집하고 분석·연구하기 위한 새로운 과학을 탄생시켰다.

거대 과학이 불러온 또 다른 현상 중 하나는, 과학에서 전문가와 비전문가의 활동 영역을 유독 심하게 갈랐다는 점이다. 연구 규모가 커지고 많은 투자와 협업이 필요해지자 연구는 전문가들만의 영역이 됐고, 심지어 연구 자체의 규모에 오히려 실행자(과학자와 기술자)가 짓눌리는 형국을 맞기도 했다. 과학 사회학자인 김동광은 "과학 연구의 거대화로 인격적 주체인 과학 기술자가 왜소해지고, 다른 한편 과학 기술자가 연구 주도권을 상실하게 됐다."(김동광, 「지향점으로서의 공익 과학」, 『시민의 과학』(사이언스북스, 2011년)라고 하기도 했다.

과학 연구에서 집단 지성을 활용하는 방법에는 두 가지가 있다. 첫 번째는 과학자들의 공동 연구망을 구성해 연구자 다수의 집단 지성을 활용하는 방식이다. 연구망은 물론, 오늘날 월드와이드웹(www)의 효시로 알려져 있는 유럽 입자 물리학 연구소(CERN)의 '연구망'이 대표적인 예다. (뒤에서 좀 더 자세히 설명할 것이다.)

두 번째는 보다 적극적이다. 데이터는 물론 연구 내용을 완전히 공개하고, 비전문가(시민)의 참여를 장려하는 방법이다. 여기에는 단순히 데이터 수집이나 가공, 또는 계산 정도만 참여하는 것부터, 본격적인 분석이나 논문 작성까지 참여하는 수준까지 다양한 종류가 있다. 이런 참여는 부분적으로나마 시민이 과학의 주체가 된다는 점에서 이른바 '시민 과학'을 활성화시키는 효과가 있다. 시민 과학은 과학자 사회에 한정된 과학이 아니라 다양한 비전문가가 직접 연구 과정과 성과를 열람하고 감시하며 평가하고, 나아가 직접 참여할 수 있는 과학이다. 폐쇄적인 '닫힌' 과학과 비교해 '열린 과학' 또는 '오픈 사이언스'라는 말도 전 세계적으로 쓰이고 있다.

과학자 사회는 다양한 방식으로 이런 도전에 대응했다. 과학을 예술과 접목해 시민 사회와의 커뮤니케이션을 다양화한 것도 한 가지 방법이었고, 익명으로 수행했던 동료 평가 제도에서 실명을 공개하거나 자신의 연구가 가지는 이해 관계를 공개하는 방식을 통해 평가와 연구의 투명성을 높이려는 것은 또 다른 시도였다. 이런 경향이 발전해 최근에는 자신의 데이터나 소프트웨어 같은 연구 일부를 아예 공개해 다중 지성의 힘을 빌려 연구를 수행하는 오픈 사이언스가 시도되기에 이르렀다. (홍성욱, 「오픈 사이언스」, 《동아일보》 2012년 4월 12일자)

그럼 지금까지 어떤 시민 과학 프로젝트가 시도됐고 그 성과는 어땠을까. 그리고 '백인천 프로젝트'는 이들과 어떤 점이 같고 다를까.

데이터 수준에서의 참여

☞ 외계인 찾는 컴퓨터 '세티(SETI)' 잘 알려진 '외계인 찾기' 연구. '만약 외계에 지적 생명체가 존재하고 19세기 말 이후의 지구나 그 이상으로 문명이 발달했다면 반드시 인공적인 전파(지구의 경우에는 텔레비전 전파나 라디오 전파를 예로 들 수 있다.)를 우주로 내보낼 것'이라는 가정 아래 우주에서 날아오는 전파를 수집해 분석한다. 수집한 전파 데이터 속에서 인공적인 것으로 해석 가능한 전파를 찾으면 외계 지적 생명체의 존재를 간접으로 증명할 수 있다.

이 작업은 해변의 모래 속에서 병뚜껑 하나 찾는 일로 비유할 수 있을 만큼 데이터가 많다. 해결 방법은 성능 좋은 슈퍼 컴퓨터를 이

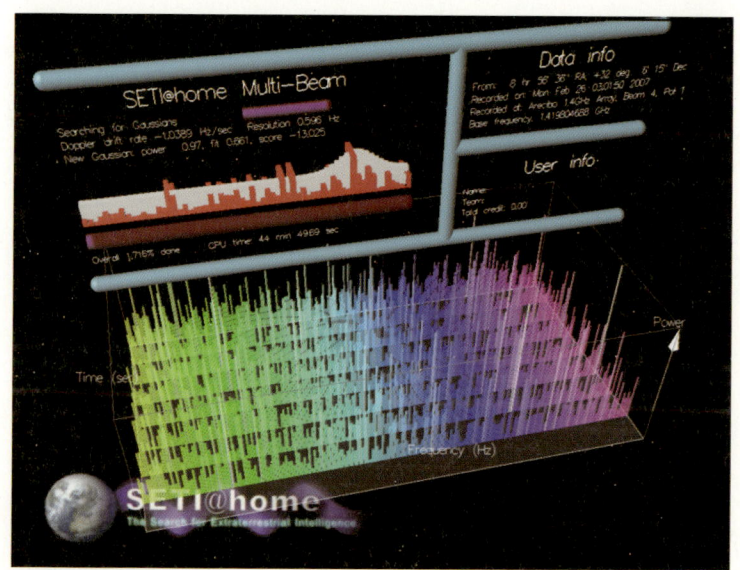

그림 4-3 | 세티앳홈에서 제공하는 스크린 세이버를 구동시켰을 때의 컴퓨터 화면.

용하는 것인데, 연구 성과에 비해 비용이 너무 들어 미국에서도 정부 지원을 끊은 상태다. 현재는 대학과 민간 연구소를 중심으로 연구가 이어지고 있다. 부족한 컴퓨터 자원은 인터넷에 연결된 다수의 사용자 컴퓨터를 빌려 분산 컴퓨팅으로 해결하는데, 이것이 미국 캘리포니아 주립 대학교 버클리 캠퍼스에서 주도하고 있는 '세티앳홈(SETI@HOME)' 프로젝트다. 사용자가 화면 보호기 프로그램을 설치해 두면 컴퓨터가 쉴 때 데이터 일부를 계산한다. 그래서 연구에 직접 참여한다기보다는 자원을 제공한다는 표현이 맞다.

☞ 단백질 구조 규명 게임 '폴딧(Foldit)' 2008년 미국 워싱턴 대학교 데

이비드 베이커(David Baker) 교수의 연구진이 개발한 온라인 게임이다. 단백질의 구조는 아미노산 서열과 주변 환경(물의 산도나 온도 등) 사이의 관계에 따라 결정된다. 그런데 이 요소가 조합될 경우의 수는 무수히 많다. 이것을 일일이 계산해 3차원 구조를 파악하려면 컴퓨터 성능이 높아야 한다. 그래서 분산 컴퓨팅 기술을 도입했다. 아미노산 사슬을 웹에 공개해 두고 사용자가 들어와 게임처럼 풀도록 한다. 높은 점수가 나온 구조들이 실제 구조와 비슷할 가능성이 높다. 이것들을 추려 엑스선 관측 자료와 비교하면 쉽게 구조를 찾을 수 있다.

실제로 이 프로그램을 이용해 단백질 구조를 풀어 저명한 저널에 논문이 실린 사례가 심심치 않게 나오고 있다. 2011년 9월 18일 학술지 《네이처 구조 및 분자 생물학(Nature Structural & Molecular Biology)》에서는 원숭이에게 에이즈를 일으키는 바이러스의 효소 구조를 규명했다. 시민이 구조 규명에 직접 참여한다는 점에서 세티보다 능동적이지만, 연구에 목적 의식을 갖고 참여한다기보다는(그런 경우도 존재하지만) 재미로 프로그램을 돌리는 과정에서 곁다리로 데이터 분석이 이뤄지기 때문에 온전히 능동적인 연구라고 보기는 어렵다.

과학자 사이의 연구 협력

☞ 분산 컴퓨팅으로 물리학의 비밀을: '그리드(Grid)'와 'e-사이언스' 세계에서 가장 많은 연구 데이터가 생성되는 곳은 입자 물리학 실험 장치다. 지난 2012년 7월 CERN의 입자 물리학자들은 우주의 세 가지

기본 힘(전자기력, 약력, 강력)을 성공적으로 설명하는 '표준 모형'에서 존재한다고 예측은 했으나 실험이나 관찰로는 확인하지 못했던 '힉스 입자'로 추정되는 입자를 관측했다. 이 실험은 CERN이 운영하는 대형 강입자 충돌기(LHC)를 통해 이뤄졌다.

LHC는 지름 27킬로미터의 고리형 진공 터널에 양성자나 중이온을 넣고 빛의 속도 가까이 가속한 뒤 충돌시키는 입자 충돌기다. 현존하는 가장 크고 강력한 가속기인데, 데이터 생성량 역시 세계 최고 수준이다. 2010년 15페타바이트(PB, 10^{15}바이트), 2011년 23페타바이트, 2012년 27페타바이트의 데이터가 생성되었다. 더구나 건설 이후 매년 끊임없이 성능을 최적화하는 작업을 하고 있기 때문에 매해 이전 해에 비해 비약적으로 데이터 양이 늘어나고 있다. 일례로 2012년 8월 초 발표를 한 연구를 보자. 힉스 입자를 찾기 위한 양성자 충돌 실험이 2012년에는 상반기에만 이뤄졌는데, CERN의 발표에 따르면 이미 2011년 1년 동안 얻은 데이터보다 많은 양이다. LHC는 당시 수집량보다 약 2.5배 많은 데이터를 더 모아 2013년 3월 다시 한번 더 정밀한 결과를 발표했다.

데이터가 이렇게 많기 때문에, 이 데이터를 분석할 컴퓨터를 한곳에서 운영하기란 현실적으로 불가능하다. 이 때문에 CERN은 2000년대 초반부터 데이터를 분산하기 위한 연구망을 건설했다. 《네이처》에 따르면, 2011년 기준으로 34개국에 있는 20만 개 CPU를 이용해 계산한다. 이 데이터를 저장하는 데에는 CPU와 함께 나눠 놓은 1500억 메가바이트의 하드 디스크가 이용된다. 《네이처》 2011년 1월 20일자 「페타바이트 고속도로를 달리다(Down the petabyte highway)」 참조.) 참여하는 과학자도 연구

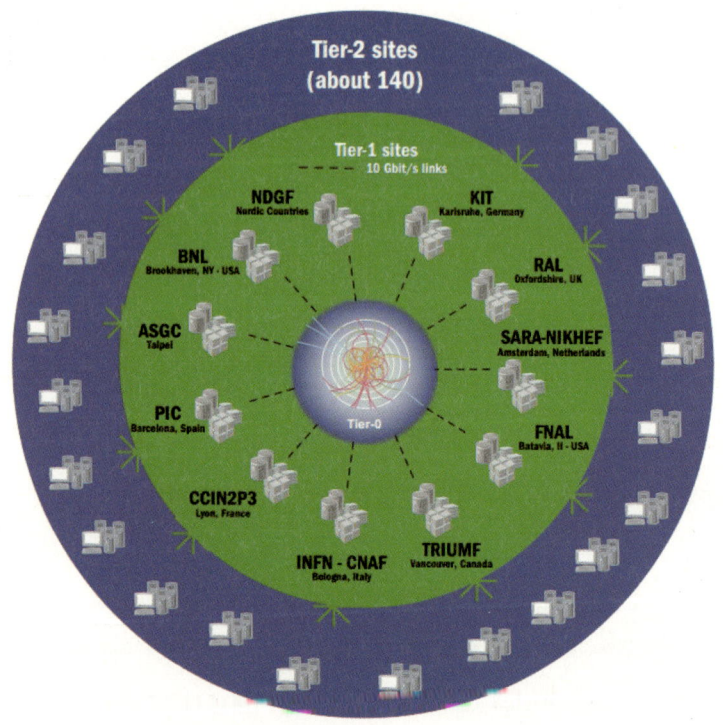

그림 4-4 | CERN이 운영하는 분산 컴퓨팅 개념도.

주제별로 수천 명에 이른다. 일례로 이번에 힉스 입자를 연구한 두 개의 연구팀(우리나라를 비롯해 40여 개국이 참여한 CMS 실험팀과 일본 등이 참여한 ATLAS 실험팀이 있다.)에는 각각 약 4,000명의 과학자 및 엔지니어가 참여했다.

　이렇게 분산 컴퓨팅을 이용해 과학자들 사이의 협업을 유도하는 연구망을 '그리드(GRID)', 연구 방식을 'e-사이언스(e-science)'라고 한다. e-사이언스와 그리드는 대용량 데이터를 과학 연구에서 본격적으로 분산 컴퓨팅과 협업, 그리고 집단 지성을 활용해 처리하는 예다.

연구망과 e-사이언스는 데이터를 많이 다루는 사회 과학자들에게도 영향을 끼치고 있다. 우리나라에서 많은 양의 데이터를 활용해 정치와 문화 현상을 해석하고 예측하는 연구, 즉 빅 데이터 연구를 진행 중인 박한우 영남 대학교 교수 등이 인문 사회 과학 연구에 연구망을 활용하자는 주장을 하고 있다. 예를 들어 트위터나 페이스북, 유튜브 등 SNS상의 게시물이나 댓글만 모아 활용해도 선거 민심을 예측하고 해석하는 일이 가능하다.

아직까지는 이런 분산 컴퓨팅 연구망에 전문 과학자가 주로 참여한다. 시민의 참여가 주를 이루는 세티나 폴딧과는 상황이 다른 셈이다. 따라서 '시민' 과학이라고 보기는 어렵지만, 그렇다고 '오픈' 사이언스가 아닌 것은 아니다. LHC의 데이터는 공개돼 있기 때문에 누구라도 분석에 참여할 수 있다.

시민의 정보가 곧 세계 정보

☞ **시민의 관찰로 구축한 생태계 정보** 국제 자연 보전 연맹(IUCN)이나 야생 동물 보호 기금(WWF)은 매년 신종 생물을 발표하고 멸종 위기 생물에 대한 보고서('적색 목록')를 만든다. 또 멸종 위기에 빠진 지역종들을 조사해 그 등급을 매긴다. 이 일을 하기 위해 수많은 생태 전문가가 필요할 것 같지만 실제로는 그렇지 않다. 일부 전문가가 비전문가와 공동으로 조사해도 충분하기 때문이다.

일본 규슈 구마모토 대학교 생명 과학과는 매년 시민들을 모집해 간단한 교육을 한 뒤, 함께 갯벌에 나가 갯벌 생물 종 조사를 한다. 조사 결과는 WWF 공식 보고서에 실릴 정도로 정확성과 전문성을 인정받는다. 2011년 7월 직접 구마모토 현 야쓰시로(八代) 시의 현장을 방문해 비전문가(지역 주민)와 전문가(교수)를 만난 적이 있는데, 방법이 쉽고 간단해 처음 하는 사람도 참여하기가 쉬웠다. 간단한 교육을 받고 30분 정도 갯벌을 거닐며 모종삽으로 생물을 채취하면 끝이었다. 채취한 생물은 경험이 많은 지역 주민과 전공 교수가 동정(同定, 생물의 분류학상 소속이나 명칭을 정하는 일)한다. 일본의 국제 환경 단체인 습지 네트워크가 개발한 '표준 매뉴얼'이 있어 이 연구 방법은 쉽고 공신력이 높으며 다른 지역 조사와 데이터를 공유할 수 있어 편리하다.

지방 자치 전통이 강한 일본에서는 조류를 관찰하는 탐조(探鳥) 활동이 지자체 차원에서 장려되기도 한다. 따라서 철새 조사에도 시민들이 나서는 경우가 많다. 철새 도래지로 유명한 규슈 이즈미(出水) 시에서는 탐조 동호회 회원들이 매년 야생 조류의 개체수를 조사하고 있고, 후쿠오카에서는 습지가 사라져 쉴 곳을 잃은 철새를 위해 인공 섬을 만드는 일에 시민 단체가 활약하고 있다.

우리나라에서도 이런 시민 참여 과학 프로젝트가 시작되어 진행되고 있다. 2012년 7월에 시작된, 장이권 이화 여자 대학교 생명 과학부 교수가 주도하는 생태 조사 연구 프로젝트 '매미 탐사대'가 대표적이다. 참여자는 스마트폰을 이용해 도심과 교외의 매미 울음소리를 녹음한 뒤 위치 정보와 함께 보내면 된다. 장이권 교수의 연구팀은 이 정보를 모아 매미가 언제, 어디에서 우는지를 바탕으로 매미 생태 연구에 필요한 자료를 모은다. (자세한 정보는 인터넷 카페 http://cafe.naver.com/

cicadae에서 살펴볼 수 있다.) 장 교수는 "연구자 몇 명으로는 필요한 자료를 모으는 데 한계가 있어 이 같은 아이디어를 냈다."라고 말했다. 참여자는 단 2분 정도의 시간이 들 뿐이고, '이런 활동이 도움이 될까?' 하는 의문을 가질 수 있지만, 연구자가 그 자료를 얻으러 해당 지역을 일일이 찾는 수고를 줄일 수 있기에 의미는 크다. 그리고 참여자는 연구와 조사에 직접 참여한다는 보람과 함께 자연 탐사의 재미를 느낄 수 있다. 환경 교육이 되는 것은 물론이다.

생태 조사에서 지역 시민이 주인공으로 참여하는 이런 현상은 점점 중요성을 더해 가고 있다.

꼬리를 무는 시민 과학 프로젝트

☞ **은하를 직접 분류하는 '은하 동물원'과 후속 프로젝트** 앞서 야쓰시로 시에서 갯벌 생물을 경험 많은 지역 시민들이 직접 종을 분류한다는 이야기를 했다. 그런데 생물뿐만 아니라 우주의 천체들도 집단 지성을 기다리고 있다. 관측된 은하를 분류하는 작업이다. 은하는 형태에 따라 여러 종류로 분류된다. 그런데 하늘에는 무수히 많은 은하가 있고, 이 가운데 관측된 은하의 수만도 만만치 않다. 이것을 하나하나 분류하는 작업은 천문학자들이 감당하기 어려울 정도로 시간이 오래 걸린다.

이에 2007년 7월, 천문학자들은 새로운 개념의 은하 분류 프로젝트를 시작했다. 은하 사진을 웹사이트에 공개한 뒤 사람들이 들어와

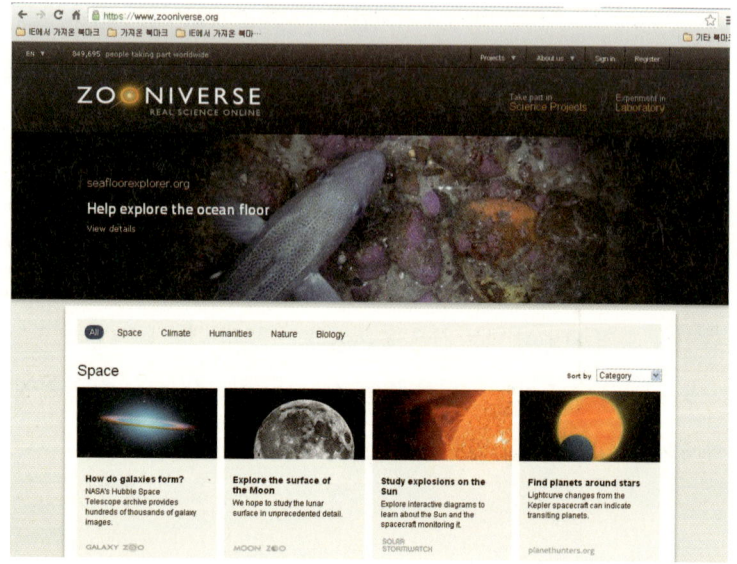

그림 4-5 | 주니버스 프로젝트 홈페이지.

직접 분류 작업을 할 수 있도록 시스템을 만든 것이다. '은하 동물원(Galaxy Zoo)'이라는 이름이 붙은 이 프로젝트는 2009년 '은하 동물원 2', 2010년 '은하 동물원: 허블'이라는 후속 프로젝트로 이어졌다. 현재는 '은하 동물원: 허블' 프로젝트가 진행 중이다. (www.galaxyzoo.org 참조.)

은하 동물원 프로젝트는 실제로는 시민 과학 프로젝트인 '주니버스(Zooniverse)'의 하위 프로젝트다. 주니버스 프로젝트에서는 은하를 '동정'하는 일만 아니라 충돌해 합병 중인 은하를 구분하거나 초신성 및 외계 행성을 찾고, 고화질 월면 사진을 바탕으로 운석 충돌공의 개수를 세는 것 같은 연구를 시민들과 함께 진행하고 있다. (www.

Zooniverse.org 참조.)

　　미국 시카고 애들러 플래네타륨 등이 주도한 '세티라이브(SETILive)'는 자동화된 계산에만 의존하는 세티앳홈과 달리 시민들이 직접 신호를 찾는 보완 프로그램으로 주니버스와 세티앳홈의 공동 프로젝트이다. 주니버스의 책임 조사관인 크리스 린토트(Chris Lintott)는 2012년 2월 29일, 미국의 심층 보도 전문 매체 《허핑턴 포스트》와의 제휴 기사 (http://www.huffingtonpost.com/seti-institute/seti-live_b_1310878.html)에서 "지난 몇 년 동안 우리는 수십만 명의 시민들이 과학 연구에 참여하고자 하는 열망이 어마어마하다는 사실을 깨달았다."라며 "세티라이브로 최고의 모험에 초대할 수 있게 돼 기쁘다."라고 말했다.

☞ **스스로 데이터를 모으고 연구 방향도 정한 '백인천 프로젝트'** 이제까지의 시민 과학 프로젝트는 전체 연구 방향을 정하거나 이끌 수 없었다. 일손이 많이 필요한 비교적 단순한 작업이 주였다. 하지만 이런 한계를 극복한 또 하나의 실험이 '백인천 프로젝트'이다. 막연한 주제('굴드의 연구를 한국 데이터로 다시 해 본다.')와 소재('한국 프로 야구 30년 데이터')만을 가지고 모인 뒤, 연구 데이터 수집부터 확인·분석까지 모두 자발적으로 수행했다. 연구 주제도 데이터를 가공해 가면서 거기에서 나온 결과를 바탕으로 설정했다. 이것은 대용량 데이터 시대의 새로운 과학 연구 패러다임이 된 '데이터 기반 연구'를 떠오르게 한다.

　　물론 연구에 사용된 야구 데이터는 투수·타자 합해서 28만 개 항목에 '불과'해 오늘날의 기준으로 '빅' 데이터는 아니다. (앞서 빅 데이터의 정의는 가변적이라고 말했는데, 그와 별개로 요즘 대용량 데이터를 다루는 컴퓨터 과학자 중에는 "텍스트 형식으로 된 자료는 일단 빅 데이터라고 하기 어렵다."라는 견해를 보이기도 한다. 감시 카메라나 천문 관측 영상 자료를 데이터로 만든다고 생각해 보면 일반 텍스트의 데이터량은 초라하게 느껴질 수도 있다.) 또 첫 연구 결과가 완벽하지 않을 수도 있다. 하지만 벌써 다음 연구 주제를 정하는 움직임이 내부에서 나오는 중이다. 자율적인 참여와 공유가 또 다른 참여와 공유를 불러 제2, 제3의 백인천 프로젝트를 낳고 있다. 차별화된 또 하나의 시민 과학 프로젝트라고 볼 수 있을지 앞날이 궁금하다.

야구의
과학이라고?

 야구와 과학. 굳이 왜 연관시켜야 하는 주제인가 이상하게 여길지 모른다. 하지만 백인천 프로젝트는 과학자에 의해 제안돼 여러 명의 과학 전공자와 야구 애호가가 함께했던 프로젝트였다. 전문 과학자들의 참여가 좀 더 있었으면 하는 아쉬움도 있었지만, 오히려 평범한 시민들이 연구를 이끌어 갔다는 장점은 있다.
 먼저 밝혀야 할 게 있다. 이 글을 쓰고 있는 필자는 결코 굉장한 야구 팬도, 데이터광도 아니다. (왜 이 둘 중에 하나가 아님을 밝히는지는 3장을 보기 바란다. 백인천 프로젝트를 굴러가게 한 두 축은 통계광과 야구광이라는 진단(?)이 있으니까.) 한 해에 야구장에 한두 번 가기도 벅찬 직장인으로, 솔직히 백인천 프로젝트가 이뤄지던 해에는 바쁜 정도가 더 심해 올스타전이 끝난 시점까지 텔레비전 중계로라도 한 경기를 끝까지 본 적이 없다. 다행히 중학생 때부터 봐 온 덕분에 야구의 기본적인 규칙은 알지만, 그렇다고 깊이 있게 아는 것도 아니고 기록의 오묘한 맛을 알 정도로 아는 것

도 아니다.

말하자면 한가할 때 텔레비전으로 좋아하는 팀의 경기를 보며 긴장을 풀고(때론 오히려 긴장과 스트레스가 가중되지만, 그게 야구의 묘미라고 생각한다.), 가끔 친한 사람들과 야구장에 가면 맥주 한두 잔 하느라 정작 타석에 누가 섰는지는 뒷전인 평범한 관람객, 즉 야구 초보에 불과하다.

그런 필자가 야구와 데이터, 통계에 대해 글을 쓴다? 수천, 수만 명에 이르는 '열혈' 야구 팬들이 산적한 우리나라에서? 시도조차 무모하게 느껴지고, 독자 입장에서는 안심하고 이 글을 끝까지 읽어야 할지 망설이게 될지도 모르겠다. 하지만 이렇게 생각하면 조금 마음이 편해질 것이다. 필자 같은 초보자를 위해, '글로 배우는' 야구 통계(또는 기록) 입문서를 써 보자!

이 글은 '야구를 글로 배우고자' 하는 초보에게 지침이 되도록, 그리고 '야구 좀 아는 동네 형'에게는 "오호, 그래 이런 거 나는 좀 알지." 하다 "그런데 정색하고 이런 거 연구하는 사람도 있네?" 하고 한 번씩 마음 고쳐먹게 하려는 목적으로 썼다. 편안한 마음으로 읽어 나가길 바란다.

왜 야구 통계일까

데이터와 통계, 그리고 과학. 데이터광이나 야구광은 아니지만 나름 '과학광(그런 게 있긴 한가 모르겠지만)'이라고는 말할 수 있는 과학 기자로서 이야기하자면, 이들은 우리나라에서 대중적으로 인기 없기로는 둘째

가라면 서러워할 주제다. 공식과 숫자, 계산. 생각만 해도 머리가 아프지 않은가? 아무리 인기 스포츠인 야구와 접목을 한다고 해도 이 주제는 인생은 즐기는 것이라고 생각하는 평범한 사람에겐 그리 매력적이진 않다. "그냥 야구만 즐기면 안 돼?"

하지만 걱정하지 않아도 된다. 야구에서의 통계는 다른 분야에서 말하는 통계와는 조금 다르니까. 굳이 이야기하자면, 탄생부터 '야구를 더 즐겁게 보기 위해' 만들어졌기 때문에 자연 과학의 실험 데이터나 사회 과학 논문과 각종 인구 조사 자료에서 보던 통계와 똑같이 볼 이유가 없다. 만약 통계라는 말이 거북하다면 다른 이름을 붙여도 될 정도다.

물론 단순히 즐겁게 볼 수 있다는 게 야구 통계가 각광받게 된 이유의 전부는 아니다. 합리적인 다른 이유가 있었고, 야구 역사가 그것을 멋지게 증명했다. 예를 들어 만년 하위를 도맡았던 메이저 리그 야구팀이 야구 통계를 활용해 일약 우수팀으로 거듭난 사례가 있다. 저렴한 선수 비용과 운영비를 가지고도 말이다. 경영학에서 이야기하는 '합리적인' 운영의 좋은 사례다. 이 때문에 야구 애호가들만의 은밀한 즐거움을 넘어 현실세계에 큰 영향을 주는 하나의 연구 주제로까지 '일이 커진' 느낌이다.

이 내용을 확인하려면 영화로도 만들어진 마이클 루이스(Michael Lewis)의 『머니볼(*Moneyball*)』(김찬별, 노은아 옮김, 비즈니스맵, 2011년)을 읽으면 좋다. 운영비가 최하위권이라 좋은 선수를 영입하지 못했던 메이저 리그 팀 오클랜드 애슬레틱스(Oakland Athletics)가 통계를 활용해 어떻게 합리적으로 선수를 영입했고, 다른 팀으로 거듭났는지를 알 수 있다. 만약 시간이 없다면 서점에 가서 이 책의 번역본이 어느 서가에 꽂혀 있는지 살펴보자. 경제·경영 코너에『노자 경영학』,『논어 경영학』등과 같이 꽂혀 있다는 사실을 알게 될 것이다. 서점에 갈 시간도 없다면 인터넷 서점에서 검색을 해 봐도 좋다. 관련 검색어 태그에『꼴찌들의 반란』,『사람 경영법』,『성공 신화』같은 책들이 함께 뜬다. 꼴찌가 반란을 일으켜 우승하게 하고, 사람(인적 자원)을 합리적으로 경영해 성공에 이르게 하는 방법이라는 뜻 같다.

하지만 이 글에서는 이런 거창하고 열정적인 분위기와는 조금 다른 식으로 이야기를 전개할 예정이다. 합리성을 인정하는 것도 중요하지만, 그에 못지않게 과장된 열기를 식히는 것도 중요하다. 야구 통계에 과도한 집착이나 환상을 갖지는 않은 채 이야기할 것이다. (이것은 여러 야구 애호가들도 똑같이 하는 말이다.) 그리고 무엇보다 이 글을 읽는 대다수 독자는 (필자처럼) 야구에 대해 적당한 관심을 갖는 평범한 생활인들일 것이다. 마치 백인천 프로젝트에 참여한 대부분의 사람들처럼 말이다.

우리는 야구 통계를 마스터해 그걸로 야구의 승부를 예측하고 선수들의 몸값을 결정하며 구단을 운영할 예산을 책정하지 않는다. 그저 야구를 더 재밌게 보는 데 도움이 되면 그걸로 족하다. 딱 그만큼만 야구 통계를 들여다보자.

'글로 배우는' 야구 통계 입문

야구는 기본적으로 통계가 발달했다. 이것은 야구라는 경기가 운영되는 방식의 영향이 크다. 가만 생각해 보면 야구는 꼭 롤플레잉 게임(roll-playing game, 플레이어들이 가상 인물의 역할을 맡아 정해진 규칙을 따라 즐기는 놀이. RPG라고도 한다.)과 비슷하다. 차례가 돌아오면 갑자기 야구라는 전체 경기가 투수와 타자의 일대일 승부로 축소된다. 그 순간만은 모든 이목과 관심이 투수가 던지는 공의 궤적, 타자가 휘두르는 배트의 움직임에 쏠린다. 그리고 그 결과, 안타냐 뜬공이냐 하는 것은 명쾌하게 분류된 기준에 따라 기록된다. (물론 이런 현대의 기준이 생기기까지 상당한 진통이 있었고, 지금도 대단히 판단하기 애매한 부분은 많다. 예를 들면 수비수의 실책과 타자의 안타가 칼같이 나뉘지는 않는다.)

공이 배트에 맞았을 때는 수비수의 역할이 부각되면서 갑자기 경기장이 줌아웃된다. 이제 경기는 투수와 타자의 일대일 승부(포수를 포함하면 3명이지만)에서 10명 이상의 선수들의 단체 승부로 바뀐다. 이때 수비수의 활약 역시 기록된다. 하지만 기록되는 항목은 투수나 타자에 비해서는 간략하다. (관여하는 사람 수도 많고 현상도 더 복잡한데도!) 야구는 기본적으로 투수와 타자의 승부에 좀 더 집중하는 스포츠다.

  이 글에서는 기본적인 야구 통계 지표에서부터 좀 더 심화된 통계 지표를 소개한다. 야구 중계에서 흔히 볼 수 있는 가장 기본적인 통계부터 애호가 가운데에서도 일부에게서만 겨우 들어볼 수 있을 것 같은 낯선 지표까지 간략하게 다뤘다. 마지막에는 '열혈 팬은 아닌 사람으로서' 반 걸음 떨어진 상태에서 간단한 논평을 덧붙였다.

야구 통계 레벨 1

"이것만 알면 여자 친구·남자 친구에게 민폐 안 끼치고 야구 경기 볼 수는 있다."는 아주 기본적인 수준의 지표. 어쩌면 굳이 통계라는 이름을 붙이는 것도 사치스럽게 느껴질지도 모른다. 하지만 야구를 처음 접하는 사람 입장에서는 이 정도 개념도 낯설다. 그리고 이보다 복잡하고 어렵게 느껴지는 통계를 구하는 논리도 이런 기본적인 통계를 만드는 논리와 크게 다르지 않기 때문에 짚어두는 게 필요하다. 무엇보다, 이 정도만 알아도 즐기기엔 충분하기도 하다. 앞서 말했듯, 이 글을 쓰는 필자도 이 수준으로 20년째 야구를 보고 있지만 별 불편함은 없었다. 물론 '야구 좀 아는 동네 형'들과는 단 한 마디도 말을 섞을 순 없지만.

공격

☞ **타율(AVG)** 타자의 공격력을 소개하는 가장 기본적이면서도 중요한 지표다. 구하기도 쉽고 직관적이어서 이해하기도 쉽다. 때문에 널리 쓰인다. 지금도 텔레비전 야구 중계 화면을 보면 타자가 등장할 때 타율이 가장 먼저, 크게 등장한다.

방법은 안타를 타수로 나누면 된다. 타수는 타석과 다르다. 뒤에 따로 구분해서 설명했다. 그런데 타수는 그렇다 치고, 야구를 처음 접하는 경우를 위해 안타의 기준도 정리하고 넘어가자. 타자가 투수의 공을 쳐서 파울라인(다이아몬드 형태의 구장에서 1루와 홈플레이트, 3루와 홈플레이트를 잇는 양쪽 선) 안쪽으로 떨어뜨리면 수비가 공을 주워서 1루수, 2루수, 3루수, 또는 포수에게 던진다. 이때 타자가 공보다 먼저 루에 도착하면 안타. 1루에 가면 1루타, 2루에 가면 2루타, 이런 식인데, 1루타부터 3루타, 그리고 홈런이 모두 '안타'라는 같은 범주에 포함된다.

타율은 이런 안타와 타수 사이의 비율이다. 다시 말하면 "투수와 몇 번 승부해서 몇 번의 안타를 쳤는가," 즉 '타수분의 안타 수(안타 수/타수)'다. 볼넷이나 몸에 맞은 공, 희생 플라이, 희생 번트는 포함돼 있지 않다. 이 기록들은 분명 야구의 세계에서 중요한 역할을 담당하지만, 타율의 세계에서는 투명 인간과 같다. 마치 존재하지 않는 듯하다. 이 문제는 레벨 2의 '출루율' 편에서 자세히 다룬다.

타율은 분자에 해당하는 타수를 어떤 기준에 따라 계산했느냐에 따라 달라진다. 한 경기, 두 달, 한 시즌, 선수 생활 내내 등 어떤 식으로든 적용 가능하다.

만약 한 경기에서 5번의 타수를 얻었고 그중 2번을 쳤다면 5분의

2, 즉 0.4의 타율을 얻는다. 4할이다. 만약 5월 한 달 동안 50번의 타수 중 10번의 안타를 쳤다면 50분의 10, 즉 0.2가 타율(2할)이 된다. 경기장 전광판이나 텔레비전 중계에서 타자를 소개하면서 보여 주는 타율은 시즌 타율이다. 시즌이 시작될 때부터 이전 마지막 타석까지의 타수와 안타 수를 가지고 계산한 타율이다. 만약 시즌이 끝날 때까지 다 집계된다면 그 타율이 그 선수의 시즌 공식 타율이 된다. 개막 당시보다는 시즌 후반으로 갈수록 타수가 많아지기 때문에 '통계로서의 가치'는 후반으로 갈수록 더 높아진다. 물론 어느 시점, 몇 타수 이상이 돼야 통계적으로 옳다는 기준은 따로 없지만 말이다.

야구에서의 통계는 다른 일반적인 통계와는 목적과 쓰임이 다르다. 예를 들어 일반적인 통계는 "우리 국민 중 얼마나 되는 사람이 야구를 좋아하는가?"라는 질문에 답하는 데에 쓸 수 있다. 이를 알기 위해 사회 조사 전문 기관은 인구나 지역, 성별 등을 고려해 정한 인구(예를 들어 1만 명)의 국민을 대상으로 조사를 할 수 있다. 통계 기법을 적절히 사용하면 이 조사 결과를 바탕으로 대한민국 국민 5000만 명 중 몇 명이 야구를 좋아하는지를 오차 범위 안에서 예측할 수 있다. 조사 대상이 많으면 많을수록 오차는 줄어든다. 통계학에서는 어느 정도 대상을 조사해야 오차가 줄어들지까지 계산할 수 있다. 통계는 이렇게 일부 자료를 바탕으로 전체를 예상하거나 일반화시키는 기능을 한다. 하지만 지금 우리가 보는 타율은 다르다.

2012년 시즌에, 김태균 선수의 타율이 초반에는 4할을 넘겼다가 아래로 떨어졌다. 이 글을 쓰고 있는 시점에서는 여전히 시즌이 진행 중이므로 가정할 수 없지만, 만약 김태균 선수가 막판에 다시 힘을 발휘해 정확히 4할로 시즌을 마쳤다고 가정해 보자. 하지만 이 사실을 바탕으로 "김태균 선수는 타수 10번이면 그중 4번을 치는 선수다."라는 결론을 말할 수는 없다. 단지 "2012년 시즌, 김태균 선수는 타수 10번에 4번꼴로 안타를 쳤다."라고만 말할 수 있다. 그러니까 타율은 '성과'를 나타내는 기록이다. 이것으로 김태균 선수의 타격 능력을 일반화하거나 미래를 예측할 수는 없다. 이것은 타율뿐 아니라 모든 야구 통계 기록에 대해서도 동일하다.

물론 이전의 성과는 이후 그 사람의 실적을 예측할 수 있는 가장 좋은 지표다. 어떤 사람에 대해 평가를 하고자 하는 사람은 누구나 이전에 그 사람이 무얼 했고 얼마나 잘했는지를 알고 싶어할 것이다. 관련해 집계한 누적 통계가 있다면 훌륭한 자료다. 당연히 활용하지 않을 이유가 없다. 야구 통계가 인기를 끈 것도 바로 이런 점을 높이 사서다. 하지만 이것을 어느 정도로 믿어야 하는지까지 숫자로 결정돼 있는 것은 아니다. 전적으로 믿을 것인지 참고 자료로만 활용할 것인지는 해석하는 사람의 몫이다.

더구나 타율이 과연 '타격'의 대표 능력인지 여부도 의견이 분분하다. 안타만 중요한지, 사사구 등을 제외하는 것이 타당성이 있는지는 늘 논란 중이다. 이것이 바로 세이버메트릭스의 창안자들이 대안이 되는 다른 타격 기록(OPS 등)을 제안한 이유다. 이들에 대해서는 「야구 통계 레벨 2」와 「야구 통계 레벨 3」에서 알아볼 예정이다.

☞ **도루 성공률** 흔히 텔레비전 야구 중계에서는 도루의 수를 그대로 기록한다. 마치 홈런 수처럼. 하지만 이 역시 야구 통계에서는 성공 비

율로 계산할 수 있다. 성공한 도루를 시도한 도루 수로 나누면 말 그대로 도루 성공률이 나온다. 실패야 어쨌든, 도루 자체가 많은 게 더 공헌이 클지 아니면 성공률이 높은 게 더 유리할지는 상황에 따라 다르다. 대개 두 가지 기록을 다 적절히 해석해야 할 것이다.

☞ **타석(PA)과 타수(at bat)** 통계라고는 할 수 없지만 기록이다. 타율 등 기록을 위해 사용하는 타수는 타자가 공을 치기 위해 들어선 모든 횟수 중 몇 가지 경우를 제외한다. 예를 들어 볼넷과 몸에 맞는 볼, 희생 번트와 희생 플라이, 타격 방해 등이다. 반대로 타수에 이 항목을 모두 더하면 타자의 타석이 나온다. 예를 들어 설명하면 더 이해하기가 쉽다. 어느 날 경기에 타자가 나와서 첫 타석에서 삼진을 당했다. 타석과 타수 모두에 포함된다. 두 번째 타석에서는 1사 3루 상황에서 깊숙한 외야 플라이를 쳤다. 의도와 상관없이 진루를 시켰으므로 희생 플라이로 기록됐다. 이 경우는 타수에서는 제외된다. 2타석, 1타수. 세 번째 타석에서 몸에 맞는 볼을 얻어 1루에 걸어나갔다. 역시 타수에서는 제외된다. 네 번째 타석은 팀이 동점인 상황에서 앞선 타자가 볼넷으로 걸어나가 무사 1루였다. 희생 번트 지시를 받아 작전대로 했다. 역시 타수는 그대로다. 9회에 극적으로 맞은 다섯 번째 타석에서 비로소 안타 하나를 쳤다. 이것은 타수로 기록된다. 오늘 이 타자는 5타석 2타수를 기록했다. 참고로 퀴즈 하나. 그럼 이 타자의 오늘 타율은 몇일까. 타수를 기준으로 하므로 2타수 1안타, 타율은 5할이다.

수비

☞ **평균 자책점(방어율, ERA)** 투수가 한 경기(9이닝) 동안 허용한 자책점. 투수의 자책점을 공을 던진 이닝 수로 나눈 뒤 9로 곱하면 된다. 상대에게 내준 점수기 때문에 수치가 낮을수록 좋다. 이 기록은 구하기 쉬워 보이지만, 다른 많은 야구 통계처럼 언뜻 알기 어려운 부분이 있다. 바로 자책점의 '기준'이 무엇인가 하는 점이다. 자세한 것은 다음 '자책점' 항목에 소개했다.

평균 자책점에는 단점이 있다. 평균 자책점은 상대팀에 점수를 내주지 않은 능력인데, 점수는 투수만 잘한다고 안 내주는 게 아니다. 물론 투수가 안타를 맞지 않고 모두 삼진으로만 타자를 아웃시킨다면 모르지만, 보통 더 많은 경우 수비수가 공을 잡아 아웃시키기 때문이다. 즉 평균 자책점에는 투수의 능력과 수비수의 능력이 섞여 있다.

참고로 2011년 시즌에서 이 분야 1위 기록을 달성한 KIA 윤석민 선수의 경우, 172와 3분의 1이닝 출전해 47점의 자책점을 내줬고, 방어율은 2.45였다. 백인천 프로젝트에서 경기당 3분의 1이닝 이상 출전 선수 30년치 데이터를 바탕으로 추세를 본 결과, 평균 자책점은 아주 미세하게 올라가고 있었다. 즉 투수 지표는 아주 약간씩 하락했다.

☞ **자책점** 통계라고는 할 수 없지만, 기록이다. 자책점은 말 그대로 투수가 자신의 책임으로 내준 점수를 의미한다. 그런데 말이 쉽지 어떤 점수가 투수 자신이 내준 점수인지 애매한 경우가 많다. 일단 기본적으로 투수가 출루시킨 주자가 이후 득점에 성공하면 자책점이다. 하지만 제한이 있다. 수비수의 실책이나 주루 방해 등으로 인해 잃은

점수는 자책점에 포함되지 않는다. 아웃 세 번으로 이닝이 끝날 시점이었는데 실책으로 이닝이 끝나지 않았고, 그 후 나간 주자가 점수를 냈다면 이 역시 자책점은 아니다. 투수는 할 만큼 했다는 뜻일까.

☞ **승률** 승률은 아주 단순한 개념이다. 투수가 승리한 게임 수를 승리한 게임 수와 진 게임 수를 더한 값으로 나눈다. 이 값은 문제가 있다. 투수가 못 던져도 같은 편 타자들이 타자가 점수를 많이 내면 이길 수 있기 때문이다. 이것을 투수만의 성과로 볼 수만은 없다.

☞ **수비율** 야수의 수비 능력을 평가하는 지표다. 개념은 간단하다. 모든 수비 가운데 실수하지 않은 횟수의 비율을 구하면 된다. 계산 방법은 다음과 같다. 타자를 아웃시킬 수 있는 순간 공을 받는 위치에 있었던 횟수(PO)와 수비 중계 등 타자를 아웃시키는 과정 초반 또는 중반에 관여한 횟수(수비 어시스트, A)를 더한다. 그 뒤 이 값에 실책 횟수(E)까지 더한 값으로 나눈다. (PO+A)/(PO+A+E).

말로만 하면 쉽다. 하지만 실제로는 애매한 경우가 많다. 실책 자체가 판정하기 애매한 경우가 많기 때문이다. 심한 불규칙 바운드 때문일 경우, 어떤 경우가 실책이고 어떤 경우가 타자의 안타일까? 경기를 보는 관중은 물론, 선수도 기록이 어떻게 기록될지 판단하지 못하고 심판단의 판결만 기다리게 된다.

때로는 수비수의 중요한 능력을 제대로 반영하지 못한다는 단점도 제기된다. 만약 수비수가 발도 빠르고 의욕도 넘쳐서, 그냥 두면 잡기 힘든 먼 공까지 잡으려 의욕적으로 달려갈 수 있다고 해 보자. 대개 성공할 것이고, 이것은 팀 입장에서는 큰 도움이 된다. 그런데 만약 이 선수가 마찬가지로 공을 쫓다 그만 공을 빠뜨렸다고 해 보자. 이것을 실책으로 기록하는 게 과연 옳을까? 수비 범위가 좁은 선수가 있어서, 만약 타자가 친 똑같은 공을 쫓아가지 못해서 그냥 평범한 안타로 만들어 줬다고 하자. 쫓아갈 생각도 하지 못했으므로 실책이 아니고, 그 수비수의 수비율은 떨어지지 않는다. 물론 이것은 아주 극단적인 경우고, 실제로 감독은 이런 수비 범위를 모두 고려해 경기를 운영할 것이다. 하지만 사고 실험으로 이런 경우를 가정해 볼 수는 있다. 적어도 이 경우엔, 수비율은 선수의 근본적인 수비 능력을 제대로 반영해 주지 않는 불합리함이 있다.

야구 통계 레벨 2

이제 레벨 1을 이해해서 야구 경기를 볼 수 있게 됐다면, 조금만 시간을 투자해 보자. 좀 더 재미있는 경기를 즐기는 데 도움이 될 것이다.

여기에서는 레벨 1보다 좀 더 어려운 기록을 선보인다. 좀 더 어렵다는 것은 타율이나 평균 자책점보다 자주 접하기 어렵다는 뜻이다. 하지만 생각해 보면 타율과 평균 자책점도 제대로 알고 나면 그다지 쉽지 않다. 다시 말해 레벨 2라고 특별히 타율보다 월등히 복잡하거나 어렵지는 않다는 뜻이다.

☞ **출루율**(OBP) 타율이 오직 안타만을 고려하기 때문에 실제 야구

진행 양상과는 조금 다르다는 비판이 이미 20세기 초중반부터 있었다. 만약 타자가 볼을 4개 골라 내 1루에 걸어나가면 나중에 득점할 수 있는 주자를 추가로 출루시키는 효과가 있다. 비록 안타를 쳤을 때처럼 이미 출루해 있던 기존 주자를 2루 이상 진루시키지는 못하지만, 그래도 1루에 있는 주자는 한 루 진루시킬 수 있다. 이런 기록에는 볼넷과 몸에 맞은 공이 있다.

주자 진루까지 생각하지 않더라도, 볼넷과 몸에 맞은 공은 아웃이 아니라는 사실만으로도 중요하다. 타자는 일단 타석에 들어서면 살아남아 출루하거나 아웃돼 덕아웃에 가거나 둘 중 하나의 운명만 지닌다. (타석에 서 있을 때를 '연옥'이라고 해야 할까?) 그 둘 중 아웃이 아닌 쪽에 속하게 되면, 팀 차원에서는 아웃 수가 하나 줄고 주자는 늘며 때로는(이미 1루에 주자가 있었다면) 진루도 시킬 수 있다. 공격 기회도 이어진다. 볼넷과 몸에 맞은 공은 안타 못지않게 중요하다! 하지만 타율이라는 기록은 이들 모두를 제외시킨다. 분모(타수)에서 빠지고 분자(안타 수)에서도 빠진다. 즉 아예 없는 것으로 취급하는 것이다. 그래서 앞에서 '투명인간' 취급한다고 한 것이다.

뿐만 아니다. 타율만으로 타자의 실력을 가늠하기가 생각보다 어렵다는 비판이 있다. 흔히 타율은 '어느 정도가 우수한 타자'라는 기준이 비교적 명확하게 퍼져 있다고 말한다. 바로 3할 타자다. 3할을 치면 우수한 타자라는 말은 야구 초보자라도 여기저기에서 많이 들어봤을 것이다. 그런데 실제로 따져 봐도 그럴까.

유명한 이야기로, 대표적인 미국의 야구 통계학자인 빌 제임스(George Williams 'Bill' James)는 이런 질문을 제기한 적이 있다고 한다. "3할 타자

그림 4-6 | 야구 통계학자 빌 제임스.

와 2할 7푼 5리 타자의 차이는 무엇인가?" 앞에서 설명한 기준으로 3할 타자는 '좋은 타자'라고 할 것이고, 2할 7푼 5리 타자는 '보통 이상은 되는 타자'라고 답할 것이다. 솔직히 필자 역시 그렇게 생각한다. 그런데 막상 따져 보면, 타수가 똑같을 때 3할 타자는 2할 7푼 5리 타자보다 한 달(약 80타수 가정)에 2개의 안타를 더 친다는 계산이 나온다. (80×0.025=2) 시즌 전체로 보면(6개월) 12개 정도다. 이런 차이가 과연 보통 타자와 좋은 타자를 구분할 만큼 큰 차이일까? 물론 12개가 적지는 않다. 2011년 최다 안타 기록을 지닌 이대호 선수의 안타 수는 176개다. 176개 중 12개면 7퍼센트 정도다. 2011년 시즌 내내 다른 어떤 선수도 이대호 선수보다 안타를 많이 치지 못했다. 그들에게 이 안타 12개는 7퍼센트 이상의 의미를 가진 숫자일 것이다. 하지만 우수한 선수와 아닌 선수를 나눌 근거가 되지는 못 한다.

　이런 단점을 보완하기 위해 고안된 게 출루율이다. 앞에서 말한 세 가지 진루, 즉 안타와 몸에 맞은 공, 볼 넷을 더한 뒤 타수와 몸에 맞은 공, 볼넷, 그리고 마지막으로 희생 플라이를 더한 값으로 나눈다. 희생 플라이는 사사구처럼 타수와 타율 계산의 예외이기에 분모에 포함시켰지만, 1루로 나가지 못하고 아웃 수를 늘렸으므로 분자에는 포함시키지 않는다. 참고로 희생 번트는 희생 플라이와 달리 1루에 진출하려는 의도마저 버렸다고 봐서(즉 오로지 루에 나가 있는 선행 주자를 진루시키는 것만이 목표라고 판단해서) 분모에도 포함시키지 않는다.

　출루율은 출루 자체의 가치를 타율보다 충분히 인정하기 때문에 많은 지지를 받았고, 비교적 일찍 공식 기록으로 포함됐다.

☞ **장타율(SLG)** 타율에는 또 다른 단점이 있다. 타율은 장타든 단타든, 심지어 홈런이든 모두 그저 똑같이 '안타' 하나로만 기록한다. 하지만 실제로 1루타와 2루타, 3루타, 홈런이 팀의 득점과 승리에 기여하는 정도는 같지 않다.

　한때 초기 야구 통계 연구자들 중에는 메이저 리그 데이터를 뒤져서 공격 기록의 득점 공헌도를 예측하는 방정식을 구하려는 시도를 한 이들도 있었다. 일종의 '득점 산출 공식'인데, 예를 들면 1루타 하나는 0.41점, 2루타는 0.82점, 3루타는 1.06점, 홈런은 1.42점 하는 식으로 안타를 쳤을 때 팀에 얼마만큼의 점수를 안겨 주는지를 간단한 공식으로 만든다. 왜 하필 1루타는 0.41점에 해당하고 2루타는 0.82인지는 알 수 없다. 이 값은 이론적 예측값은 아니다. 수많은 야구 기록을 보고 찾아낸 식을 만족시키는 값일 뿐이다.

이렇게 '득점 산출 공식'을 만족시키는 값을 찾는 과정은 실제 과학 실험이나 관찰 과정과 비슷하다. 예를 들어 완전히 새로 개발한 로켓 엔진이 있다고 해 보자. 이 로켓이 어떤 속도와 경로로 날아갈지는 계산만으로는 다 알 수 없다. 어떤 조건(로켓 기체의 무게, 발사 각도 등)이 로켓에 얼마만큼의 영향(로켓의 속도나 방향, 추력 등)을 미칠지 알 수 없기 때문이다.

그래서 실제로 실험을 해 보면서 데이터를 모은 뒤 수학적으로 해석해 변수의 영향력을 결정하는 방법을 쓴다. 충분한 데이터를 얻고 나면 나중에는 컴퓨터 모형만으로 예측까지 할 수 있는 단계가 된다. 북한처럼 핵무기를 개발하는 나라들이 지하 핵실험을 강행하는 이유가 바로 이런 데이터를 얻기 위해서다.

만약 실제로 1루타, 2루타, 3루타, 홈런이 각각 점수를 내는 데 일정한 영향을 미치는 경향이 있다면, 충분한 데이터를 모아 수학적으로 계산해 보면 틀림없이 '득점 산출 공식'의 윤곽이 드러날 것이다. 보다 복잡하게 점수를 줄이는 영향들을 찾아 그 값을 뺄 수도 있을 것이다.

이런 복잡한 시도까지 나가지 않더라도, 장타에 임의의 가중치를 주는 것만으로도 선수의 공헌도를 예측할 수 있다. 그래서 개발된 것이 장타율이다. 장타율은 아주 간단하다. 1루타를 치면 1, 2루타를 치면 2, 3루타를 치면 3, 홈런을 치면 4를 각각의 안타 수에 곱해 타율의 분자 대신 쓰면 된다. 분모는 타수를 유지한다. 쉽게 이야기하면 타율은 타율인데, 2루타는 2배, 3루타는 3배 이런 식으로 장타의 값어치를 보정해 준 타율인 셈이다.

　물론 이 값에도 단점은 있다. 각 안타에 1부터 4까지 점수를 준 것은 아주 쉽고 타당해 보이지만, 곰곰이 생각해 보면 왜 이런 가중치를 줬는지 설명할 수가 없다. 홈런이 1루타보다 4배의 가치를 지니고 4배만큼 훌륭한 것이라고 말할 수 없기 때문이다. 이 역시 임의적인 값이다. 직관적이지만 합리적이지는 않다.

　또 장타를 안 치는 타자도 장타율이 높을 수 있다는 단점이 있다. 안타 수와 가중치의 곱이기 때문에, 단타라도 무수히 많이만 치면 장타율은 높아진다. 이론적으로 2루타, 3루타, 홈런을 단 한 번도 치지 않고도 '장타율 높은 타자'가 될 수 있는 것이다.

야구 통계 레벨 3

여기서부터는 보다 전문적인 야구 통계 용어를 소개할까 한다. 만약 이 정도까지 안다면 일반적인 야구 팬 수준은 훌쩍 뛰어넘는다고 말할 수 있다. 실제로 '야구 좀 아는 동네 형'들은 일단 여기 나오는 야구 개념 이상은 알고 있다. 본격적인 야구 통계의 시작인 셈이다.

　어려우면 어떡할까, 걱정하지 말자. 막상 읽어 보면 생각보다는 개념이 간단하다는 사실을 알게 될 것이다. 모든 우수한 발명품이 그렇듯, 쉽고 단순하며 직관적이면서도 쓸모가 있는 도구가 인기를 얻고, 오래 살아남는다. 그것은 사고의 도구인 개념 역시 마찬가지다. 우리는 지금 그걸 배워 볼 참이다.

공격

☞ **OPS** 출루율과 장타율을 이해했다면 세이버메트릭스에서 가장 유명하고 유용한 지표로 널리 쓰이는 새로운 지표를 바로 이해할 수 있다. 바로 OPS다.

OPS는 이름 그대로 출루율과 장타율을 더한 값이다. 예를 들어 2011년 시즌 삼성 라이온스의 최형우 선수는 시즌 출루율이 0.427, 장타율이 0.617이었다. 이 둘을 더하면 1.044다. 이 값이 OPS다. 최형우 선수는 2011년 시즌 OPS 수치가 가장 높은 선수였다. 2위는 당시 롯데 자이언츠 소속의 이대호 선수였는데 출루율 0.433, 장타율 0.578로 1.011이었다. 이대호 선수는 2010년 시즌에는 출루율과 장타율 각각 0.667, 0.444로 두 부문 모두 1위로, OPS 역시 1위인 1.111이었다.

참고로 미국 메이저 리그의 한 시즌에서 가장 높은 OPS를 기록한 선수는 2004년 시즌의 배리 본즈(Barry Lamar Bonds)이고 기록은 1.4217이었다. 일생 동안을 통틀어 계산했을 때 생애 OPS 기록이 가장 높은 선수는 베이브 루스로, 그의 생애 OPS는 1.1638이다. 미국 메이저 리그 역사를 통틀어서 생애 OPS가 1.0을 넘는 선수는 단 9명에 불과했다. (자료: 미국 야구 통계 사이트 '베이스볼 레퍼런스'. http://www.baseball-reference.com/leaders/onbase_plus_slugging_career.shtml?redir 참조.)

OPS는 출루율과 장타율을 더했기 때문에 두 수치가 갖는 의미를 모두 갖고 있다. 즉 '타자가 아웃되지 않고 살아나가야 한다.', '장타가 단타보다 기여도가 높다.'는 두 가지 개념을 모두 측정할 수 있다. 출루율과 장타율만 구해 뒀다면 계산하기도 쉽다. 그래서 금세 지지를 얻었고, 널리 쓰이게 됐다.

물론 수학적으로 보면 언뜻 이해가 안 되는 대목도 있다. 전혀 다른 방법으로 계산된 두 통계 수치를 그냥 더한다는 게 타당할까? 무엇보다, 이렇게 더한 수치가 제대로 득점 상황을 반영할까?

놀랍게도 『괴짜 야구 경제학(The Baseball Economist)』(정우영 옮김, 한즈미디어, 2011년)이라는 책을 쓴 J. C. 브래드버리(J. C. Bradbury) 미국 케네소 주립 대학교 경제학과 교수에 따르면, '반영한다.' 그것도 아주 많이. 브래드버리 교수는 세 가지 주요 지표라고 꼽은 출루율과 타율, 장타율을 이용해(우리는 이 세 가지를 앞에서 모두 배웠다.) 메이저 리그 1998~2004년 시즌의 득점 기록을 분석했다. 요약하면 출루율과 타율, 장타율이 각각 높은 경우, 그게 실제 경기의 득점을 얼마나 올리는지를 통계를 이용해 점검해 봤다. 경제학자니까 꽤나 고급 통계를 썼다. 이름도 무시무시한 '다중 회귀 분석'이다. (이공계 대학이나 경제학과에 가면 많이 배우는 방법이긴 하다.)

우리에게 중요한 건 결과니 결과만 보면, 출루율과 장타율은 실제 득점을 예측하는 능력이 아주 높았고 타율은 상대적으로 낮았다. 그리고 세 수치를 모두 고려해 득점을 예측했을 때 타율은 고려하나마나였다. 그러니까 타율보다는 출루율이나 장타율을 더 중시하는 게 적어도 득점 능력을 예측하는 데에는 더 효과적이라는 말이다.

그리고 마지막으로, 세 수치를 모두 고려한 예측과 OPS를 이용한 예측이 거의 비슷한 결과를 보였다. 이 말은 복잡하게 고민하지 말고 OPS만을 이용해 전반적인 득점 능력을 평가 또는 예측하는 것이 꽤나 타당하다는 뜻이다. 더구나 그냥 출루율과 장타율을 더하기만 하면 되니 쉽기도 하다. OPS는 세이버메트릭스가 만든 베스트셀러 통계다.

짐 앨버트(Jim Albert) 미국 볼링 그린(Bowling Green) 주립 대학교 수학 및 통계학과 교수도 2010년에 발표한 논문에서 2008년 미국 메이저 리그 팀의 경기당 득점(R/G)과 타율, OPS 사이의 상관 관계를 분석했다. ("Sabermetrics: The past, the president, and the future," Joseph A. Gallian ed. *Mathematics and Sports*, Mathematical Association of America, 2010 참조.) 그 결과 타율은 득점의 46퍼센트밖에 설명하지 못했지만, OPS는 89퍼센트를 설명했다.

여기까지 알고 나니 궁금한 게 있다. 타율에서는 3할이면 우수하다고 하고 4할 이상은 꿈의 타율로 부른다. 마찬가지로, OPS에도 뭔가 기준이 있다면 이해하기 쉽지 않을까. 앞서서 소개한 이대호 선수나 최형우 선수처럼 1이 넘는 OPS는 드물다. 그렇다면 대단히 높은 수치일 것이다. 하지만 이들은 시즌 최고 수준이다. 다른 타자들까지 고려하려면 보다 구체적인 수치가 있으면 좋을 것 같다.

빌 제임스가 이미 제안한 기준이 있다. 그는 0.9 이상이면 '대단한(Great)' 선수로, 0.83 이상이면 '수준급(Moderate)' 선수로, 0.7667 이상이면 '평균보다 조금 나은(Above Average)' 선수로, 그리고 0.7 이상이면 평균적인 선수로 봤다. (그 이하도 상세히 나눴지만 스스로 알아볼 독자들을 위해 생략한다. 보다 자세한 내용은 위키피디아의 OPS 항목을 찾아보면 나온다.) 이것을 우리나라 실정에서도 이용할 수 있을까.

따로 보정을 한 기준은 없다. 다만 경험적으로 보정할 수는 있을 것이다. 『괴짜 야구 경제학』을 번역한 정우영 MBC 스포츠플러스 캐스터는 책에서 "0.75 이상을 평균 이상으로, 0.85 이상을 수준급으로, 0.9 이상을 스타급으로, 1.0 이상을 슈퍼 스타급으로 보면 좋을 듯하다."라고 제안한 바 있다. 미국과 크게 다르지는 않으니 대강 감을 잡는 데에는 이 정도면 충분할 것 같다. 2008년 미국 메이저 리그 전체 타자의 OPS 평균은 0.749였다는 점도 참고할 만하다. (http://www.baseball-reference.com/leagues/MLB/2008-standard-batting.shtml 참조.)

마지막으로 한마디. OPS는 1980년대 초에는 생산이라는 뜻의 '프로덕션(production)'이라는 말로도 썼다. 이 개념을 널리 알린 피트 팔머 등의 글에는 이를 줄인 'PRO'라는 약어가 보인다. 빌 제임스 역시 이 개념을 적극 활용했다. OPS는 여러 선구자들이 세이버메트릭스를 연구하던 비교적 초창기부터 어느 정도 보편적인 지지를 받은 기록인 셈이다.

수비

☞ **이닝당 출루 허용률(WHIP)** OPS는 세이버메트릭스가 창안해 메이저 리그 공식 야구 기록에 포함된 몇 안 되는 통계 중 하나다. 이런 통계 지표로 타자에게 OPS가 있다면 투수에게는 이닝당 출루 허용률(WHIP)이 있다. 이닝당 출루 허용률은 투수가 허용한 안타(H)와 볼넷(BB, 고의 사구 포함) 수를 합한 뒤 이닝 수(IP)로 나눈 값이다. 몸에 맞은 공은 포함시키지 않는다. 공식으로 쓰면 이렇게 된다.

$$WHIP = \frac{H + BB}{IP}$$

이 통계는 오로지 투수가 루로 내보낸 주자의 수를 비교하는 것이 목적이다. 주자를 내보내지 않으면 실점 기회 자체가 적다는 이유다. 점수가 나는 과정은 복잡하다. 하지만 한 가지는 확실한 것은, 주자를 많이 내보내면 그만큼 위태로운 상황을 많이 맞는다는 사실이다. 물론 위기를 많이 맞아도 점수는 내주지 않을 수도 있다. 안타나 볼넷으로 주자를 잘 내보내는 투수가 막상 2루나 3루에 주자가 있을 때는 아웃을 시켜 실점을 시키지 않았다. 실점 기회는 많이 내줬지만, 결정적인 순간만은 막은 것이다. 위기에서 더 빛을 발하는, 위기 관리 능력이 좋은 선수라고 말할 수도 있다. 그런데 정말 그럴까.

위기도 잘 만들고 결정적인 순간도 잘 모면하는 투수는 이를테면 병 주고 약 주는 투수다. 팬들에게 스릴감을 맛보게 해 주고 팀이 한시도 긴장을 풀지 않게 각성시키는 투수일지는 몰라도 보편적인 의미에서 실력이 좋은 투수라고는 말할 수 없다. (감독을 근심으로 빨리 늙게 하는 투수이기도 하다.) 바람직한 투수는 애초에 주자를 내보내지 않아 실점 기회조차 주지 않는 게 아닐까.

WHIP는 바로 이런 투수를 가려내기 위해 고안된 기록이다. 물론 WHIP에도 단점은 있다. 앞에 쓴 공식에서 볼 수 있듯, 안타와 볼넷을 대등하게 취급한다. 안타에는 단타부터 홈런까지 모두 포함돼 있다. 다시 말해 극단적으로 홈런 1개를 허용한 투수와 볼넷 1개를 허용한 투수가 똑같은 WHIP을 기록한다. 또 여전히 수비의 도움이 배제되어 있지 않다.

온전히 투수만의 능력을 고려한 통계는 없을까? 야구는 단체 경기이기 때문에 득점이나 출루를 수비와 분리해 생각하기는 어렵다. 하지만 이전에 존재하던 통계보다 조금이라도 더 온전히 투수력을 반영할 지표를 시도해 볼 수는 있다.

☞ **9이닝당 삼진수(K/9)** 투수가 매년 새로 태어난다면 모를까, 투구 능력이 해마다 극적으로 바뀌지는 않을 것이다. 따라서 지난해 투수의 방어율이 높았다면 대체로 다음 해의 방어율도 높을 거라 기대할 수 있다. 그리고 이런 예측이 사람들이 굳이 야구 통계를 들여다보는 목적이기도 하다. 자료를 바탕으로 그 선수의 작년 성적을 분석해 이해하고, 그걸 근거로 올해 성적을 예측해 보는 것이다. 구단주나 감독이라면 이 예측으로 선수의 연봉을 정하거나 팀 전략을 세울 것이고, 야구 팬이라면 선수의 올해 활약을 점치며 더 즐겁게 보려는 것이다.

그런데 만약 작년 야구 통계 수치가 올해 야구 통계 수치와 다르게 널을 뛴다면 어떻게 봐야 할까. 앞서도 말했듯 선수가 매해 극단적으로 변하지 않는다면 기록에 어느 정도 일관성이 있어야 한다. 그래야 과거 기록을 바탕으로 예측해 가며 야구를 관전하는 즐거움도 있다. 그런데 올해 기록으로 다음 해 기록을 도저히 예측할 수 없고 또 그다음 해 기록이 다르다면 어떻게 되나? 굳이 통계를 만들어 활용하는 보람과 즐거움도 없을뿐더러, 과연 그걸 야구 통계로서 인정할 수 있을까?

짐 앨버트 교수는 앞의 2010년 논문에서 OPS뿐만 아니라 평균 자책점 문제도 분석한다. 그의 계산에 따르면, 의외로 평균 자책점에 이런 문제가 있다. 그가 메이저 리그 2007년 시즌에서 25게임 이상 선발 출장한 투수의 평균 자책점 자료와 2008년 시즌의 평균 자책점 자료를 서로 비교해 봤더니, 둘 사이에 거의 관계가 없었다. 그림으로 그리니 완전히 흩어진 그래프가 나왔다. 2008년 평균 자책점 가운데 겨우 9퍼센트만 2007년 기록으로 설명할 수 있었다. 이 말은 평균 자책점 개념이 실제로는 투수의 능력을 반영하지 않고 우연적인 요소나 다른 선수들(수비수)의 영향을 더 많이 받는다는 뜻이다. 다시 말해 투수 지표로 쓰기에 적합하지 않다는 말이다.

이런 단점을 해결할 수 있는 지표가 바로 '9이닝당 삼진수(K/9)'다. 앞에서 말했듯 삼진은 온전히 투수의 힘으로 타자를 상대한 결과다. 수비수의 능력이 반영되지 않는다. 따라서 9이닝 동안 얼마나 많은 삼진을 잡는지를 측정하면 투수의 능력을 살펴볼 수 있다. 삼진수를 투구 이닝 수로 나눈 뒤 9를 곱하면 된다. 계산하기도 간단하다.

물론 삼진이 투수의 능력과 성과를 가장 잘 반영하는지는 의문의 여지가 있다. 하지만 적어도 일부임은 사실이다. 그리고 운이나 다른 선수의 영향이 아닌 온전한 선수의 능력을 일관되게 보여 줄 수는 있다. 앨버트 교수의 연구에서는 메이저 리그 2007년 시즌 선발 투수(역시 25게임 이상 선발 출장)의 9이닝당 삼진수 기록으로 2008년 기록의 약 69퍼센트를 설명할 수 있었다. 평균 자책점보다 월등히 높다. 그게 비록 투수가 가진 능력의 일부일지라도, 투수 개인의 능력을 보여 주는 지표 중 하나가 될 수 없는 것은 아니다.

한편 백인천 프로젝트에서는 평균 자책점과 함께 WHIP, 9이닝당 삼진수(K/9)를 모두 투수 지표로 활용했다. (경기당 1/3이닝 이상 출전 선수 기준. 구원 투수 배제를 막기 위해 규정 투구 이닝인 1이닝보다 완화한 기준을 썼다.) 이 가운데 K/9은 매해 0.1 비율로 다른 지표에 비해 월등히 높은 기울기로 높아졌다. 투수 기량이 상승했다는 뜻이다. 하지만 평균 자책점과 WHIP

는 모두 상승해(투수 기량이 하락했음을 뜻한다.), 투수 기량은 전반적으로 떨어지고 있는 것으로 분석됐다.

참고로 투수 지표 중 유일하게 상승한 K/9은 타자의 장타율이 올라가서라는 사실이 데이터상에서 제시됐다. 장타율과의 연관 관계가 나온 것이다. 그렇다면 의문이 제기된다. 평균 자책점과 WHIP와 정반대의 결과를 내는 지표라면, 그게 투수의 기량을 나타내는 '일부'이며 '대표'하는 값이라고 볼 수 있을까. 적어도 이 지표 하나만으로 섣불리 결론을 내릴 수는 없다고 볼 수 있다. 완벽한 지표는 없으며, 모두 장점과 함께 단점도 있기 때문이다.

☞ DICE 삼진 외에 수비와 관련 없는 투수만의 기록은 허용 홈런 수, 몸에 맞힌 공 수, 볼넷의 수 등이 있다. 이것들을 모두 조합해 만든 또 다른 통계 역시 존재한다. 이것을 DICE라고 한다. 이 통계는 계산이 몹시 복잡하다. 복잡하기 때문에 공식을 '감상'하는 것으로 끝내는 게 좋겠다.

$$DICE = 3 + [\{13 \times HR + 3 \times (BB+HBP) - 2 \times SO\}/IP]$$

앨버트 교수의 연구에서는 이 DICE 값이 ERA, 즉 평균 자책점 보다는 조금 높은 일관성을 보이는 것으로 나타났다. 예를 들어 2008년 시즌 데이터의 15퍼센트를 2007년 시즌의 데이터를 가지고 예측할 수 있었다.

야구 통계는
애호가의 고차원적인
즐거움?

169년의 역사와 전통을 자랑하는 미국의 과학 전문지(지금은 영국의 출판 기업인 네이처 퍼블리싱 그룹(NPG)에 팔렸다.) 《사이언티픽 아메리칸》은 2012년 5월, 유명한 수학자의 신간을 소개하며 재미있는 기사를 내보냈다. 잡지의 전문 인터뷰어이자 과학 저술가 스티브 머스키 (Steve Mirsky)가 자신에게 의미 있었던 공식 몇 가지를 소개하는 기사였다. 진지한 공식이 아니라 재담에 가까운 공식이었다. 예를 들면 $5000x + 1000y + 500z = 0c$라는 공식을 써 놓고 "5,000원짜리와 1,000원짜리, 500원짜리에 해당하는 정수해를 구해 봤자, 자판기에서 100원짜리 사탕 하나도 못 산다."라고 푸는 식이다.

여기에 OPS도 들어 있었다. 머스키는 OPS가 "Oh, please, shuddup.(오, 제발 그만.)"의 약자라고 소개했다. 아무리 쉽다고 해도, 보통 야구 팬 입장에서는 직관적인 타율보다 어렵고 낯설기 때문이다. 하지만 솔직히 이렇게 복잡한 통계를 보다 보면 한 가지 의문이 생기는 것은 어쩔 수 없다. "도대체 목적이 뭘까?"

정말 야구를 가능한 한 정밀하게 해석하고 예측하는 게 목적일까. 우리나라에서 인기가 높은 프랑스 소설가 베르나르 베르베르(Bernard Werber)의 작품 『카산드라의 거울(Le Miroir de Cassandre)』(전2권, 임호경 옮김, 열린책들, 2010년)은 미래를 확률로 예측하는 기술을 설명하는 대목이 나온다. 여러 가지 위험 수치를 백분율로 예측해 실시간으로 보여 주는데, 근거는 단순하다. 영향을 미칠 환경을 모조리 조사해 복잡한 가능성을 다 계산하면 된다.

예를 들어 집 앞 엘리베이터를 타려고 하면 이 엘리베이터의 운행에 영향을 미치는 기계의 마모도, 평소의 정비 상태, 전기의 수급 상태, 그날의 온도와 기온, 그리고 그때의 전기 설비와 기계 재료의 상태 등 수집 가능한 모든 자료를 측정하고, 그것이 미치는 영향을 계산해 내면 된다. 가능하다면 말이다.

하지만 이런 데이터를 수집하는 것도, 데이터가 서로 미치는 복잡한 상호 관계를 모두 계산해 내는 것도 사실상 불가능하다. 야구 역시 마찬가지다. 수많은 1차 기록을 만들어 낼 수 있는 스포츠고, 그 기록을 가공해 2차, 3차 자료를 만들 수도 있지만 이것만으로 현실의 야구라는 복잡한 '물리 현상'을 그대로 해석하거나 재현할 수는 없다. 야구의 데이터가 그 어떤 데이터보다 촘촘하고 정교한 것 같지만 현실을 결정하는 요인은 그와는 비교할 수 없을 정도로 많은 정밀한 데이터를 필요로 한다.

예를 들면 야구는 투수의 공이 시속 몇 킬로미터의 슬라이더라는 사실을 기록할 수 있지만, 그게 어느 정도 각도로 휘었고 맞는 순간 회전은 어느 정도였는지, 이때 공기의 밀도와 습도는 어느 정도여서 공의 진행에 어떤 영향을 미쳤는지, 공의 속도가 공기와 마찰열을 일으켜 국지적인 온도가 어떻게 변했고 그게 경로를 어떻게 바꿨는지 등은 기록하지 않는다. 그래서 야구 데이터는 미세한 요인의 집합체, 또는 결과로서 눈에 보이는 거시적인 양상만 기록할 뿐이다. 마치 입자 하나하나의 움직임을 전체적으로만 파악하는 통계 역학이나 세상 모든 게 불확실하다고 보는 양자 역학처럼 말이다. (난데없이 과학 용어가 등장한 점은 사과한다. 그만큼 야구를 결정하는 근본 요인은 복잡하다는 뜻이다.)

물론 그럼에도 야구 애호가들은 그 누구보다 야구 기록을 통해 실제 야구를 잘 설명할 수 있다고 믿고, 그러기 위해 노력해 왔다. 그 결과로 탄생한 것이 한층 복잡한 야구 통계다. 사람들은 평균 자책점보다는 WHIP이나 9이닝당 삼진수가 투수의 실력을 더 자세히 보여 준다고 말한다. 홈런 수나 타율보다는 장타율이나 출루율이 타자의 실력을 측정하는 데 유리하고, 이것을 더 손쉽게 계산하기 위해 OPS를 개발했다고 이야기한다. WHIP과 OPS는 타당성이 널리 인정돼 메이저 리그 공식 기록에도 쓰이고 있다. 하지만 이 수치들에도 약점은 있다. 이렇게 개발된 어떤 통계도 홀로 완벽할 수는 없다. 야구의 모든 것을 완벽하게 설명하는 '만능 열쇠'는 존재할 수 없다는 말이다. 야구 통계 전문가들과 애호가들은 지금도 현상을 좀 더 잘 반영하고 예측력이 높은 새로운 통계를 계속 개발하고 있다.

게다가 지표의 가치에 대해서는 야구 통계를 연구하는 숱한 사람들 사이에서도 의견이 분분하다. 야구 팬들 사이에서 명저로 인기가 높은 레너드 코페트(Leonard Koppet)의 『야구란 무엇인가(The New

Thinking Fan's Guide to Baseball』(개정판, 이종남 옮김, 황금가지, 2009년)에서는 앞에서 소개한 OPS나 RC를 제시한 야구 저술가 빌 제임스마저 "통계로 증명한다.'라는 슬로건 아래 완전히 주관적으로 통계를 주무른다." 라고 비판하고 있다. "결과를 놓고 원인을 거꾸로 분석해 낸 방식을 포함해서 산술적으로 다듬어 놓은 자료를 통해 이미 '현장'에서 일어난 사건을 정확하게 설명하는 방법은 절대로 있을 수 없다."라는 말도 덧붙이고 있다. 복잡한 통계가 실제 야구장에서 벌어지는 일들을 상세히 해석하고 예측할 수 없다는 회의적인 시선이다. (물론 빌 제임스는 자신의 작업을 '객관적'이라고 주장하고 있다. 미국 PBS와의 2005년 인터뷰에서 그는 "세이버메트릭스를 정의하는 말이 모두 마음에 들지 않아 정의를 계속 바꾸고 있지만, 최선의 정의는 가장 넓은 것이다. 바로 '세이버메트릭스는 야구에 대한 객관적인 지식을 찾는 것이다.'라는 말이다."라고 말했다. http://www.pbs.org/thinktank/transcript1197.html 참조.)

사실 통계는 양이 부족하거나 중간중간 손실이 있는 데이터를 이용해서 앞으로 일어날 일을 확률적으로 예측하는 작업을 가능하게 한다. (무척 어려운 일이기는 하다.) 예를 들어 한반도의 기후 변화를 예측하기에는 우리가 가진 한반도의 근대적 기상 관측 자료가 부족하다. 강우량 관측 자료가 필요한데, 기껏해야 100년 정도의 기록만 남아 있을 뿐이다. 앞으로 수백 년, 수천 년, 나아가 수만 년까지 예측을 해야 하는데 턱없이 부족한 자료다.

기후 변화를 예측하는 과학자들은 이런 문제를 해결하기 위해 합리적인 수준에서 미래를 예측할 수 있게 해 주는 수학적인 기법을 개발했다. 일종의 통계 기법인 것이다. 여기에 만약 기존에 알려진 것보다 더 많은 데이터를 구할 수 있다면 횡재다. 기록 문화가 발달한 조

선 시대의 경우 조선 정부의 공식 천문 기관인 관상감 등에서 남긴 강우량 자료가 있다. 다만 한계가 있다. 근대적인 기상 관측 자료와 기록 항목부터 단위까지 모든 게 다르다. 만약 다른 정보를 통해 적절히 보정할 수 있다면 한반도의 강우량 자료는 몇 배나 풍성해질 것이고, 기상대 자료만 가지고 예측할 때보다 오차를 월등히 줄일 수 있을 것이다. 통계학자들은 이렇게 서로 다른 데이터를 서로 연결시켜 유용한 예측을 가능하게 하는 연구도 이미 진행했다. (간단하게 소개했지만, 이 사례는 실제로 기후 변화를 연구하는 국내 연구진이 했던 연구 내용이다.)

이런 비슷한 내용이 야구를 소재로 한 통계 논문에도 등장한다. 예를 들어『풀하우스』에서도 여러 차례 나오듯, 미국 메이저 리그에서 야구 규칙은 여러 차례 크고 작은 변화를 겪었다. 미국의 야구 저술가 잭 햄플(Zack Hample)의 『야구 교과서(Watching Baseball Sonarter)』(문은실 옮김, 보누스, 2007년)가 1898년과 2004년 사이에 일어난 아주 굵직한 변화를 11개 꼽고 있다. 여기에는『풀하우스』에도 등장하는 '투수 마운드의 높이 변화'나 '마운드와 타석 간 거리 변화' 등 물리적인 변화와, 지명 타자 제도 등 제도적인 변화가 포함된다. 좀 더 상세한 변화를 다 따지자면 아마 그것으로만 작은 책 한 권을 채우고도 남을 것이다.

이렇게 규칙이 바뀌었다면 각종 기록 역시 그 내용이 바뀌기 전과 달라졌다고 봐야 한다. 예를 들어 미국 메이저 리그의 내셔널 리그는 1901년, 아메리칸 리그는 1903년 파울을 스트라이크로 치기 시작했다. 다시 말하면 그 전에는 파울은 볼이었다는 뜻이다. 이것은 타자에게는 절대적으로 불리하고 투수에게는 유리한 규정 변화다. 잭 햄플에 따르면(어떻게 그 영향만 분석했는지는 모르겠지만), 이 변화로 내셔널 리그는 득점이 12퍼센트 줄었고 아메리칸 리그에서는 삼진이 58퍼센트 늘었다고 한다.

1999년 《미국 통계 협회 저널(Journal of the American Statistical Association)》에서 텍사스 대학교 통계학과 스콧 베리(Scott Berry) 교수는 자신의 논문 「스포츠에서 서로 다른 시대를 연결하기(Briding different Eras in Sports)」에서 이렇게 서로 다른 시대와 규칙 속에서 얻은 스포츠의 통계를 어떻게 연결할 수 있는지, 그래서 시대가 다른 선수를 어떻게 비교할 수 있는지를 탐구했다. (재밌게도 이 논문은 굴드의 『풀하우스』도 인용하고 있다.) 이 논문은 사실 스포츠 자체를 연구하는 게 목적이 아니라 규정 변화를 겪은 스포츠를 자료 삼아 통계를 연구한 논문이다.

우리가 주목하고 있는 야구 통계는 이런 연구와 다르다. 앞의 연구는 통계학의 기법 자체를 개발하기 위해 야구나 다른 스포츠를 소재로 활용했지만, 일반적인 야구 통계는 바로 오늘의 승부, 내일의 경기, 다음 달의 팀 순위를 예측하고 싶어한다. 그런데 앞에서 밝힌 것처럼 수학적으로 개발된 정교한 기법을 이용해 추세를 보자는 게 아니다. 기존 자료를 배합해 선수의 특성을 밝히고, 그것을 바탕으로 선수나 팀의 활약을 예상하는 게 목적이다. 이것을 위해서는 가공한 자료를 '분석'하고, 이 분석 자료를 바탕으로 선수나 팀의 성과를 '예측'하는 과정이 필요한데('과거의 기록이 미래에도 일관된 양상으로 나타날 것이다.'라는 가정을 얼마나 믿을지를 결정하는 일도 그중 하나이다.), 이것은 전적으로 해석하는 사람의 주관이다. 레너드 코페트의 비판도 일리가 아주 없지는 않다.

야구 애호가와 야구 기록 애호가

그렇다면 다른 이유가 있을까. 데이터(기록) 자체의 즐거움이다. 앞에서 밝혔듯, 데이터와 통계가 모든 것을 말해 주는 세상은 현실적으로 가능하지 않지만, 그럼에도 데이터와 통계에는 여전히 애호가를 매료시키는 마력이 있다. 괜히 경기 결과를 족집게처럼 알아맞히려고 애쓰지 말고, 단지 경기 결과를 나름 분석하고, 그것으로 내일의 경기 전망을 하면서 주변 사람들과 나누는 것만으로도 즐겁다.

이런 데이터의 마력에 빠진 사람을 가장 잘 보여 주는 사람 중 단연 첫 번째는 스티븐 제이 굴드다. 굴드가 못 말리는 통계와 조사, 데이터광이라는 사실은 야구를 다루지 않은 고생물학 에세이에서도 잘 드러난다. 통계를 인용하는 대목이 말하는 것이 아니다. 사실 통계 인용은 통계를 조금 아는 사람이라면 누구나 할 수 있는, '흉내 내기 쉬운' 기술이다. 하수(下手)들도 괜히 숫자를 늘어놓으며 뭔가 있는 것처럼 눈속임을 할 수 있다.

하지만 가공하지 않은 자료를 발품 팔아 조사하고, 수치화하지 않은 데이터의 '특징'까지 기록하며, 무엇보다 그 사실을 말이나 글로 시시콜콜 풀어놓으면서 즐거워하는 것은 것은 아무나 할 수 없다. 진짜 데이터광이나 할 수 있다. 그런데 이런 모습을 굴드가 쓴 자연학 에세이 곳곳에서 볼 수 있다. 앞서도 한 번 인용한 적이 있는 큰사슴(아일랜드엘크)은 굴드의 글에 여러 차례 등장하는데, 이번에는 다른 책, 다른 글을 인용해 본다.

더블린의 아일랜드 국립 박물관은 17개의 아일랜드엘크 표본을 전시하고 있으며 가까이에 있는 창고에도 나머지 뿔들을 무더기로 쌓아 놓았다. 서유럽과 미국의 대다수 대형 박물관들은 아일랜드엘크를 적어도 한 마리 이상 전시하고 있고, 영국과 아일랜드 귀족들도 그들의 수많은 수렵 기념물 전시실에 아일랜드엘크를 장식해 놓고 있다. 그중에서 가장 큰 뿔은 던레이븐 백작의 저택 어데어 매너의 입구를 꾸미고 있다. 가장 처량한 뼈대는 번래티 성의 지하실에 놓여 있는데, 매일 저녁 중세식 만찬을 마치고 약간씩 술에 취해서 기분이 유쾌해진 관광객들이 커피를 마시러 그곳으로 모여든다. 이튿날 아침 일찌감치 그것을 보러 갔더니 그 불쌍한 녀석은 뿔 가지에 커피잔을 3개나 걸고 이빨이 2개나 빠진 입으로 시가를 피우고 있었다. 개별적인 비교를 즐기는 사람들을 위해서 소개하자면 미국에서 제일 큰 뿔은 예일 대학교에 있고 세계에서 가장 작은 뿔은 하버드 대학교에 있다. (「아일랜드엘크를 둘러싼 논쟁」에서, 『다윈 이후(*Ever since Darwin*)』(홍욱희, 홍동성 옮김, 사이언스북스, 2009년))

아일랜드엘크의 뿔 크기와 두개골 크기를 측정해 정량적인 데이터로 만드는 연구에 착수했을 때를 회고한 대목이다. 맨 마지막 문장에서 "개별적인 비교를 즐기는 사람들"이 나오는데, 이런 정보를 '요건 미처 몰랐지?' 하는 표정을 지으며 풀어놓는 굴드 자신이 그런 사람 중 하나였을 것이다. 사실 이미 선사 시대에 멸종한 아일랜드엘크의 존재 자체를 모르는 사람이 부지기수일 텐데, 그 동물의 가장 큰 뿔 화석이 어디 있는지 궁금해할 사람이 지구인 중에 몇이나 되겠는가. 하지만 언제, 어딘가에서 굴드의 저 글을 읽고 배를 잡고 웃는 사람은 분명히 있게 마련이고(필자처럼), 굴드 역시 그 사실을 알고 있었다.

하물며 굴드 같은 과학자도 이러는데, 한 줌 고생물학자보다 저변이 훨씬 넓은 야구 애호가야 더하면 더했지 덜할 리가 있을까! 기본적으로 야구는 기록의 스포츠다. 다른 어떤 스포츠보다 기록이 많다는 것은 주지의 사실이다. 그런데 데이터의 마력은 시간이 가면 점점 더 '고차원적인' 기록과 분석을 요구한다는 점이다. 처음엔 뿔과 두개골 크기 사이의 관계를 궁금해했던 굴드도 중기에 쓴 다른 에세이(「오래전의 대가에게서 얻은 교훈」)에서는 고대 벽화에 그려진 그림을 가지고 이 동물을 논하는 데에까지 나간다.

야구 애호가도 마찬가지다. 야구 기록들을 주무르며 더 즐겁게 야구를 보는 방법을 개발했다. 때로는 팀과 선수의 과거 전력을 분석하고, 때로는 더 적극적으로 다음 해의 활약을 예측하면서 맞을 때의 기쁨과 틀렸을 경우의 실망감을 맛본다.

순수한 즐거움부터 증권 연구까지

야구 통계를 야구 경기와는 관련 없는, 순수한 확률 통계 속 즐거움을 위한 재료로 활용하는 경우도 있다. 『풀하우스』에는 짧게만 언급됐지만, 조 디마지오의 56경기 연속 안타가 대표적인 경우다. 굴드는 동료 에드워드 퍼셀(Edward M. Purcell) 교수가 했다는 그 연구를 디마지오에 대한 책의 서평 「연속 안타의 연속」에 자세히 소개하고 있다.

여기에 따르면, 생애 타율 3할 5푼인 타자가 50경기 연속 안타를 칠 확률은 1,000분의 9밖에 안 된다. 확률이 5할이 넘으려면 무려 52명의 타자가 생애 타율 3할 5푼이 돼야 한다. 하지만 굴드가 그 글을 쓴 1988년 당시까지, 실제로 미국 메이저 리그 역사를 통틀어 생애 타율이 3할 5푼을 넘는 타자는 단 3명뿐이었다. 더구나 디마지오는 생애 타율이 3할 2푼 5리로 더 확률이 낮았다. 하지만 50경기 연속 안타보다 훨씬 어려울 56경기 연속 안타를 쳤다.

퍼셀 교수가 하고 굴드가 널리 알린 이런 연구 결과는 이후에도 여러 다른 연구를 통해 다시 확인됐다. 가장 최근에 주목을 받은 연구는 스티븐 스트로개츠(Steven Strogatz) 미국 코넬 대학교 응용 수학과 교수와 그 제자 새뮤얼 아브스먼(Samuel Arbesman)이 한 연구로, 「야구 평행 우주로의 여행(A Journey to Baseball's Alternate Universe)」이라는 제목으로 《뉴욕 타임스》 2008년 3월 30일자에 실렸다. (여담이지만, 두 필자 중 제자의 이름은 거짓말처럼 흥미롭다. Arbesman이라는 성의 글자를 풀어 다시 쓰면 '세이버맨(Saberman)'이 된다. 세이버메트릭스의 그 세이버다. 우연의 일치겠지만 말이다.)

스트로개츠와 아브스먼은 컴퓨터를 본격적으로 이용했다. 1871년부터 2005년까지의 야구 통계를 모은 뒤, 타자들이 통계에 따라 135년 야구 역사를 가상으로 되풀이하도록 프로그래밍하고 그 기록을 얻어 냈다. 예를 들어 우리나라로 치면 백인천 선수나 이종범 선수 등 주요 선수의 매해 기록(안타 수, 출전 경기 수, 타석을 섰다고 밝히고 있다.)을 그대로 이용해 각각의 해에 연속 안타 최고 기록을 누가, 얼마의 기록으로 내는지를 모의 실험한 것이다. 이 과정을 무려 1만 번 되풀이해서(컴퓨터로!), 언제, 누가, 어떤 기록을 내는지를 다시 통계 분석했다.

결과가 어땠을까. 56경기 연속 안타는, 아주 어려운 것은 아니었다.

가장 짧은 연속 안타는 39경기 연속 안타였고, 가장 긴 기록은 무려 109경기 연속 안타였다. 굴드가 모든 스포츠 기록 중 유일하게 경이롭다고 한 56경기 연속 안타는, 이 연구에서는 겨우 중간보다 약간 높은 정도의 기록이었다. 53경기 연속을 넘긴 경우가 1만 번 가운데 절반이 넘었으니까! 5,295경기였다.

하지만 문제는 그렇게 단순한 게 아니었다. 중요한 점이 남아 있었다. 대부분의 연속 안타는 아직 야구 시스템이 엉성하던 19세기에 일어날 것으로 예측됐다. 예를 들어 1894년 1년 동안 1만 번 모의 실험 중 1,290번 모의 실험에서 최고 기록이 나왔다. 1920~1930년대에도 적지 않은 기록이 나왔다.

하지만 1941년은 아니었다. 1만 번 중 단 19번만 최고 기록이 나왔다. 디마지오가 최고 기록을 달성할 적임자도 아니었다. 그는 1만 번의 모의 실험 중 겨우 28번의 모의 실험에서 연속 안타 수위 기록을 차지했다. 이것은 전체 선수 가운데 56위에 불과했다. 최고 많이 기록한 선수는 거의 300번 가까이 기록했다. (기사를 보면 스트로개츠 교수는 56경기 연속 안타를 친 디마지오가 자신의 연구에서 하필 56위를 차지했다는 사실에 크게 신이 난 듯하다. 역시 데이터광다운 반응이다!)

사실 이 연구가 비슷한 연구의 처음은 아니다. 4년 전 미국 다트머스 대학교 연구진도 비슷한 연구를 해서 자신들이 발간하는 인터넷 소식지에 발표한 적이 있다. (http://www.dartmouth.edu/~chance/chance_news/recent_news/chance_news_13.04.html#item7 참조.) 세부 사항이 다르긴 하지만 방법과 결론은 비슷했다. 이때는 타율 3할 4푼 이상 타자를 중심으로 1,000번 모의 실험을 했는데, 디마지오가 세운 56경기 이상의 연속 안타가 나온 경우가 전체의 약 8분의 1에 해당하는 126번이었다. 연구팀의 주장대로라면 야구 역사가 8번 되풀이되면 충분히 나올 수 있는 기록인 셈이다.

그밖에 야구 통계 기법을 다른 분야에서 활용하는 경우도 있다. 앞서서 굴드의 『풀하우스』가 여러 수학자나 통계학자, 경제학자의 논문과 책에 언급되고 있다고 이야기했다. 굴드가 한 타율 변이의 변이 폭 변동 연구는 논리적으로 아주 간단하면서도 응용하기 쉬워서 파급 효과가 특히 컸다. (백인천 프로젝트 역시 이 방법을 이어받았다.) 한 경제학자는 증권 시장의 주식 매니저를 같은 방법으로 비교해 보기도 했다. (피터 번스타인(Peter L. Bernstein)가 《재무 분석 저널(Financial Analysts Journal)》에 발표한 1998년 논문인 「과거의 4할 타자는 도대체 어디로 갔는가?(Where, Oh Where Are the .400 Hitters of Yesterday?」 참조하면 좋다.) 야구의 4할 타자에 해당하는 '뛰는 기량의' 주식 매니저를 추적했는데, 그가 그린 그래프는 백인천 프로젝트의 논문에서 볼 수 있는 그래프와 대단히 흡사하다. 야구부터 증권 시장까지 비슷한 경향을 보인다니, 이야말로 통계의 신비로운 세계가 아닐까.

여기까지 생각했더니 야구 통계는 또 다른 의미에서 보편적인, 통계라는 세계의 어떤 일면을 보여 주는 게 아닐까 하는 생각이 든다. 이 놀라운 도구로 선수의 성적을 평가하고 예측을 하든, 통계 자체의 즐거움을 즐기든, 야구를 보는 고급 취미로 삼든, 혹은 증권 시세나 사람의 수명을 예측하는 데 쓰든 나름의 의미가 있다. 하지만 물론 어디까지나 일면의 모습이다. 그런 한계를 인지하는 것도 필요하지 않을까?

어쩌면 필요한 것은 매사가 그렇듯 균형일지도 모른다. 사실 야구 통계가 모든 것을 다 보여 줄 수 없다는 점은 세이버메트릭스의 선구자이자 대표인 빌 제임스도 잘 알고 있었다.

통계는 실제 그들의 모습 자체가 아닙니다. 뭔가 다른 것의 사진입니다. 사진에는 빠져 있는 것들이 많이 있습니다. 사람들이 저지르는 가장 큰 실수는, 통계를 통해 야구를 연구하는 사람들이 통계와 실제 사건을 혼동한다는 점이죠. 통계에는 언제나 대단히 많은 양이 빠져 있습니다. (반대로) 사람들이 잘 모르는 것도 있습니다. 통계에는 다른 방법으로는 알아낼 수 없을 것들도 많다는 점입니다. 그러니 균형을 맞추는 게 중요합니다.

― 빌 제임스, PBS 인터뷰에서

이민호 @dearmino

프로 야구 원년 어린이 회원, 「건축학 개론」 세대, MBC 스포츠 PD. 2006년 독일 월드컵 당시 「축구는 오늘 … 죽었다」로 관심 좀 받나 했으나 이후 DTD(Down Team Down) 시전 중이다. 주요 연출작 「야구夜!」, 「한가위 빅매치 스타올림픽」, 「리얼매치 국가 대표 하이킥」, 「야구 읽어 주는 남자」. 우연히 잘하지도 않는 트위터를 열었다가, 우연히 파업이 겹쳐 '백인천 프로젝트'에 몰입하게 되고, 우연히 이렇게 책까지 쓰게 되면서 야구와의 모진 인연을 새삼 실감하고 있다. "소시민은 도전하는 자를 비웃는다."라는 노모 히데오의 말은 한계 투구수를 잊게 하는 인생의 에너지원.

'4할 타자는 왜 사라졌나?'보다 훨씬 더 미스터리했던 것은 '이 야구 덕후들은 왜 내게 이렇게 잘해 주나?' 하는 것이었다. MLB 파업 때 느꼈던 상실감이 싫어 MBC 파업에 감정이입했던 걸까? 이 알 수 없는 사람들, 통계도 배울 준비되어 있지 않은 내게 힐링을 툭 던져 놓고선 또다시 자기들끼리 야구의 세계로 떠나 버렸다.

05

야구 현장의 목소리

그렇다고 아무도 다시는 4할 타율을 치지
못할 것이라고 주장하는 것은 아니다.
단지 그것이 야구 초기에 그렇게 흔하던 최고
기록이 아니라 이제는 100년 만의 홍수처럼
한 세기에 한 번 성취될까 말까 할 정도의
극도로 희귀한 사건이 되었다는 말이다.
매 시즌 그 가능성이 있다.
그리고 매 시즌마다 초월의 가능성이 엿보인다.

—스티븐 제이 굴드, 『풀하우스』에서

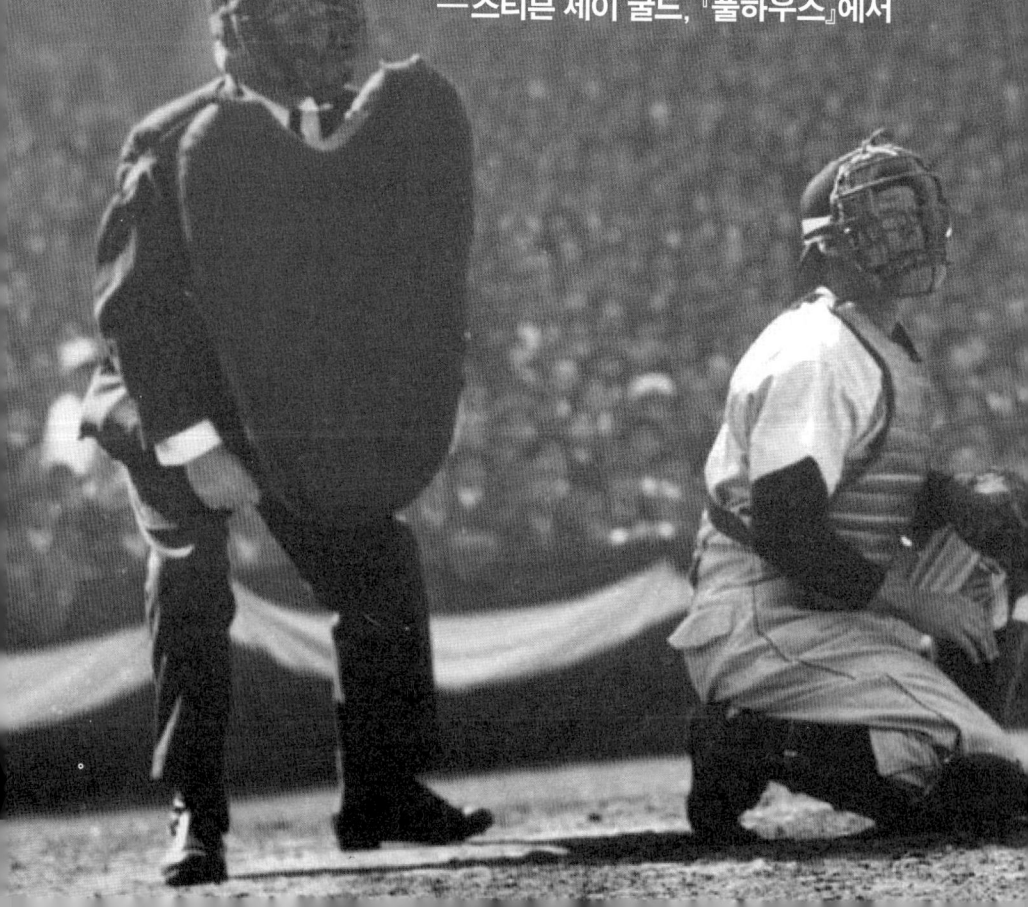

4할은 전설이다!

 타격왕. 말 그대로 '타격의 왕'이란 뜻이다. 그렇다면 타격왕은 어떤 기록으로 결정될까? 홈런, 타점, 출루율, 장타율, 최다 안타, ······. 그렇다. 여러 지표가 있지만 타격왕은 '최고 타율왕'을 일컫는 표현이다. 그해 최고의 타율을 기록한 선수에게 주어지는 칭호, 그것은 '타율왕'이 아니라 '타격왕'이며 '타격왕'이라는 영예로운 호칭은 야구에서 '타율'의 위상을 상징한다.
 미국에서는 '리딩 히터(leading hitter)'라는 이름으로, 일본에서는 '수위 타자'라는 명칭으로, 그리고 한국에서는 '타격왕'이라는 호칭으로 이 특별한 타이틀에 경의를 표하고 있는 것이다.
 홈런의 시대가 도래하고 OPS(On base percentage Plus Slugging average, 출루율과 장타율을 합친 값으로 타자의 종합적인 타격 능력을 평가하는 지표로 많이 쓰인다.) 같은 기록들이 주목받기 시작하면서 타율의 가치가 예전 같지는 않지만 여전히 타격왕의 자리는 야구의 신들이 노니는 영역이다. 그리고 야구에서 가장 오래된 타이틀인 타격왕들의 세계를 신들의 영역인 올림포스라고 한다면 그 신들 사이에도 분명 신격(神格)의 차이가 있다. 타격의 신들 중에서도 가장 위대한 반열에 오른 이들이 바로 4할의 고지를 정복한 이들, 이제는 사라져 신화로만 남은 야구계의 기간테스들이다.

4할! 3할만으로도 충분히 찬사를 받는 야구라는 스포츠에서 우리는 왜 이토록 4할이라는 영역에 집착하는 것일까? 그건 아마도 4개의 베이스를 도는 야구라는 스포츠에서 4라는 숫자가 지닌 '완벽'이라는 상징성 때문일 것이다. 한 시즌의 최종 무대인 한국 시리즈 우승에 필요한 승수는 4승이며, 예나 지금이나 간판 타자의 상징은 4번 타자이다. 4개의 볼이 있으면 자동으로 출루의 권한을 얻고, 한 번의 타격으로 얻어 낼 수 있는 최다 득점도 정확히 4점이다. 그리고 3할이 뛰어난 타자의 상징이라면 4할은 한계를 넘어선 전설의 영역인 것이다.

4할의 전설, 그것은 과거의 추억인 동시에 현재 진행형인 역사이며 미래의 꿈이기도 하다. 천재의 탄생과 피나는 노력, 시련과 좌절, 극복과 영광에 이르기까지 모든 요소를 갖춘 장대한 판타지이다. '4할의 신화'를 노래할 주인공들이 여기 모였다. 과거의 영웅, 현재의 용사, 운명의 스승, 지혜로운 음유시인, 미래를 읽는 예언자까지……. 각기 다른 시선으로, 각기 다른 목소리로 들려주는 그들의 4할 이야기. 그 노래의 끝에 우리가 찾는 진실의 단면이 있지 않을까?

---

* 이 5장의 인터뷰들은 2012년에 진행된 것으로, 인터뷰에 응한 선수와 코치 중에는 팀 소속이 바뀐 경우가 있다.

영원한 도전자 김태균

1982년 5월 29일 출생
천안북일고-한화(2001년)-지바 롯데(2010년)-한화(2012년~)
2001년 신인왕
2006년 WBC / 2009년 WBC / 2010년 광저우AG 국가 대표
2008년 홈런·장타율 1위
2012년 타율·출루율 1위
2005, 2008년 골든글러브(1루수)
2013년 현재 통산 타율 2위

2011년 겨울 시작된 '백인천 프로젝트'의 첫 논의는 '4할 타자가 나올 통계적 확률이 얼마나 되느냐?' 하는 것이었다. 고려 대학교 산업 경영 공학과 박종혁 박사의 분석에 따르면 이론적으로 4할 타자가 나올 확률은 0.00723퍼센트에 불과하다. 시즌으로 환산하면 346시즌에 한 명 나올 수준. 프로 야구 30년간 규정 타석을 채운 타자 1,136명의 평균 타율은 2할 8푼 4리, 표준 편차는 0.030이다.

8개 구단 체제가 성립된 1991년 이후 규정 타석을 채운 타자는 매년 평균 40여 명이었는데 이런 상황이 지속된다면 4할 타자의 등장 확률은 346시즌에 한 번꼴이 되는 것이다. 물론 실제로는 타율의 분포가 정규 분포를 따른다고 보기 어렵고 매해 다른 양상을 보이겠지만 그걸 감안해도 0.00723퍼센트라는 확률은 그 자체로 4할의 어려움을 극명하게 보여 주고 있다.

하지만 '346시즌에 한 번'이라는 확률에 안도하는 것도 잠시, 2012년 시즌 '백인천 프로젝트'의 팀원들은 패닉을 경험하게 된다. 김태균의 등장. 봄이 가고 여름도 가고 정규 시즌을 한 달 남겨둔 시점에서도 3할 9푼을 기록한 김태균의 맹타 앞에 '확률'은 고개를 들 수 없었다. 팬으로서 응원하는 뜨거운 가슴과 연구자의 차가운 이성이 당혹스럽게 교차하는 사이 김태균은 아쉬운 9월을 보냈고 또 한 번의 4할 도전은 일단 실패로 저물어가고 있다. 이제 2012년 9월25일 현재 393타수 146안타, 시즌 타율 0.372를 기록 중이던 김태균의 이야기로 '4할의 신비'를 풀기 위한 '백인천 프로젝트'의 긴 여정을 시작하려 한다.

4할에 도전했던 2012년 시즌을 돌이켜본다면?

전혀 의도하지 않았는데 어떻게 하다 보니 도전을 하고 있더라. (웃음) 타율 관리가 좀 되다 보니 솔직히 욕심도 생겼던 게 사실인데 욕심이 생기는 순간 안 풀리는 것이 4할이라는 녀석이었다. 원래는 팀 성적에 집중해서 최대한 팀을 위해서 플레이하다 보니 좋은 결과가 있었는데, 팀이 어느 정도 순위가 결정이 난 후엔 4할에 대한 욕심을 내 봤다. 그런데 그러다 보니 역설적으로 기록 달성이 멀어지고 있었다. 야구는 역시 팀을 위해 해야 한다는 것을 깨달았고, 아직 도전이 끝나지는 않았지만 많이 아쉬운 건 사실이다.

일본에서 돌아온 김태균의 복귀 시즌에 대해서는 우려와 기대감이 교차했던 게 현실이다. 장타를 욕심내지 않고 의식적으로 컨택(배트로 공을 치는 것)에 집중한 건가?

일부러 컨택에 집중해야겠다 했던 건 아니고 내 밸런스와 타격 자세가 올해는 홈런을 칠 수 없는 상태였다. 아무래도 작년에 오랫동안 게임을 쉬다 보니까 감각이 많이 떨어져 버려서 스프링 캠프 때도 예전보다 2배 이상 운동을 했는데도 쉽게 감각을 되찾을 수가 없었다. 그런 내 상태를 내가 아니까 결국 정확히 치고 출루하는 데 신경을 쓰게 됐다. 그러다 보니 장타가 나오지 않는 반면 타율이 높아졌던 것 같고. 모든 여건이 장타에 신경 쓸 수가 없는 상황이었다.

올 시즌 4할 도전을 돌이켜봤을 때 가장 아쉬웠던 때는 언제인가?

9월 7일부터 있었던 롯데와의 원정 3연전에서 1안타밖에 못 쳤다 (11타수 1안타). 그때가 지금 생각해도 진짜 아쉽다. 그때 내가 타격 메커니즘에 변화를 줘서 원래 해 오던 게 아닌 다른 시도를 좀 했었는데 결과적으론 그게 실수였던 것 같다. 당시 그래도 3할 8푼 8리 이러던 때였는데 그때 그 3연전만 아니었어도, 마지막까지도 지금까지도 그 정도를 유지하면서 4할의 가능성을 남겨뒀을 텐데, 판단 미스라고 해야 하나. 게다가 잘 맞은 타구가 4~5개 있었는데 그게 전부 야수 정면으로 가면서 이후 밸런스가 완전히 무너져 버렸다.

4할을 언제쯤 의식하기 시작했나?

솔직히 그런 생각을 할 여유가 별로 없었다. 타율이 아무리 높아도 팀 성적이 좋지 않다 보니 내가 잘하고 있다는 생각도 들지 않았고. 그런데 갑작스럽게 한대화 감독님이 떠나시게 되고 누가 봐도 시즌 포기라고 해야 되나 하는, 시즌을 접는 듯한 분위기가 되어 버렸다. 그렇게 되고 보니 나도 4할을 신경 써서 꼭 해야겠다는 생각이 들었다. 팀을 위해서도, 그리고 팬들을 위해서도 내가 보여 줄 수 있는 것은 그거 하나밖에 없겠구나 그런 생각이 들었다.

오랫동안 '신용과 의리'로 알려졌던 한화 그룹의 사훈(社訓)은 현재 '도전(挑戰), 헌신(獻身), 정도(正道)'다. 불가능해 보이는 목표에 '도전'하는 것이 팀을 위한 '헌신'이자 팬들에게 프로 선수가 보여 줄 수 있는 '정도'라는 것. 천안북일고 출신으로 천상 한화의 프랜차이즈 스타인 김태균의 마인드는 한화 그룹 사훈의 그라운드 버전이다.

그래서 어떻게든 한 번이라도 더 나가서 치려고 3번 타순으로 옮기고 그랬는데, 참 아이로니컬한 것이 개인 성적에 욕심을 내기 시작하니까 더 안 풀리는 거다. 이전에는 투수들이 승부를 잘 안 해 주니까 볼넷으로라도 출루를 해야겠다는 생각이었는데, 쳐야겠다고 맘을 먹으니 3볼에서도 무조건 치고 그랬다. 결과도 당연히 좋지 않았고. 그러다 보니 내 스윙이, 1년 동안 해 왔던 그 스윙이 망가지고 있더라.

3번 타순으로 옮기면 타수가 늘어나 타율 측면에서는 오히려 불리한 것 아닌가?

그런 확률을 떠나서 그때는 스스로 워낙 감이 좋다고 느꼈기 때문에 한 타석이라도 더 나가자는 생각이었다. 김용달 타격 코치님도 3번으로 가지 않겠느냐고 먼저 제의를 해서서 한 번이라도 더 치는 게 낫겠구나 싶어 그렇게 한 건데 결과적으로는 아쉽게 됐다.

2012년 시즌 김태균은 볼카운트 3-0(3B)과 3-1(1S3B)의 절대적으

로 유리한 상황에서 각각 0.200(5타수 1안타), 0.250(16타수 4안타)에 그쳤다. 김태균은 스트라이크보다 볼이 많은 상황(1-0, 2-0, 3-0, 2-1, 3-1, 3-2)에서 0.405(148타수 60안타)의 성적을 기록했고, 3-0과 3-1 상황(볼 셋에 스트라이크가 없거나 1개인 상황)을 제외하면 기록은 0.433(127타수 55안타)으로 훌쩍 상승한다. 덧붙여 2012년 시즌 김태균이 3번 타자로 출장했을 때 성적은 믿기 어렵게도 21타수 2안타, 0.095다.

본인의 이야기를 떠나 조금 더 원론적인 이야기를 해 보자. 현대 야구에서 4할 타율의 가능성은 어느 정도라고 생각하나?

물론 굉장히 힘들다. 나도 포기하고 싶은 생각이 수시로 들었을 정도로 한 경기 한 경기 스트레스가 엄청나다. 그런데 내가 처음부터 4할에 도전하려 했던 건 아니고 어떻게 하다 보니 그렇게 되었지만 그 과정에서 느낀 게 많다. 일단 주력(走力)이 중요하다. 알다시피 나는 발이 느리다. 내야 안타가 없으니까 정타를 빼면 안타가 없다. 그렇기 때문에 내야 안타를 칠 수 있는 주력이 필요하다는 걸 느꼈다. 그리고 일정 수준 이상의 타격 기술 외에 정신력과 몸 관리도 굉장히 중요하다. 물론 운도 따라 줘야 하고 부상도 당하지 않아야 한다. 이런 측면에서 봤을 때 주력이 어느 정도 되고 자기 감정을 잘 컨트롤할 수 있는 선수라면 충분히 언젠가는 해 낼 수 있는 기록이라고 본다. 무조건 불가능하다고는 생각지 않는다.

4할 타자가 되기 위해 갖춰야 할 능력으로는 어떤 것들이 있나?

일단 얘기했듯이 발이 좀 받쳐 줘야 된다. 그리고 집중력. 솔직히 프로 야구에서 A급 성적 내는 선수들은 기술은 어느 정도 검증이 되었다고 봐야 한다.

그런 선수들이 야구에 대한 열정과 정신력을 갖춘다면 조건은 충분하지 않을까. 하지만 이중 한 가지라도 없으면 4할 도전은 힘들다. 다 핑계지만 나도 사실 (한대화) 감독님이 그렇게 되시기 전까지는 올해 정신력이 다른 해와는 유독 달랐다. 아무래도 총각 때와는 달리 책임져야 할 가정도 있고, 팀에서의 위치도 있고 그 어느 해보다도 야구에 대한 집중력으로 모든 걸 준비해 왔는데 감독님의 충격적인 소식을 듣는 순간 나도 모르게 모든 게 다 풀어져 버렸다.

8월 28일 전격적으로 발표된 한대화 감독의 사퇴는 김태균에게 큰 충격이었다. 팀의 주축 선수로서 느껴야 했던 엄청난 죄책감과 부담감은 성적으로 직결됐다. 6월 한 달(0.283)을 제외하고는 0.390 이하의 월간 타율을 기록한 적이 없었던 김태균은 9월 0.229의 타율로 최악의 부진을 겪는다. 그리고 만회할 기회도 없이 4할 타율은 그렇게 순식간에 멀어져 갔다.

야구 전문가들이 꼽는 4할 타자 후보군에 김태균은 빠지지 않고 등장하는 이름이다. 그런데 그 이유로 많은 이들이 김태균의 성격에 높은 점수를 준다. 본인의 성격에 대한 이런 평가에 대해 어떻게 생각하나?

(다소 씁쓸한 목소리로) 내가 사람들로부터 성격 좋다는 소리를 많이 듣기는 한다. 그런데 내가 일본에서 실패하고 온 게 사실 바로 그 성격 때문이다. 내가 겉으로 내색하는 것을 싫어해서 항상 밝게 보이려 노력하는 스타일이라 그렇게 보이지만 솔직히 나는 내 성격 때문에도 4할이 조금 힘들어진 게 아닐까 생각한다. 난 사실 스트레스를 엄청 많이 받고 굉장히 예민한 성격이다.

그래서 항상 불면증에 시달리고 있다. 물론 잘 될 때는 이런 성격이 좋은 쪽으로 작용한다. 눈뜰 때부터 눈감기 전까지 하루 종일 야구 생각만 하니까. 하지만 안 될 때는 하루 종일 그 생각만 하고 있으니까 스트레스가 엄청나다.

독특한 타격 폼은 김태균의 타격에 대해 논할 때 빠짐없이 등장하는 중요한 키워드다. 거의 다리를 들어올리지 않고 몸통의 회전력만으로 타격하는 김태균의 타격 폼은 테드 윌리엄스가 강조한 '회전 타법'의 이상형을 보는 듯하다. 축이 고정되어 있기 때문에 정확한 컨택을 위한 면도 넓어지고, 공을 오랫동안 볼 수 있기 때문에 선구안 측면에서도 유리하다. 물론 이 모든 것은 흔들리지 않는 단단한 하체를 바탕으로 몸통 회전만으로도 장타를 때려 낼 수 있는 탁월한 힘이 있어야 가능하다. 그것이 바로 많은 선수들이 김태균의 타격 폼을 부러워하면서도 쉽게 따라하지 못하는 이유다.

김태균의 타격 폼은 늘 연구 대상이다. 이상적인 타격 폼에 대한 지론을 말해 달라.

타격에서 이상적인 폼이라는 게 있을까? 중요한건 얼마나 자기에게 맞게 승화시키느냐다. 아무리 폼이 이상해 보여도 자기가 잘 소화를 해 내서 안타 치고 홈런 치면 그게 바로 최고의 폼이라고 본다. 나의 경우엔 어릴 때부터 여러 폼을 시도해 봤지만 여러모로 연구와 노력을 해 본 결과 이 폼이 제격이라고 느꼈기 때문에 지금까지 계속 이 폼을 유지하고 있다. 그런데 이 폼은 공을 오래 볼 수 있고 컨택에 유리한 대신 힘든 점이 많다. 시즌 초에 힘이 있고 체력적으로 받쳐 줄 때는 어떤 공이라도 칠 수 있는 자세인데 문제는 체력이 떨어지는 시즌 중후반이다. 힘이 떨어져서 스윙 스피드가 무뎌지다 보면 아무래도 소화하기 힘든 폼이다. 그래서 나도 시즌 동안 두세 가지 폼을 가지고 적절히 운용한다.

그리고 아직 확실하게 정한 건 아니지만 요즘 타격 폼에 대해 고민이 많다. 올해는 타율 쪽으로 좋은 도전을 했기 때문에 내년에는 장타를 더 생산할 수 있는 그런 폼을 연구해 보려 하는 중이다. 이게 힘있을 때는 좋은 폼인데 나도 한 살 한 살 나이를 먹어 가니까 언젠가는 힘이 떨어질 테고 그런 시기에 조금씩 대비해야 하지 않겠나. 다만 이게 하루아침에 될 일은 아니고 나름대로 연구와 실행을 해 보면서 시행착오를 거쳐 내 몸에 맞는 폼을 찾으려고 한다.

일본에서의 경험이 아무래도 올해 시즌에 영향을 주었다고 생각하나?
솔직히 정신적인 부분에서 도움이 많이 되었다고 생각한다. 일본에서 야구 외적인 것들로 워낙 많이 힘들었기 때문에 마음을 강하게 다잡는 계기가 됐다. 기술적으로 뛰어난 투수들을 많이 본 것도 도움이 되었을 것이다. 그러나 그렇게 큰 도움은 되지 않은 것 같다. 한국으로 바로 왔다면 도움이 많이 되었겠지만 내가 많이 쉬고 와서 그 감을 거의 잊어버렸기 때문이다. 야구 외적으로 힘든 것들을 많이 경험하고 와서 스스로 외적으로 더 강해졌다는 느낌은 있다.

같은 팀에 최고의 타격 코치인 김용달 코치와 타격의 달인인 장성호 선수가 있다. 4할 도전을 하는 과정에서 이들에게 받은 조언이 있다면?
김용달 코치님은 항상 포기하지 말라고, 코치님이 보실 때는 충분히 가능하니까 열심히 해 보라고, 그런 조언을 많이 해 주셨다. 사실 한 달 전까지만 해도 그 목표가 가능해 보였고, 나도 무작정 힘들다고만은 생각지 않았다. 왜냐하면 기술적인 부분을 떠나서 야구 외적인 부분이 완벽하다고 생각했으니까. 그런데 한대화 감독님의 일 이후 그런 끈이 다 풀려 버렸다. 감독님의 일은……, 정말 충격이었다. 시기도 황당했고. 누가 봐도 시즌이 거의 끝나 마무리를 잘해야 하는 상황이었지 않나. 흔들리지 말아야지 하면서도 나도 모르게 흩어져 버리는 마음을 붙잡을 수가 없었다.

성호 형은 조언을 떠나 존재만으로도 특별한 선배다. 2,000안타를 친 대단한 타자가 내 앞에서 플레이하고 있다는 사실 하나만으로도 동기 부여가 되고 공부가 된다.

그렇다면 4할을 노릴 만한 현역 최고의 선수로는 누가 있을까?

음……, 일단 김현수, 그리고 이용규. 개인적으로 각 팀의 최고의 선수들은 충분히 4할에 도전할 수 있다고 생각한다. 그 선수들이 가진 장점들이 나보다 훨씬 더 많다고 생각하기 때문에. 나도 도전하는데 뭐. (웃음)

그렇다면 타자로서 역대 최고는 누구라고 생각하나?

4할 이런 거를 떠나서 최고 레벨의 선수는 솔직히 승엽이 형이다. 홈런은 말할 것도 없고 통산 타율이 3할을 넘을 정도로 타율이 낮은 선수도 아니고. 지금 그 나이에 돌아와서도 3할에 20홈런 치고 팀에서의 비중도 크지 않나. 전성기 때 승엽이 형을 한국에서 같이 보면서 나는 항상 승엽이 형이 목표였고 꿈이었는데 결론적으로 나는 그렇게 되지는 못했고……. 항상 나의 목표이자 꿈이었던 사람인데 볼 때마다 아 정말 대단한 사람이구나 이런 마음을

느끼게 된다.

내년이나 나중에 또 4할에 도전할 수 있는 기회가 온다면?

사실 올해 4할에 도전을 하면서 딜레마에 빠졌다. 4할은 물론 대단하지만 그래도 나는 거포 이미지인데 홈런도 좀 쳐야 되는게 아닌가 하는 생각도 들고, 여러 가지 상황들 때문에 딜레마가 있었다. 스스로 갈피를 못 잡았다고 해야 하나. 하지만 역시 4할이라는 것은 역사에 남을 대기록이기 때문에 기회가 온다면 다시금 도전해 보고 싶은, 당연히 도전해야 하는 목표이긴 하다. 얘기하다 보니 역시 참 아쉽다. 올해 꼭 해 냈어야 하는데……. 내가 은퇴하기 전까지 한 번은 누군가에 의해 달성될 거 같긴 하다.

마지막 질문이다. '4할 도전자' 김태균에게 타격이란?

가장 어려운 숙제. 자만하는 건 아니지만 어렸을 때부터 난 타격에 관해서는 거의 늘 최고의 위치에 있었다. 초중고 통틀어서……, 1인자는 아니어도 항상 최고의 자리에는 있었으니까. 그렇지만 타격은 늘 어려웠다. 알 것 같으면서도 틀리고, 될 것 같으면서도 안 되고……. 지금까지도 정말 타격은 어떤 것이다 하는 것은 내게 어려운 숙제다. 그런데 그렇다고 포기는 할 수 없는 숙제, 계속 잘하고는 싶은데 참 풀리지 않는 숙제이기도 하고.

그렇다면 그 숙제는 재미있는 숙제인가?

물론 그렇다. 알 것 같은데 안 되고, 모르겠다 싶은데도 될 때가 있고, 정말 풀리지 않는 숙제지만 재미있어서 계속 하고 싶은 숙제. 아직 답은 없지만 그래도 계속 풀고 싶은 숙제, 타격은 내게 그런 숙제 같은 존재다.

현대 무용의 창시자로 불리는 마사 그레이엄은 자서전 『고뇌의 기억(Blood Memory)**』에서 이렇게 말했다. "이 세상에서 절대 용납할 수 없는 것이 있는데 그것은 바로 평범함이다. 우리가 자기 계발을 하지 않아 평범해진다면 그것은 죄악이다. 사명에 따라 움직이는 사람들은 평범해질 틈이 없다."**

우여곡절 끝에 돌아온 2012년 시즌, 김태균에게 평범해질 여유는 허락되지 않았다. 처음부터 의도했던 것은 아니었지만 '4할'은 운명처럼 그에게 다가왔고 이제는 필생의 '사명'이자 '숙제'가 되었다. 대부분의 이들은 시도조차 하지 않는 궁극의 난제, 4할 타율. 다사다난했던 2년간의 기억, 경쟁자 없이 홀로 달려야 했던 고독한 레이스, 선장을 잃고 표류하는 배를 지탱해야 한다는 책임감 속에서도 김태균은 한순간도 숙제를 게을리하지 않았다. 2012년 시즌을 계기로 김태균은 완전히 다른 선수로 기억될 것이다. 뛰어난 선수에서 불가능에 도전했던 선수로. 아니, 불가능에 도전하고 있는 선수로.

타격의 신이 내려준 신탁, 양준혁

1969년 5월 26일 생
대구상고-영남대-삼성(1993년)-해태(1999년)-LG(2000년)-삼성(2002년)-2010년 은퇴
1993년 신인왕, 타율·출루율·장타율 1위
수위 타자 4회, 최다 안타왕 2회, 타점왕 1회
9년 연속 3할 타율(1993~2001년, 역대 최고 기록)
통산·안타·타점·득점·루타·4사구 1위
골든글러브 8회(지명 타자 4회, 외야수 3회, 1루수 1회)
현재 양준혁 야구 재단 이사장, SBS 야구 해설 위원

'양신' 양준혁은 명실상부 한국 프로 야구가 배출한 최고의 타자이다. 안타와 타점, 2루타, 볼넷 등 도루를 제외한 모든 타격 지표의 '누적 스탯'에서 통산 1위 기록을 보유하고 있는 동시에 타율, 출루율, 장타율 등 '비율 스탯'에서도 몽땅 최상위에 랭크되어 있는 인간미 없는 존재. 인간미라고는 찾아볼 수 없는 그 완벽함, 한눈에 다 헤아리기도 어려운 눈부신 기록의 아우라 속에 그는 그렇게 신(神)이 되었다.

풀기 힘든 난제가 주어지면 우리들 인간은 신을 찾는다. 신탁(神託)을 통해 진리에 한 걸음 더 다가가고자 한다. 현대 야구의 미스터리 중에서도 첫 손에 꼽히는 4할 타율의 비밀. 그 대답을 얻기 위해 '백인천 프로젝트'가 '타격의 신'의 신전을 두드렸다.

현대 야구에서 4할은 가능한가?

4할? 절대 가능하지 않다. 알기 쉽게 숫자로 생각해 보자. 한 시즌이 133경기인데 4할을 치려면 매 경기 최소 2개 이상 안타를 쳐야 한다. 하지만 장기 레이스에서는 누구나 슬럼프가 있게 마련 아닌가. 결국 슬럼프로 잃은 걸 복구하려면 이후엔 2안타도 아니고 3안타 경기를 해 내야 하는데 이게 사실상 불가능한 게지. 사람인 이상 감기 몸살이라도 한 번 오게 마련이고, 이종범이 끝내 4할에 실패한 것도 결국 시즌 막바지에 찾아온 식중독 때문이니까.

시즌 전체로 보면 1년에 500여 타석을 들어서게 되는데 볼넷 등을 빼고 나면 약 500타수에 200안타가 필요하다는 결론이 나온다. 그런데 리그 역사상 200안타를 친 선수가 누가 있나? 나도 1997년에 6월 29일까지 4할을 쳤지만 결국 3할 3푼에 그쳤다. 심지어 타격왕도 하지 못했다. 누구나 페이스라는 것이 있기 때문에 시즌 내내 꾸준하게 유지하는 게 그만큼 어려운 거다.

그렇다면 경기 수를 조절하면 가능하다는 건가?

원년의 백인천 감독님처럼 80경기라면 가능할지도 모르겠다. 그분의 업적을 폄하하는 건 아니지만 본인이 감독이라 페이스 조절이 가능한 위치에 있었지 않은가. 하지만 오늘날처럼 133경기라면 절대 불가능한 미션이다.

1990년대와 2000년대를 모두 뛰었는데 예전과 비교하면 '4할'의 가능성은 어떠한가?

당연히 지금이 훨씬 더 어렵다.

그 근거는?

투수의 수준이 완전히 다르다. 예전에는 시속 150킬로미터대의 강속구를 던지는 투수가 선동열밖에 없었다. 구종도 직구, 슬라이더, 커브, 포크볼 정도였는데 그나마 포크볼을 제대로 구사하는 선수도 조계현, 김용수, 정명원 정도? 하지만 요즘은 어떤가. 투수들의 하드웨어와 구속(球速) 증가는 말할 것도 없고 구종도 열두 가지는 족히 되지 않나. 1990년대 우리 야구가 더블 A 수준이었다면 지금은 명실공히 국제 대회에서 메달을 딸 수 있는 수준이다. 특히 투수들의 발전이 눈부시다. 국제 대회에서 성적을 올린 것도 투수들의 공이 아닌가. 용병 도입 등으로 인해 타자들의 수준도 많이 올라갔지만 기본적으로 투수들의 실력 향상 폭이 더 크다고 본다.

4할에 도전할 만한 최고의 타자가 되기 위해선 어떤 능력이 필요한가?
선구안, 타이밍, 그리고 밸런스.

본인의 지론도 그렇고 현역 시절 뛰어난 선구안으로 유명했는데 선구안을 키우기 위한 특별한 비법이 있나?
우선 공에 집중해야 한다. 그리고 무게 중심을 항상 뒤로 둘 수 있게 노력해야 한다. 타격할 때 스트라이드하면서 뒷다리에 중심이 남아 있도록 말이다. 이병규를 보면 항상 공을 쫓아가면서 치는 것 같고 중심이 무너진 타격 자세처럼 보이지만 그럼에도 다 맞혀 내는 건 뒤쪽에 중심이 남아 있기 때문이다. 무게 중심의 중요성은 특히 슬럼프 때 절감하게 된다. 슬럼프가 오면 몸이 자기도 모르게 공을 쫓아가게 마련인데 그럴 때일수록 인내심을 갖고 공을 자꾸 봐야 중심을 뒤에 남길 수가 있게 된다. 불리한 카운트에서도 성급하게 휘두르지 말고 존(Zone)을 좁혀 차분하게 기다리다 보면 무게 중심을 지켜 낼

수 있게 되고, 이게 바로 내가 선구안을 강조하는 이유이기도 하다.

선구안을 강조하는 양준혁의 지론은 기록에서도 여실히 나타난다. 양준혁은 18시즌 동안 단 한 시즌(2002년 시즌)을 제외하고는 삼진 숫자가 볼넷 숫자를 넘은 적이 없다. 타격 10걸 안에 랭크된 건 11시즌이지만 볼넷 10걸에 이름을 올려놓은 것은 무려 13시즌이다.

선수 생활 내내 단 한 시즌을 제외하고는 삼진 숫자가 볼넷 숫자를 넘은 적이 없다. 선구안은 선천적인 능력인건가?
내 생각엔 마음가짐이 중요한 것 같다. 볼넷은 생색이 나지 않는 지표이다. 특히나 내가 데뷔하던 무렵엔 현장에서 볼넷을 전혀 좋아하지 않았다. 가급적 방망이를 휘두르라고 주문했는데 스트라이크 존에서 한참 벗어나는 공을 어떻게 치나. 말도 안 되는 이야기지.

야구 잘하는 사람은 아웃을 덜 당하는 사람이나. 무조건 살아 나가는 사람이 야구 잘하는 사람인 거다. 다만 우리 인식은 아직 메이저 리그와는 차이가 있는 것 같다. 지금은 볼넷의 가치가 그나마 좀 상승했지만 과거엔 자기 욕심만 차리는 것 아니냐는 이야기까지 들었다. 걸어 나가면 안타보다도 투수가 흔들리고 4할을 위해서도 기본으로 깔고 가야 하는 게 볼넷 아닌가? 나는 볼넷은 안타의 1.5배 가치를 인정해 줘야 한다고 생각한다.

과거 본인은 왜 4할을 달성하지 못했다고 생각하나?
앞에서도 말했지만 장기 레이스에서 고타율의 달성 여부는 슬럼프를 얼마나 빨리 극복해 내느냐에 달려 있다. 특히 여름이 되면 힘이 떨어지게 마련이

표 5-1 | 양준혁의 통산 기록.

시즌(년)	팀	타율	경기	타수	안타	홈런	타점	도루	볼넷	사구	삼진
1993	삼성	0.341	106	381	130	23	90	4	61	8	40
1994	삼성	0.300	123	427	128	19	87	15	63	0	42
1995	삼성	0.313	125	438	137	20	84	8	77	6	50
1996	삼성	0.346	126	436	151	28	87	23	82	6	76
1997	삼성	0.328	126	442	145	30	98	25	103	7	75
1998	삼성	0.342	126	456	156	27	89	15	87	5	69
1999	해태	0.323	131	496	160	32	105	21	82	5	68
2000	LG	0.313	117	432	135	15	92	15	73	5	65
2001	LG	0.355	124	439	156	14	92	12	80	1	55
2002	삼성	0.276	132	391	108	14	50	2	39	5	56
2003	삼성	0.329	133	490	161	33	92	2	49	6	49
2004	삼성	0.315	133	479	151	28	103	5	89	13	53
2005	삼성	0.261	124	394	103	13	50	10	62	5	44
2006	삼성	0.303	126	413	125	13	81	12	103	9	43
2007	삼성	0.337	123	442	149	22	72	20	91	7	44
2008	삼성	0.278	114	385	107	8	49	1	46	7	37
2009	삼성	0.329	82	249	82	11	48	3	63	4	24
2010	삼성	0.239	64	142	34	1	20	0	28	3	20
통산		0.316	2135	7332	2318	351	1389	193	1278	102	910

* 출처: KBO 홈페이지.

고 한번 떨어지면 회복이 어려운데 1997년 당시에도 6월 말까지는 4할을 유지했지만 결국 여름을 이겨 내지 못하고 4할이 무너지고 말았다. 미디어와 팬들이 주목하기 시작하면서 받게 되는 심리적인 압박도 무시할 수 없을 테고.

올 시즌(2012년 시즌)도 김태균의 4할 도전에 대해 집중적인 보도가 이어졌는데 물론 미디어의 속성상 이슈를 만들어 내야 하는 건 어쩔 수 없었겠지만 나는 처음부터 난센스라고 봤다. 2011년 이용규의 타격 페이스도 정말 좋았지만 결국은 3할 3푼대로 마무리되지 않았나.

양준혁의 경우 장타력까지 겸비했기에 4할을 달성하지 못한 게 아니냐는 아쉬움을 토로하는 팬들도 많다. 즉 컨택에만 집중했다면 양준혁 정도라면 4할을 해 낼 수도 있지 않았을까 하는 아쉬움인데 이에 대해 어떻게 생각하나?

장타력이 있어야 투수가 겁을 먹고 기가 죽는다. 안타만 칠 수 있는 타자라면 투수는 120퍼센트의 힘으로 던질 수 있다. 타자에게 위압감이 있어야 투수의 실투를 이끌어 낼 수 있다.

수비 시프트에 대해서는 어떻게 생각하나?

아무래도 심리적으로 영향이 온다. 고영민이나 정근우 같은 친구들이 내야에 서 있으면 칠 구멍이 없다는 압박감이 온다고나 할까. 타자들이 잘 치는 곳이 있는데 그곳을 콱 막고 있으면 부담감이 크다.

'4할'의 성패는 투수와 타자 중 어느 쪽에 달려 있나?

김태균이 올 시즌 중반까지 4할을 유지했는데 사실 그 정도 밸런스면 웬만한 투수 공은 다 쳐 낼 수 있다고 봐야 한다. 즉 본인에게 달려 있다는 결론이 나오고, 본인이 꾸준하게 유지만 할 수 있다면 가능한데 사실상 장기 레이스에서는 그게 어려운 게지.

독특한 타격 폼은 양준혁의 트레이드 마크이기도 하다. 타격 폼에 대한 지론은?

타격 폼은 나이와 상황에 맞게 꾸준히 바꿔 줘야 한다. 대개 33세와 35세 사이에 무조건 한 번은 변화의 시기가 찾아온다. 보통 본인은 의식을 못하고 좋앉을 때만 기억하지만 몸은 자기도 모르게 변하고 있는 거다. 지금 나도 마흔 네 살이지만 생각은 나이를 먹지 않더라. 지금도 타석에 나가면 홈런 칠 것 같다니까. (웃음) 하지만 나이에 맞는 타격 폼으로 바꿔 나가야 롱런이 가능하다. 언제까지나 20대 후반의 기분으로 하면 단명할 수밖에 없다. 그런 의미에서 한국으로 복귀한 승엽이의 변화는 바람직하다. 이제 홈런왕은 어렵겠지만 20~30개의 홈런과 많은 안타를 때려 내는 팀 리더 역할로 변신하려는 게 보인다. 지금처럼 하면 롱런할 수 있다. 역시 영리한 선수이다.

타격 폼을 그 유명한 '만세 타법'으로 바꾸게 된 계기에 대해 이야기해 달라.
2002년에 슬럼프가 왔다. 어깨에 물이 찼는데 헤드 퍼스트 슬라이딩을 자꾸 하다가 누적이 되어서……. 그래서 지금도 골프를 잘 못 친다. 그러다 보니 팔로스로(follow-through, 타구 후의 마무리 동작)가 되지를 않고 페이스가 확 떨어져 고심하다가 그걸 보완하기 위해 만세 타법을 고안하게 된 거다.

만세 타법의 효과에 대해 이론적으로 설명한다면?
만세 타법은 투박해 보이지만 과학적인 타법이다. 방망이를 팔에서 던져 주는 만세 타법은 두 팔로 팔로스로를 하는 것 이상의 효과가 있다. 그렇기 때문에 나이 먹어서 순발력이 떨어지는 시기에 하면 좋다. 만세 타법의 핵심은 강한 임팩트에 있다. 마치 따귀를 올려붙이듯 강하게 쳐 주는 것인데 그래서 내 타구는 공의 회전이 많다. 이건 전문가들도 분석해 내지 못하는 것인데 여하튼 나의 타구는 회전이 많이 걸린다.

양준혁이 말한 '공의 회전'에는 어떤 의미가 숨어 있는 것일까? 열

그림 5-1 | 양준혁의 트레이드마크인 만세 타법.

성 야구 팬인 예일 대학교 물리학과 교수 로버트 어데어(Robert K. Adair)는 『야구의 물리학(The Physics of Baseball)』(장석봉 옮김, 한승, 2006년)에서 이렇게 이야기한다.

> 날아가는 공과 대기 사이에는 밀도의 차이로 인해 '마그누스 힘'이 생겨나게 된다. '마그누스 힘'은 위로 밀어올리는 힘이다. 공에 회전이 많이 걸릴수록 마그누스 힘은 커지게 되고 그로 인해 비거리도 늘어나게 된다. 물론 단순히 위쪽으로 높이 뜨기만 하면 거리의 손실이 생기기 때문에 45도 이하의 각도에서 최적화된 궤도를 구현할 수 있다면 공의 회전과 비거리는 비례한다고 볼 수 있다.

양준혁의 타구에 실제 회전이 많이 걸려 있었는지는 차치하더라도 대타자 양준혁은 직관적으로 공의 회전과 비거리의 상관 관계에 대해 깨닫고 있었던 것이다. 다음은 양준혁의 말이다.

이른바 전문가들은 나의 만세 타법을 따라하면 안 된다고들 하는데 사실 이해할 수 없다. 양준혁이라는 선수가 안타를 그토록 많이 치고 장효조 선배 다음으로 타율이 높다고 한다면 거기에는 그럴 만한 이유가 있는 것 아니겠나? 박진만의 수비나 박정태의 타법에도 뭔가 이유가 있는 것이다. 타석에서 흔들거리는 박정태의 독특한 타법에는 임팩트 순간의 비법이 들어 있다. 그저 개인의 독특한 폼이니 무조건 따라하지 말라는 건 말이 안 되는 거다. 그럼 메이저 리그는 뭐냐? 고정 관념을 가지고 보면 이해가 안 되겠지만 그 선수만의 이유가 있는데 그걸 분석해 줘야지 그저 따라하지 말라고 하는 건 난센스인 거다.

신인 시절 나의 오픈 스탠스도 처음엔 아무도 이해해 주지 않았다. LA 다저스의 스프링 캠프에 갔더니 오픈 스탠스로 치는 선수들도 있었고 내 타격 자세를 이해해 주더라고. 폼 자체에 집착하는 것은 아무 의미가 없다. 다만 맞는 순간에 힘의 손실을 얼마나 최소화하느냐, 그리고 밸런스와 타이밍을 잡기 위한 과정으로 폼이 존재하는 것이다.

임팩트를 강조했는데 좀 더 자세히 설명해 달라.

힘을 제대로 전달하려면 딱 하고 때려 주는 임팩트 순간이 가장 중요하다. 고등학교 때 쿵후를 배웠는데 거기서 착안한 게 많다. 펜싱과 검도도 잘 보면 임팩트 순간의 공통점이 있다.

알루미늄 배트는 그냥 때려도 공이 날아간다. 예전 천재 타자로 유명했던 강혁이 바로 알루미늄 배트에 최적화된 타자였다. 하지만 나무 배트는 빨래를 짜듯 눌러 주고 짜 줘야 한다. 우즈나 김동주가 그런 동작을 잘하는 선수들이다.

타격 능력 향상을 위해 특별히 신체적으로 주안점을 둔 부분이 있다면?
배트 스피드 강화를 위해 많은 노력을 기울였다. 파워는 덩치에서 나오는 게 아니다. 배트에 스피드가 있어야 힘이 실리는 것이다. 지구력 운동보다는 단거리를 많이 뛰었다. 짐볼 운동을 통해서 밸런스 강화에도 신경을 많이 썼고. 타격에는 밸런스와 타이밍, 리듬이 중요하니까. 밸런스라는 측면에서 보면 중학교 때 투수를 했던 것도 도움이 된 것 같고, 타격은 리듬을 타야 하는 거니까 음악적인 리듬감이 있는 사람이 유리한 것도 같다.

약점인 코스로 공이 들어오면 어떻게 대처해야 하나?
제대로 제구가 된 몸 쪽 공은 기술적으로 안타 칠 확률이 1할도 안 된다. 배트 길이가 33인치(83.8센티미터) 정도인데 중심은 고작 5인치(12.7센티미터) 정도 아닌가. 물리적으로 배트의 길이가 있기 때문에 팔을 아무리 몸에 바짝 붙여도 몸 쪽 공을 배트의 중심에 맞히는 건 어렵다. 파울로 커트해 내는 게 최상의 방법이다. 투수 입장에서도 승부구를 던졌는데 이용규처럼 계속 커트해 내면 미칠 노릇일 테고.

매년 3할을 해 냈는데 4할에 대한 아쉬움은 없나? 그리고 3할은 늘 기본으로 했음에도 생각보다 고타율 시즌이 없다는 것도 미스터리다.
내가 타율이 떨어질 때 회복은 잘하는데 몰아치기에는 약한 편이다. 돌이켜 보면 매년 3할을 쉽게 해 본 적이 없다. 내려갈 때 대처가 되니까 3할은 하는

데 기록에서 나오듯 '몬스터 시즌'은 없는 게 사실이다. 솔직히 '커리어하이 시즌'이 하나 정도는 있어야 하는데 아쉬운 생각도 있다.

4할에 가장 근접한 현역 최고의 타자는 누구인가?

김현수다. 야구를 하는 스타일부터 신체적인 균형, 정신력에 이르기까지 군더더기가 없고 교과서적인 느낌을 준다. 김현수는 나보다도 한 수 위의 선수다.

뭐라고? 김현수가 양신보다도 한 수 위라고?

물론이다. 김현수는 3,000안타를 때릴 수 있는 유일한 후보다. 고졸이고 병역 특례를 받았기 때문에 충분히 가능하다. 나는 대학과 군대, 조기 은퇴로 7년 정도를 잃어버린 셈인데 그 7년을 고려하면 현수는 3,000안타가 가능하다는 이야기다. 그리고 해 내야 한다. 충분히 해 낼 수 있다. 다만 예전에는 타격 폼이 훨씬 간결했는데 장타 욕심 때문인지 밸런스가 약간 무너진 상태다. 지금은 약간 배트가 돌아 나가는 부분이 있는데 본인이 잘 극복해 낼 것으로 본다. 우타자 중에서는 이대호도 뛰어나다. 힘을 모으는 동작이 최고다. 발사 직전 중심을 모으는 동작이 좋아서 모든 공을 다 때려 낼 수 있는 것이다.

잘 하는 선수와 못 하는 선수의 차이는 페이스가 떨어질 때 어떻게 극복하느냐에 있다. 나는 매일매일 볼넷 하나, 안타 하나를 목표로 했었다. 안 좋을 때는 공을 더 오래 보도록 노력해야 하고, 페이스가 떨어졌을 때 스스로 빨리 그걸 캐치해 나가야 한다.

그렇다면 역대 최고는?

역시 장효조 선배다. 장효조 선배는 완전히 컨택만으로 공을 때려 낸다. 진짜

부챗살 타법. 나는 상대도 안 되는 완벽한 기술의 소유자다. 다만 나는 장 선배보다 장타력이 조금 더 좋았다. 시속 140킬로미터의 공이 오면 시속 150킬로미터로 때려야 이겨 낼 수 있는 것이 타격이다. 때리는 그 순간에는 정확히 맞추기가 어렵다. 그렇기 때문에 힘으로 투구를 이겨 내야 하는 것이다. 내가 기록한 안타들엔 1, 2루 간 땅볼 안타와 중견수 앞으로 굴러가는 안타가 많다. 강하게 이겨 내야 빗맞아도 땅볼로 안타가 나오게 된다.

양준혁이 생각하는 이상적인 타격의 모습이 있다면?

난 롤 모델이 없다. 이른바 '독고다이'다. 스스로의 것을 보면서 모니터링하는 스타일이다. 내 폼은 백인천 감독님도 개폼이라고 했고 누구를 따라할 게 없었다. 다만 같은 팀의 승엽이와는 서로 좋은 자극이 되었다고 본다. 승엽이 같은 경우에는 타격의 궤도가 참 좋다. 나는 배트가 약간 돌아나오는 스타일이라 타격 시 공의 위쪽에 맞게 된다. 반면 승엽이는 간결한 백스윙으로 공 바로 아래쪽을 때리니 공이 잘 뜬다. 실질적으로는 타구 자체는 내가 더 강타라 궤도만 좋으면 홈런인데……, 그래서 2루타도 내가 통산 1위다. 하지만 승엽이 타구는 워낙 궤도가 좋아 바로 홈런으로 연결되는 거고, 그게 바로 승엽이의 기술이다. 별로 힘들이지 않고 툭 때리는 것 같지만 체중을 실어 때리기 때문에 타구가 엄청나게 멀리 간다. 이건 나와 승엽이의 스타일의 차이고, 타격은 이처럼 자신의 개성과 스타일을 살려야 한다.

잘 치는 타자들은 누구나 자기들만의 스타일이 있다. 교과서적인 스타일은 고작해야 2할 8푼과 3할 사이를 칠 수 있을 뿐이다. 자기만의 무언가가 있어야 그 이상이 가능한 것이지. 김동주, 이대호, 박정태, 김재현 모두 자기만의 스타일이 있지 않은가? 좋은 점은 서로 보고 배우되 자신의 스타일은 지켜야 한다. 타격엔 정답이 없다. 그 선수에게 가장 맞는 타격 폼을 주는 게 가장 좋은 코칭이다.

호쾌하게만 보이던 스윙은 회전의 극대화를 노린 것이었다. 공을 쪼갤 것 같은 임팩트엔 쿵후의 원리가 숨어 있었다. 왜 늘 타율이 높은가 싶더라니 남들보다 분모가 훨씬 작았다. 물리학과 운동 역학, 수학이 '양신'의 타격 속에 녹아 있었다. 신의 업적은 신비로웠지만 그 비결은 지극히 합리적이었다. 신이 내려준 신탁, 비밀의 답은 바로 '과학'이었다.

김현수는 기다리지 않는다

1988년 1월 12일 생
신일고-두산(2006년~)
2008년 베이징 올림픽 / 2009년 WBC
2010년 광저우AG 국가 대표
2008년 타율·출루율·최다 안타 1위
2009년 최다 안타 1위, 타점 2위, 타율 3위
2008~2010년 골든글러브(외야수)

'타격 기계' 김현수의 또 다른 별명은 '사못쓰'. '4할도 못 치는 쓰레기'의 약자다. 3할도 아니고 4할을 치지 못한다고 비난받는 타자, 약관 스무살의 나이에 최연소 수위 타자에 올라 양준혁으로부터 자신의 기록들을 깰 유일한 후보로 지목받은 선수, 그가 바로 김현수다.

풀타임 첫 시즌 이후 전 시즌 3할, 2년 연속 3할 5푼, 만 20세에 차지한 최연소 타격왕 타이틀 등등, 김현수의 스펙은 그야말로 '엄친아'급이다. 여기서 가장 중요한 것은 그가 이제 고작 25세라는 것이다. 이런 '조기 대관식'이 프로 스포츠에서 가지는 의미는 매우 크기 때문이다. 김현수가 등장하기 전 최연소 타격왕에 올라 있던 이들이 누구인지 아는가? 바로 양준혁, 이대호, 이종범이다. 메이저 리그 역대 최연소 타격왕 1, 2위인 알 칼라인(Al Kaline), 타이 콥(Ty Cobb)은 명예의 전당 헌액자이며, 3위는 설명이 필요없는 알렉스 로드리게스(Alex Rodriguez)다. 야구만 그런 것이 아니다. NBA 최연소 득점왕 1~3위는 케빈 듀란트(Kevin Durant), 코비 브라이언트(Kobe Bryant), 트레이시 맥그레디(Tracy McGrady)이고, 테니스와 골프의 최연소 그랜드슬래머는 라파엘 나달(Rafael Nadal)과 타이거 우즈(Tiger Woods)이니 프로 스포츠에서 '최연소 정상 등극'이 가지는 의미는 실로 엄청나다고 할 수 있는 것이다. 이것이 타격에 관한 이야기를 할 때 김현수가 빠지지 않고 등장하는 배경이며, 김현수의 이야기를 반드시 들어봐야만 하는 이유이기도 하다.

현대 야구에서 4할 타율은 가능한가?

(강한 어조로) 절대 불가능하다. 경기 수도 많고 투수들이 계속 발전하고 있기 때문이다. 한 시즌에 3할 타자가 10명 미만인데 4할 타자가 나온다는 것은 사실상 불가능한 이야기다.

표 5-2 | 김현수, 양준혁, 이종범, 이승엽의 연령대별 타율 기록 비교.

연령(세)	양준혁	이종범	이승엽	김현수
19			0.290	0.270
20			0.300	0.360
21			0.330	0.360
22			0.310	0.320
23		0.280	0.320	0.300
24	0.340	0.390	0.290	0.291
25	0.300	0.330	0.280	
26	0.310	0.330	0.320	
24세까지 누적 안타	130	329	849	847

구체적으로 이야기해 달라.

우선 133경기나 되는 경기 수가 크다. 계속되는 원정 경기와 이동, 그런 조건 하에서 컨디션을 조절해 가면서 4할을 친다는 건 생각하기 어렵다. 투수들의 변화구가 다양해졌다는 점도 무시할 수 없다. 하루에 5타수 2안타를 쳐도 실질적으로는 4할을 유지할 수가 없다. 그런데 실제로는 하루에 안타 1개 치는 것도 쉬운 일이 아니다.

결국 경기 수가 중요하다는 이야기인데 그렇다면 어느 정도라면 가능하다고 생각하나?

솔직히 시즌 100경기도 쉽지 않다고 본다. 원년과 같은 80경기라면 스스로 컨디션 조율이 가능하다는 전제하에 가능할 수도 있다. 아마도 전 세계 선수 중 4할에 대해 생각하는 선수는 없을 것이다. 8월에 3할 8푼은 쳐야 가능성을 생각해 볼 수 있는데 욕심내는 그 순간 3할 5푼이 되어 있을 거다. (웃음)

프로 야구 원년에는 4할 타자가 나왔지 않나.

직접 보지 못해 정확히는 모르지만 당시엔 투수들의 구종이 지금보다 단순했다고 들었다. 게다가 경기 수도 훨씬 적었고. 백인천 감독님이 4할에 성공하신 건 선수 겸 감독이었다는 특수한 위치가 크게 작용했다고 본다.

양준혁 선배가 김현수를 4할 가능성이 있는 최고의 후보로 꼽았다.

선발 30승도 가능성 자체는 있다. 하지만 1퍼센트도 안 되는 희박한 가능성이라 본다. 4할 도전도 비슷한 것 아닐까. 양준혁 선배님이 칭찬해 주셔서 감사하지만 (앞의 양준혁 인터뷰 참조.) 내가 지금까지 안타를 많이 친 건 운이 좋고

타구가 잘 뻗어서다. 슬럼프가 오면 많이 다운되는 편이기도 하고. 나는 현역 중에서는 SK의 정근우 선배가 최고라고 생각한다.

이건 짚고 넘어가야겠다. 아무리 운이 좋고 타구가 잘 뻗어도 그것만으로 800개의 안타를 설명할 수는 없다. 그런 운이라면 야구에 낭비해서는 안 된다. 운만으로 단 6시즌 동안 800안타를 칠 수 있다면 그런 운은 인류 평화를 위해 써야 한다.

양준혁을 비롯, '백인천 프로젝트'에 참가한 선수와 전문가들 중 김현수의 이름을 언급하지 않은 이는 한 명도 없었다. 그들 모두가 주목한 시즌은 바로 김현수의 2008년 시즌이었다. 만 스무 살의 나이에 무려 0.357의 기록으로 타격왕을 차지한 시즌. 안타도 많았지만 볼넷과 삼진의 비율이 2:1이었을 정도로 무결점이었던 시즌. (1987년 시즌 0.387의 장효조도, 1994년 시즌 0.393의 이종범도 삼진보다 2배나 많은 볼넷을 기록하진 못했다.) 김현수에 매료된 많은 이들은 그의 2008년 시즌에서 3할 5푼 7리

표 5-3 | 김현수의 통산 기록.

시즌(년)	팀명	타율	경기	타수	안타	홈런	타점	도루	볼넷	사구	삼진
2006	두산	0.000	1	1	0	0	0	0	0	0	0
2007	두산	0.273	99	319	87	5	32	5	26	5	46
2008	두산	0.357	126	470	168	9	89	13	80	5	40
2009	두산	0.357	133	482	172	23	104	6	80	4	59
2010	두산	0.317	132	473	150	24	89	4	78	6	64
2011	두산	0.301	130	475	143	13	91	5	71	6	63
2012	두산	0.291	122	437	127	7	65	6	46	3	50
통산		0.319	743	2657	847	81	470	39	381	29	322

* 출처: KBO 홈페이지.

보다 훨씬 더 높은 곳에 있는 위대한 미래를 꿈꿨던 것이다. 그리고 그렇게 김현수는 '사못쓰'라고 불리게 되었다.

하지만 2009년에 5월 말까지 4할을 친 적도 있지 않나?
5월 말까지 4할을 유지하다가 결국 6월부터 3할대로 떨어졌다. 솔직히 그때 스스로도 신기하게 생각했었다.

그렇다면 4할 타자가 되기 위해선 어떤 능력이 필요한가?
좋은 눈, 빠른 배트 스피드, 커트 능력이 필요하다. 좋은 눈은 선구안을 포함하는 개념으로 말 그대로 좋은 눈이다. 이건 타고나는 것이기 때문에 어릴 때부터 눈이 안 좋은 사람은 노력을 많이 해야 한다. 선수들이 안경을 쓰게 되는 이유도 결국 선구안 때문이다. 내 경우엔 시력 자체는 좋은 편이다. 다만 성향의 차이인지 선구안은 좋지 않은 편이다. 배트 스피드와 커트 능력은 노력해야만 얻을 수 있는 후천적 능력이다. 결정구를 파울로 만드느냐, 그대로 아웃이 되느냐가 투수의 다음 공의 실투 확률을 높이기 때문에 이 능력들은 매우 중요하다.

 타격에서는 과학으로 말할 수 있는 게 많지 않다. 교타자와 장거리 타자도 꼭 구분되는 개념이 아니다. 얼마나 커트를 하는지, 또는 얼마나 공격적으로 임하는지 하는 본능에 따라 교타자와 장타자로 나뉘는 거다. 나는 본능적으로 공을 맞추려고 하는 성향이 강하다 보니 가진 힘을 다 쓰지 못하는 편이다. 그래서 짧은 안타가 많이 나온다.

타자로서 본인의 장점은?

기다리지 않는 점이다. 기다려야 할 상황이 있긴 하지만 기본적으로 공격적으로 임하기 때문에 볼넷도 나오고 안타도 나오는 것이다. 타자가 타석에서 기다린다는 걸 아는데 변화구로 유인구를 던질 투수는 없다. 볼넷을 유도하려면 적극적으로 쳐야 한다. 그래야 유인구도 나오고 볼넷도 나오는 것 아닌가. 처음부터 볼을 던져서 유인구로 속이려는 투수는 없다. 타석에서 마냥 기다려서는 좋은 타자가 될 수 없다고 생각한다. 매 타석을 후회없이 끝내자는 생각으로, 공을 얼마나 정확히 맞히느냐에 집중한다.

기술적인 이야기를 해 보자. 타격 폼에서 특별히 중시하는 부분이 있다면?
오른쪽 어깨가 열리지 않도록 항상 주의한다. 투수에게 가슴이 보이지 않도록 해야 한다. 그렇게 몸이 열리지 않은 상태에서 우측 라인 쪽으로 쳐야 좋은 타구가 나온다.

히팅 포인트는 어느 지점이 이상적이라고 생각하나?
히팅 포인트를 좀 앞에 놓고 치는 타자들이 타율이나 장타율이 높다. 히팅 포인트가 너무 몸 안쪽으로 들어오면 안타 확률도 적고 힘으로 다 이겨 내야 하기 때문에 어렵다. 어느 정도 포인트가 앞에서 이루어져야 좋은 타구가 나온다.

히팅 포인트에 대한 김현수의 설명은 타격 이론에 관한 야구계의 오래된 논쟁을 떠올리게 한다. 『타격의 과학(The Science of Hitting)』에서 테드 윌리엄스가 강조한 '로테이셔널 히팅 시스템(rotational hitting system)'과 『3할의 예술(The Art Of Hitting 0.300)』에서 찰리 라우(Charley

그림 5-21 안타를 친 김현수의 타격 폼.

Richard Lau)가 주창한 '웨이트 시프트 시스템(weight shift system)' 사이의 토론 말이다. 테드 윌리엄스는 무게 중심을 뒤에 둔 상태로 전신의 '회전 운동'을 강조한 반면 찰리 라우는 투수 쪽으로 발을 내딛는 스트라이드를 통한 중심 이동, 즉 '병진 운동'의 중요성을 강조했다.

김현수의 히팅 포인트는 찰리 라우의 이론 쪽에 가깝지만 현대 야구에서는 이 두 가지 이론이 복합적으로 적용되는 경우가 많다. 김현수처럼 공을 조금이라도 오래 볼 수 있도록 최대한 배터박스 뒤쪽에 서서 히팅 포인트를 몸 앞쪽에 두고 무게 중심을 이동시켜 타격하는 방법은 최근 가장 애용되는 타격 방법 중 하나다. 하지만 모두가 그런 것은 아니다. 이른바 '인앤아웃 타법'으로 유명한 김무관 코치는 밀어치기의 신봉자이며, 밀어치기를 하기 위해선 당연히 히팅 포인트가 너무 앞쪽에 있으면 안 된다. 홍성흔은 '김무관류(流)'의 전도사라 할

만하며, 특유의 선구안과 힘을 앞세워 공을 몸에 바짝 붙여놓고 친다는 평을 받는 김태균도 히팅 포인트가 뒤쪽에 있는 타자다.

평소에도 늘 비디오를 보며 분석하는 걸로 유명하다. 비디오를 볼 때 주로 어떤 부분을 보나?

솔직히 난 장타 욕심이 있기 때문에 정교하면서도 장타를 날릴 수 있는 타자들을 연구한다. 공을 얼마나 잘 띄우느냐, 어떻게 손목을 쓰느냐를 주의깊게 살펴본다. 그리고 내가 가지고 있는 것들을 통째로 변형시키기보다는 그 순간의 포인트, 임팩트, 느낌을 찾으려고 한다.

수비 시프트는 어떤가. 시프트가 타율에 어느 정도 영향을 주나?

시프트가 타율에 영향을 준다고 생각하진 않는다. 치면서 타구 방향을 조절할 수 있다면 자기 스윙을 하지 않아도 안타를 칠 수 있다는 이야기인데 그건 말이 안 되지 않나.

투수 분업화가 타율에 미치는 영향은?

투수 분업화는 제가 입단할 때부터 이미 보편화된 상태였다. 투수 분업화는 타자에게 핑계가 될 수 없다고 본다. 팀이 이기는 날에는 더 좋은 투수가 나오고, 예전에도 이기는 날에는 선발 에이스가 계투로도 뛰지 않았나. 투수 분업화가 타율에 영향을 미친다는 건 말이 안 된다. 전혀 상관없다.

이 선수는 정말 탁월한 재능을 갖고 있다 싶은 선수가 있다면?

김동주 선배. 노력도 많이 하고 재능도 정말 탁월하다. 선구안, 배트 스피드,

타석에서의 침착성까지 모든 걸 다 갖춘 것 같다.

그렇다면 역대 타자 중 4할에 근접한 최고의 선수는 누구라고 생각하나?
장효조 선배님이 최고라 들었는데 직접 보지는 못해 아쉽다. 내가 본 선수들 중에는 양준혁, 김재현 선배가 최고였다. 현역 중에서는 역시 정근우 선배가 최고다.

양신은 바빴다. 안타도 쳐야 했고 볼넷도 골라야 했고 심지어 홈런도 쳐야 했다. 매 타구마다 전력질주하지 않으면 스스로를 용서할 수 없었다. 심지어 예능감까지 갖춰서 도무지 쉴 틈이 없었다. 그렇게 18시즌을 전력 질주하다 보니 딱 하나, '4할'을 빠뜨리고 은퇴하게 됐다. 그리고 4할의 기적을 바라는 신도들에게 신은 조용히 손가락을 들어 가리켰다. 그곳에는 타격을 위해 태어난 히팅 머신, 김현수라는 이름의 기계가 서 있었다.

성능에 관해서는 그 누구도 의심하지 않는 최강의 기계. 남은 것은 어떤 기록을 정복할 것인지 입력하는 일뿐이다. 그 대상은 전인미답의 3,000안타일 수도, 200홈런, 2,000안타일 수도 있다. 그리고 어쩌면 불멸의 단일 시즌 기록이 될 4할 타율이 될 수도 있다. 김현수의 말대로 그 누구에게도 4할은 쉽지 않을 것이다. 영원히 불가능한 꿈일지도 모른다. 하지만 어쩌겠는가. 이미 너무도 많은 이들의 마음속에 김현수는 세상을 구할 '네오'인 것을.

근성의 패스트볼 공략 달인, 정근우

1982년 10월 2일 생
부산고-고려대-SK(2005년~)
2006년 도하 AG / 2008년 베이징 올림픽 / 2009년 WBC /
2010년 광저우 AG 국가 대표
2009년 득점 1위
2008~2009년 최다 안타 2위
2006년, 2009년 도루 2위
2006년, 2009년 골든글러브(2루수)

정근우는 솔직한 선수다. 솔직함이 얼굴 표정을 넘어 온몸에 배어나고 결국 보는 이의 마음까지 빼앗아간다. "정근우" 하면 떠오르는 근성과 투지도 결국 그 솔직함의 일부다. 솔직한 정근우는 솔직한 직구에 강하다. 자타가 공인하는 패스트볼 공략의 1인자, 그것이 정면 승부를 선호하는 정근우의 캐릭터다.

'4할'에 관한 인터뷰에서도 정근우는 솔직했다. 어려운 건 어려운 거지만 도전해 보고 싶은 마음은 숨기지 않았다. 시즌 중반까지 4할에 도전했던 적도 있고 정확성과 주력을 모두 갖춘 몇 안 되는 선수이면서도 아끼는 후배 김현수의 극찬을 듣고는 몸둘 바를 몰라 했다.

김현수 선수가 현역 중 최고는 정근우 선배라고 하더라.

(숨길 수 없는 흐뭇한 표정) 고마운 이야기다. 내가 무슨 타이틀을 여럿 따낸 선수도 아닌데. 나는 현수가 최고라고 생각했는데 그렇게 말해 주니 이야기만으로도 그저 고마울 따름이다.

현대 야구에서 4할은 가능하다고 생각하나?

솔직히 어렵다고 생각한다. 투수진이 많이 좋아져서 중간 계투들만 해도 승리·패전 조 상관없이 볼들도 빨라졌고 제구력도 좋아졌다. 옛날에는 승부가 크게 갈린 게임에서 안 좋은 투수들이 올라와서 타율 관리하는 게 가능했는데 요즘은 정말이지 만만한 투수가 없다.

투수 분업화가 타자에게 까다롭다는 의미인가?

아무래도 그렇다. 중간 계투도 워낙 여러 명 자주 바뀌는데다가 그날그날 볼도 다 틀리지 않나. 게다가 엔트리도 어찌나 자주 바뀌는지 생소한 투수들도 많아서 갈수록 힘들다. (웃음)

하지만 프로 원년 백인천 감독은 4할을 달성했지 않았나?

원년엔 경기 수가 적었다는 게 컸다. 지금은 한 시즌에 133경기를 하는 시대다. 경기 수가 많아서 쉽지 않다. 아무래도 규정 타석이 줄면 가능하다고 볼 수도 있다. 110경기만 되어도 가능하지 않을까.

정근우의 '110경기'는 1994년의 이종범을 떠오르게 한다. 126경기를 치르던 당시 이종범이 마지막으로 4할을 유지했던 것이 104경기까지이기 때문이다. 정근우와 같은 타순, 비슷한 수비 부담으로 경기에 임했을 이종범의 1994년 시즌을 생각하면 정근우의 '110경기론'은 나름 되새겨 볼 가치가 있다.

2009년 시즌 중반까지 4할을 유지했던 적이 있다. 결과적으로 왜 4할에 실패했다고 생각하나?

2009년에는 타석에서 자신감이 넘쳤다. 컨디션이 너무 좋다 보니 안타 하나하나에 욕심을 냈다. 그러던 중 베이스를 밟다가 발목이 삐끗해서 부상을 당했다. 이후 세 경기를 쉬면서 밸런스가 완전히 무너졌다. 결국 3할 2푼대로 전반기를 마무리했다. 그때 몸 관리를 잘했다면 지금도 혹시나 하는 생각이 들곤 하는 시즌이었다.

2009년 시즌은 오랜만에 '4할 타자 탄생'이 진지하게 화두로 등장한 해였다. 5월 말까지 무려 세 명의 타자가 4할 타율을 유지하고 있었던 것이다. 게다가 그 세 명의 이름은 정근우, 김현수, 페타지니였으니 셋 중에 한 명은 가능성이 있지 않을까 하는 설렘이 있었다.

2008년 혜성같이 나타난 김현수는 5월 초까지 4할을 유지하면서 최연소 타격왕(0.357)을 거머쥐었고, 정근우 또한 2008년 시즌 3할 타율과 40도루를 동시에 기록한 호타준족(好打駿足)의 선수였다. 페타지니는 설명이 필요없었다. 당시 만 38세의 나이였지만 2001년 일본 센트럴리그 MVP라는 독보적인 클래스의 선수였던 것이다.

마라톤에서도 경쟁이 있을 때 신기록이 나오는 것처럼 미디어와 팬들은 이 셋의 경쟁이 가져올 상승 효과를 기대했다. 하지만 페타지니가 6월 7일까지 4할 2리를 기록한 것을 마지막으로 세 명 모두 기대보

다 조금은 이르게 4할의 벽에서 밀려났다. 김현수는 좌완 투수와 우완 투수 상대로 편차가 있었고 중·장거리 포로의 변신을 시도하고 있었다. 페타지니에겐 적지 않은 나이와 고질적인 부상이 부담이었다.

정근우의 경우엔 더욱 아쉬운 사연이 숨어 있었다. 2009년 4월 23일 조성환(롯데)이 채병용(SK)의 투구에 맞아 안면 함몰 부상을 당하고 박재홍(SK)이 롯데 공필성 코치와 언쟁을 벌이면서 당시 SK와 롯데 사이에는 일촉즉발의 긴장감이 흐르고 있었다. 5월 5일 어린이날 사직 구장에서 다시 만난 양 팀, '근성의 상징' 정근우는 전력 질주를 하다가 왼발목 인대에 부상을 입고 말았던 것이다. (결국 다음 날 부산 사직 구장에서 열린 SK 대 롯데 경기에서 관중이 장난감 칼을 들고 난입하는 '롯데검 관중 난입 사건'이 발생하고 만다.) 특유의 투지와 근성, 정신적으로 밀려선 안 된다는 압박감, 기록에 대한 욕심 등이 복합적으로 작용한 결과였지만 후유증은 컸다. 부상 자체는 크지 않았지만 정근우는 이후 밸런스를 잃으면서 3할 2푼대의 타율로 전반기를 마무리해야 했다. 후반기 다시 맹타를 휘두르며 3할 5푼으로 시즌을 마무리했으니 정근우에게는 여러모로 아쉬움이 남을 시즌이었다.

자타가 인정하는 패스트볼 공략의 대가다. 특별한 비법이라도 있나?

보다시피 내가 체구가 작은데 어릴 때부터 빠른 볼 승부를 좋아했다. 타격 폼도 변화구보다는 직구 쪽으로 컨택을 잘할 수 있는 폼이라고 할 수 있다. 지금은 많이 나아졌지만 예전부터 변화구엔 조금 약했고 반대로 직구에는 절대로 지지 않을 자신감이 있었다. 어릴 때부터의 훈련, 최적화된 폼, 심리적인 자신감 등이 있어서 직구에 강한 것 같다.

그리고 기본적으로 시력이 좋다. 1.2 정도? 여기에 볼을 순간적으로 판단하는 게 남들보다 확실히 빠른 것 같다. '지금이다!' 하고 느끼는 그 순간? 그 순간의 캐치가 빠른 것 같긴 하다.

최고의 타자가 되기 위해 필요한 능력은 어떤 게 있을까?

우선 몸 관리가 필수다. 좋았을 때의 페이스를 잘 이어 가면서 철저하게 자신을 관리해야 한다. 육체적으로 자신을 잘 관리해야 하는 동시에 정신력도 중요하다. 장기 레이스에서 체력적으로 힘들다 보면 결국 정신력이 말을 하는 순간이 오기 때문이다. 자신의 페이스를 얼마나 오랫동안 끌고 가느냐, 결국 야구는 자신과의 싸움이다.

자신만의 타격 훈련 비법이 있다면?

잘 맞지 않을 때면 더 노력을 많이 하는 편이다. 예전에 좋았을 때 모습을 비디오로 자주 보면서 비교해 보고 수정해 가는 스타일이다. 언제든 볼 수 있도록 휴대폰에도 과거 내 플레이 동영상들을 다 담아 놨다. 이런저런 폼들을 다 해 보다 보면 느낌이 올 때가 있는데 최대한 그 느낌을 살리려 노력한다.

슬럼프에 빠졌을 때는 어떻게 극복하나?

안 좋은 것은 빨리 잊고 좋았을 때를 생각하면서 극복하는 편이다. 오늘 4빵(4타수 무안타)이면 내일 서너 개 치면 되지 하는 생각으로. 긍정적으로 생각하는 스타일이다.

고타율을 위해서는 볼넷을 적당히 골라 내면서 출루를 해 줘야 한다. 그렇게 해서 타수를 최대한 낮추고 감이 좋을 때 몰아쳐야 타율이 오른다.

현대 야구의 타격을 논할 때 빼놓을 수 없는 부분이 수비 시프트(개별 타자에 맞춰 수비수들의 수비 위치를 조정하는 것.)다. 정근우는 수비 시프트의 희생자이기도 하지만 누구보다 가혹한 가해자이기도 하다. 넓은 수비 범위와 안정된 송구, 누구도 따라갈 수 없는 집중력으로 수많은 타자들의 탄식을 자아내기 때문이다. 팀당 무려 19경기를 치러야 하는 한국 프로 야구에서 정근우라는 존재는 '통곡의 벽'일 수밖에 없다.

요즘에는 수비 시프트도 타자들을 괴롭히는 요소다. 타자로서, 그리고 수비수로서 시프트에 대한 견해를 이야기한다면?
2009년에 KIA의 수비 시프트 때문에 고전했던 이야기를 들었을 거다. 개인적으로 시프트에 연연하는 편은 아닌데 밸런스가 흐트러지면서 체력적으로 힘들고 정신적으로 약해지는 부분이 있었다. 타격 밸런스라는 게 그쪽으로만 가게끔 폼이 잡혀 있다 보니 쉽게 수정되지 않는 측면이 있다. 그런 의미에서 시프트가 타자에게는 장애 요소가 된다고 본다.

   수비를 할 때는 선발 투수의 구질과 구위, 타자의 배트 스피드와 스윙궤도 등을 조합해서 그날그날 다르게 시프트를 잡는다. 같은 타자라도 컨디션이 좋을 때와 안 좋을 때 스윙궤도가 다르니까 그걸 감안해서 수비 위치를 잡는 거다. 감(感)이 작용할 때도 있다. '김현수 시프트'를 사용했던 2008년 한국 시리즈는 내 감이 컸다. 작전도 있었지만 직감이 크게 작용한 결과였다.

현역 중 4할에 가장 근접한 선수는 누구라고 생각하나?
두산의 김현수와 한화의 김태균이다. 둘 다 슬럼프가 길게 가지 않고 타석에서 불필요한 움직임도 없기에 정확성도 뛰어난 타자들이다. 타석에서 움직임이 많으면 아무래도 정확성 면에서 어려운데 이 둘은 안정적으로 조용하게 치는 스타일이라 컨택 능력도 좋고 삼진도 적다.

특히 요즘 보면 김태균은 정말 꾸준히 잘 친다. 진짜 타석에 나오면 어떤 상황에서든 못 칠 거라는 생각이 안 드는 선수라고 해야 하나? 타석에서의 움직임이 없는 폼이 정말 예술이다. 하체를 딱 지탱해 주는 그 자세가 참 좋다. 안정된 자세로 남들보다 공을 2개 정도 오래 본다는 장점이 있다. 공을 오래 보니까 그만큼 컨택에 있어서 유리한 거다. 공이 맞는 면도 더 넓어지고, 스윙이 조금 빠르면 레프트로, 조금 느리면 라이트로……. 어느 쪽으로든 안타가 되니까 기복이 없다.

그렇다면 역대 4할에 가장 근접했던 최고의 타자는?
이종범 선배님이다. 손목 힘이 좋고 볼을 강하게 때려 낸다. 기본적으로 컨택 능력이 뛰어난데다가 땅볼을 쳐도 발이 워낙 빠르니 내야 안타도 많이 나오고. 나이들어서 그렇게 칠 정도면 전성기는 어땠을지……. 그저 대단하기만 하다. 텔레비전으로 하도 많이 봐서 그저 야구 천재라는 생각뿐이다.

본인도 컨택과 주력을 골고루 갖춘 스타일이지 않나?
(웃으면서) 나보단 두 단계 위에 계시는 분이다.

거의 불가능하다고는 했지만 본인이 4할에 도전해 보고 싶은 욕심은 없나?
솔직히 도전해 보고 싶다. 하고는 싶은데 다만 현실적으로 힘들다는 생각이긴 하다. 개인적으로는 톱타자라 아무래도 타석수가 많아 불리한 점도 있고. 시즌 중반까지 4할을 유지했던 2009년이 폼도 좋았고 여러모로 아쉬움이 남는다.

고타율의 타자들은 확실히 좌타자가 많다. 우타자로서 우타자도 4할 도전이 가능하다고 생각하나?

좌타자보다는 아무래도 불리한 게 사실이다. 그래도 도전해 보고 싶은 생각은 있다. 2~3년 전에 비해 자신감은 조금 떨어져 있지만 한번 분위기를 타면 어떻게 될지 모르는 게 야구니까 기회가 되면 꼭 도전해 보고 싶다.

한국 프로 야구에서 숫자 8은 전설의 숫자이다. 바로 '해결사' 한대화의 등번호이기 때문이다. 1982년 세계 야구 선수권에서 8회 극적인 3점 홈런으로 스타가 된 한대화는 등번호 8을 달고 역대 최다인 8개의 골든글러브의 주인공이 되었다. (한대화 감독의 한화 감독 시절 등번호는 80번이었다.) 이제 전설의 '8번'의 후계자는 정근우다. 2008년 시즌을 앞두고 결혼하는 정근우에게 주례를 맡은 김성근 감독은 '8'과 관련된 축사를 건넸다고 한다.

내게는 '8'이 행운의 숫자였다. 내가 SK 감독직을 맡은 날이 작년 10월 8일이고, 정규 리그 우승을 한 날은 올해 9월 28일이다. 또 한국 시리즈 6차전에 역전 홈런을 친 선수가 바로 등번호 '8번'의 정근우였다.
— 《스포츠경향》 2007년 11월 7일자

프로에서 여덟 번째 시즌을 소화한 정근우. 고교 졸업 당시에는 불러 주는 팀이 없어 대학에 가야 했지만 대학 졸업 후 그는 당당히 2차

1번으로 지명되었다. 나라의 부름을 받았던 4번의 국제 대회, 정근우는 단 한 번도 3할 이하를 쳐 본 적이 없다. 미약했던 시작을 근성과 투지로 덮어 버린 등번호 8의 남자, 그에게 4할 도전의 기회가 다시 온다면 그는 절대 그걸 놓치지 않을 것이다.

그라운드의 사이야인 홍성흔

1977년 2월 28일 생
중앙고-경희대-두산(1999년)-롯데(2009년)-두산(2013년~)
1999년 신인왕
2000년 시드니 올림픽 국가 대표
2006년, 2010년 올스타전 MVP
2004년 최다 안타 1위
2008년, 2009년, 2010년 타율 2위, 2004년 타율 3위
2001년, 2004년 골든글러브(포수), 2008~2011년 골든글러브
(지명 타자)

만화 『드래곤볼』에서 주인공 손오공은 외계에서 온 사이야인이다. 전투 민족 사이야인의 특징은 싸우면 싸울수록 강해진다는 것. 리그 최강의 지명 타자이자 그라운드 위에선 최고의 엔터테이너이기도 한 홍성흔에게도 어쩌면 사이야인의 피가 흐르고 있는지도 모른다.

1999년 신인왕으로 화려하게 데뷔했지만 만 30세가 될 때까지 3할 타율은 딱 한 번(2004년 0.329)이었던 홍성흔. 그는 타자의 전성기라는 30세 이후 놀랍게도 3할 2푼 4리의 타율을 기록하고 있다. 전사다운 단단한 근육, 넘치는 긍정의 에너지, 그리고 더욱 강해지기 위해 스스로 '포수 포지션'이라는 꼬리를 잘라낸 것까지……. 그의 행보는 만화 『드래곤볼』에 등장하는 사이야인 손오공과 닮았다.

'4할의 가능성'을 언급할 때 홍성흔을 꼽는 전문가는 많지 않았다.

하지만 최후의 순간 4할을 달성하는 이는 프리더도 베지터도 아닌 매년 강해지는 '슈퍼 사이야인' 홍성흔일지도 모른다.

현대 야구에서 4할 타자는 가능할까?

기본적으로는 어렵다고 본다. 선배님들을 무시하는 건 아니지만 예전에는 경기 수가 적었기에 가능성이 있었다. 하지만 오늘날 133경기를 치르면서 꾸준히 컨디션을 유지하기는 쉽지 않다. 김태균이 저렇게 미친듯이 쳐도 4할을 유지하는 걸 힘들어하지 않나. 현실적으로 경기 수가 가장 큰 장애물이고 경기 수가 적으면 가능하다고 본다. 100경기? 아니다, 100경기도 어려워. 80경기? 결국 원년 경기 수네. (웃음) 그래도 그때보다는 투수들의 구종도 다양해지고 제구력도 좋아져서 쉽지 않을 것이다.

4할 타자가 되기 위해 갖춰야 할 능력은?

밀어치기를 할 수 있어야 한다. (우타자 기준으로) 타구를 우측으로 보낼 수 있어야 하고 장타 욕심이 없어야 된다. 장타 욕심이 있으면 타율은 하락할 수밖에 없다. 선구안도 좋아야 하는데 선구안이 좋으려면 밀어치기가 되어야 하고, 밀어치기를 하려면 장타 욕심이 없어야 하니까 이게 결국 다 맞물리는 이야기.

    나의 타격 철학은 운동장에 왼쪽은 없다고 생각하는 것이다. 3루수와 좌익수는 없다고 간주하고 우측 라인만 보고 쳐야 한다. 오른손 투수가 대부분인데 확률적으로 바깥쪽 볼과 슬라이더가 80퍼센트고 몸 쪽 볼은 기껏해야 20퍼센트 정도다. 그래서 바깥쪽 볼을 보면서 히팅 포인트를 뒤에 둬야 좋은 밀어치기를 할 수 있다.

포수를 했던 경험이 타격에는 어떻게 영향을 미치나?

포수 경험이 타율 관리에 큰 도움이 된다. 기본적으로 볼 배합을 알고 있고, 2스트라이크 이후에는 힘있는 타자에게는 높은 공을 던져서 헛스윙을 유도한다든지, 컨택 위주의 타자에게는 몸 쪽으로 찔러넣는다든지 하는 공식들을 알고 있으니까.

상황에 맞는 타격도 중요하다. 일단 기본적으로는 무조건 직구 타이밍에 맞춰서 친다. 그리고 1사 3루라면 2스트라이크까지는 외야 플라이를 노리고, 2스트라이크 후에는 땅볼을 치려 한다. 1루에 주자가 있다면 2스트라이크까지는 내 스윙을, 2스트라이크 이후에는 1~2루가 비어 있으니 툭 밀어치자고 생각한다.

홍성흔의 '밀어치기론'은 테드 윌리엄스의 주장과 맥을 같이 한다. 윌리엄스에 따르면 완벽한 타자가 되기 위해서는 2스트라이크까지는 공을 골라내야 한다. 하지만 2스트라이크가 되면 일단 공을 맞혀야 하며 최대한 투수에게 빠르게 대응해야 한다. 그리고 그렇게 하기 위해서는 당겨치기를 포기하고 공을 타석 뒤쪽에서 친다고 생각해야 한다. 그렇게 하면 더 오랫동안 공을 볼 수 있고 덜 속을 수 있으며 심리적으로도 자신감을 갖게 되는 것이다.

2012년 시즌 홍성흔의 2스트라이크 이후 타율은 무려 0.377에 이른다. 시즌 타율이 0.312인 것이 미스터리로 보일 정도. 홍성흔의 2스트라이크 이후 성적은 2012년 시즌에만 국한된 게 아니다. 2011년(시즌 타율 0.306)에는 2할 3푼 2리로 부진했지만 2009년(시즌 타율 0.371)과 2010년(시즌 타율 0.350)에도 각각 3할 2푼, 3할 2푼 1리의 고타율을 기록

표 5-4 | 홍성훈의 2스트라이크 이후 성적.

시즌(년)	시즌 통산			2스트라이크 이후		
	타율	장타율	장타율-타율	타율	장타율	장타율-타율
2006	0.287	0.405	0.118	0.296	0.316	0.020
2007	0.268	0.381	0.113	0.317	0.400	0.083
2008	0.331	0.442	0.111	0.264	0.340	0.076
2009	0.371	0.533	0.162	0.320	0.450	0.130
2010	0.350	0.601	0.251	0.321	0.477	0.156
2011	0.306	0.403	0.097	0.232	0.264	0.032
2012	0.312	0.455	0.143	0.377	0.541	0.164

* 출처: 아이스탯.

한 바 있다. 2스트라이크 이후 성적이 홍성훈의 '각성'과 직결되어 있다고 해도 과언이 아니다.

롯데로 이적한 2009년 이전에도 홍성훈은 2스트라이크 이후 집중력이 좋은 타자였다. 심지어 시즌 타율보다 2스트라이크 이후 타율이 더 좋은 시즌도 두 번이나 된다. 하지만 모든 시즌에서 볼 수 있는 공통점이 있다. (9월 8일 현재 2012년 시즌이 예외이지만 이런 기록이 지속될 거라 생각하진 않는다.) 바로 2스트라이크 이후에는 컨택에 집중, 타율을 살리는 대신 장타율의 감소를 택했다는 점이다. 2스트라이크 이후 장타보다는 컨택에 집중하는 것이 홍성훈만의 전매 특허는 아니다. 하지만 홍성훈은 볼 카운트별 공략을 현실에서 가장 이상적으로 구현해 낸 선수였다. 그리고 롯데로 온 이후 홍성훈은 장타력의 손실을 최소화하면서도 2스트라이크 이후 타율을 유지하는 법을 터득하게 된다. 그것이 그가 그토록 밀어치기를 강조하는 이유일 것이다.

30대 중반임에도 매년 놀라운 시즌을 이어 가고 있다. 타자 홍성훈이 매년

발전하는 원동력은 무엇인가?

타격의 측면에서만 보자면 포수를 그만둔 게 역시 크다. 포수 마스크를 벗게 된 후 타격에 올인을 해야 하는 입장이었다. 포수를 볼 때는 포수 역할이 70, 타격이 30이었다면 이제는 오로지 타격에서만 100을 해야 하는 입장이 된 거니까. 롯데에 와서 로이스터 감독님을 만난 것도 중요한 분기점이었다. 감독님은 내게 과감한 스윙을 주문하셨고, 내 숨어 있던 장타 재능을 끌어내 주셨다. 김무관 코치님으로부터 인앤아웃 배팅의 요령을 전수받은 것도 타격 실력이 향상된 요인이었고.

그리고 야구는 정신 승부이다. 손톱 하나 깨져도 제구가 안 되는 게 야구고, 손목에 약간만 통증이 있어도 배팅이 안 되는 예민한 스포츠가 야구다. 타석에서 너무 잘 치려는 마음가짐을 갖고 있으면 역효과가 난다. 나의 경우엔 외야 관중석이, 외야수들이 보이면 공이 제대로 맞지 않는다. 아무것도 없다고 생각해야 한다. 오직 투수 하나만 보이고 투수가 투구할 때 그 라인이 그려지면 안타 확률이 80퍼센트 이상 된다. 멍하니 타석에 들어가거나 외야의 움직임이 눈에 들어오면 안타 확률이 급격하게 떨어진다.

과거에 비해 갈수록 체격도 커지는 것 같다.

안 그래도 스테로이드 복용 이야기도 많이 들었다. (웃음) 매년 검사하면 타겟 1호다. 나이를 먹는데 몸이 더 좋아진다고 KBO에서 늘 검사한다. 개인적으로 웨이트 트레이닝이 인생에서 가장 중요한 부분이라고 생각한다. 몸이 두꺼워지면 못 움직인다고도 하는데 사람 몸은 적응하기 마련이다. 웨이트 트레이닝을 한 후에 스트레칭이 중요하다.

타석에 들어서면 심리적인 부분이 크게 작용한다. 살이 빠져 있으면 위압

감이 줄어든다. 타자의 힘을 가늠해서 투수들이 던지는데 웨이트 트레이닝을 충실히 해서 빵빵한 몸으로 들어서면 그런 심리적인 부분에서 이득을 볼 수 있다.

 웨이트 트레이닝이라고 해서 무턱대고 역기 드는 게 웨이트 트레이닝이 아니다. 자기에게 맞는, 그리고 시즌과 비시즌에 맞는 웨이트 트레이닝이 따로 있다. 비시즌에는 시즌 때 쓸 힘을 비축하는 것이고, 시즌 중에 하는 웨이트 트레이닝은 그날그날 쓸 근육을 다치지 않게 보호하기 위해 하는 것이다. 이걸 반복하니까 몸이 유지가 되는 것이고 장기 레이스를 치를 수 있는 것이다.

자신의 타격의 장단점에 대해 평가한다면?

장점은 안 좋을 때 빠르게 캐치해 낸다는 점이다. 그래서 슬럼프가 길게 가지 않는다는 게 장점이다. 단점이라면 한 번씩 무리한 스윙을 한다는 걸 꼽을 수 있겠다. 사람이다 보니 욕심이 생겨서 가끔 '영웅 스윙'을 하다가 스스로 밸런스를 잃어버리곤 한다. 그래서 페이스를 잃고 처음부터 다시 시작하게 되곤 하는데 어쩔 수 없는 심리적인 부분인 것 같다.

타석에만 들어서는 지명 타자가 타율 면에서 유리한가?

유리하다고 생각한다. 수비에 나서지 않기 때문에 매 타석에 좀 더 간절함을 갖게 된다. 다른 팀들은 타격은 좋은데 수비가 부족한 선수를 지명 타자에 넣다가 다시 수비를 시키는 경우가 많은데 나는 전문적인 지명 타자이기 때문에 이거 아니면 존재 가치가 없다. 타격이 안 되면 직업을 잃을 수도 있기 때문에 항상 연구하게 된다. 전문적인 지명 타자라면 분명 나처럼 노력하게 될 테고 그만큼 가치가 높아질 거라 생각한다.

지명 타자의 가치가 올라갈 것이라는 홍성흔의 생각은 메이저 리그의 사례에 비추어 보면 타당성이 있다. 오늘날 메이저 리그에서 가장 평균 연봉이 높은 포지션은 바로 지명 타자이기 때문이다. 다만 김형준 기자의 지적에 따르면 여기에는 감안해야 할 요소가 있다. 지명 타자 자리에는 원래 1루수나 3루수로 고액 장기 계약을 맺었던 선수들이 수비력을 잃어 가면서 투입되는 경우가 많기 때문에 '지명 타자라서 연봉이 높은 것인지' 아니면 '연봉이 높은 선수들이 지명 타자로 빠지는 것인지'에 대해선 연구가 필요하다는 의미. 포지션별 타율도 지명 타자가 가장 높은데 이 경우에도 김형준 기자의 지적은 감안해야 할 것이다.

하지만 메이저 리그에서도 '전문적인 지명 타자'는 흔하지 않은데 그중 대표적인 에드거 마르티네스(Edgar Martinez)나 데이비드 오티즈(David Américo Ortiz Arias)가 레전드급 선수들인 것을 보면 '간절함을 가진 전문 지명 타자'에 대한 홍성흔의 이야기는 의미있는 통찰일 수도 있다. 특히 메이저 리그 역사상 최고의 클러치 히터(clutch hitter, 중요한 순간에 안타나 홈런을 잘 치는 선수를 말한다.) 중 하나인 오티즈는 포지션을 잃어 버린 후 만개한 케이스이다.

4할이라는 목표를 생각해 본 적은 없나?

사실 나도 4할을 쳐 보고 싶었다. 2002년에 100타수 40안타까지 쳐 봤는데 그때는 '아, 이렇게 치면 4할이구나!' 하고 생각하기도 했었다. 그런데 그때는 포수를 보던 시기였기 때문에 체력 소모가 엄청났고 결국은 2할 9푼대로 마무리했던 기억이 난다. 일말의 가능성도 없다고 생각하진 않는다. 분명 가능성은 있다. 감독님이 얼마나 체력 안배, 타율 관리를 해 줄 수 있느냐도 중요한 관건이다. 타석을 최대한 덜 나가면서 타율이 높아야 하는데 그 정도 고타율의 선수는 계속 출장을 해야 하니까 감독이 뺄 수는 없는 노릇이고.(웃음) 고타율 상태에서 가벼운 부상을 당해 쉬다가 다시 복귀해서 치고, 규정 타석을 살짝살짝 유지하면서 하면 가능하지도 않을까 싶다.

4할을 치려면 몰아쳐야 하나, 꾸준히 쳐야 하나?

몰아치는 게 유리하다. 4타수 4안타, 4타수 3안타, 4타수 4안타……. 그러다가 한 게임 쉬고 또 그렇게 몰아쳐야 한다. 꾸준히 치면 타율이 유지는 되지만 올라가지가 않는다. 올릴 수 있을 때 몰아치기로 확 올려놔야 고타율을 유지할 수 있다. 4타수 1안타, 4타수 1안타, 4타수 무안타, 3타수 2안타, ……. 이렇게 하면 평균 타율 올리기가 힘들다.

꾸준함을 강조한 양준혁, 김현수와는 달리 홍성흔은 정근우처럼 몰아치기의 중요성을 강조했다. 양준혁과 김현수, 그리고 홍성흔과 정근우. 왠지 이미지만으로도 고개를 끄덕이게 하는 분류법이다.

슬럼프를 극복하는 자신만의 비법은?

슬럼프는 몸의 밸런스가 깨진 것이기 때문에 슬럼프가 오면 우선 배팅을 많이 해 본다. 그래도 안 되면 장거리 달리기를 한다. 30분씩 꾸준히. 러닝으로도 안 되면 아무것도 안 한다. 2~3일간 방망이를 아예 잡지 않는다. 그리고 연습 때 이거다 하는 감을 찾으면 시합 때는 오히려 잘 안 된다. 시합 때 실전을 통해서 느낌을 찾아야지 연습 때 감을 잡았다 싶으면 무조건 4타수 무안타다라. 연습 때는 그냥 편하게 치고 시합 때는 조금씩 그립이나 스탠스, 턱의 위치 등 포인트를 잡아서 바꿔 주곤 한다. 프로라면 기본적인 스윙 궤도는 같은데 그게 조금씩 무너져서 슬럼프가 오는 거니까.

   2010년에 내 경력상 고점을 찍었는데 다시 그 폼을 보면 절대 안 된다. 지금 내 체형에 맞는 걸 찾아서 해야 하는데 지금 내 몸 상태는 2010년 상태가 절대 아니기 때문이다. 비디오를 볼 때도 최근 것만 본다. 과거 비디오를 보고 그대로 따라하려고 하면 난 무조건 실패한다.

수비 시프트에 대해선 어떻게 생각하나?

요즘 내 타구가 우측으로 많이 가니까 수비수들이 우측으로 많이 치우쳐 있다. 특히 2스트라이크 이후엔 수비수들이 우측으로 이동하는 게 느껴진다. 물론 시프트 때문에 손해 보는 게 있다. 하지만 그렇다고 절대 변화를 주진 않는다. 어설프게 변화를 주려 하면 본래의 타격 폼이 어색해지고 내 것을 잃게 되기 때문이다.

그렇다면 현역 중 4할에 도전할 만한 선수는 누가 있을까?

김현수가 그나마 가능하지 않을까. 우선 장타보다는 컨택 위주의 타자이고, 선구안도 좋고 2스트라이크 이후의 컨택 능력이 특히 뛰어나다. 다만 요즘 장타를 생각하다가 밸런스가 무너진 모습이 보여 아쉽고 다리가 느리다는 점도 마이너스 요인이다. 손아섭(2013년 현재 롯데 자이언츠 외야수)이 컨택만 좀 보강하면 향후 4할에 도전할 수 있지 않을까. 김태균도 지금 타율이 높은 대신 홈런이 없지 않나. 결국 하나는 버린 셈인데 여기에 부상과 체력의 변수가 있어 역시 쉽지만은 않은 게 4할 도전이다.

역대 가장 4할에 근접한 최고의 타자는?

이종범 선배다. 4할을 치기 위한 조건은 빠른 발이다. 내야 안타가 많아야 하고 컨택 능력을 갖춰야 하는데 이종범 선배가 이런 면에서 가장 뛰어나지 않나.

'발전하는 홍성흔'에게 묻겠다. 앞으로 어디까지 더 발전할 욕심인가?

미디어나 팬들이 흔히 말하는 나이먹어서 안 된다고 하는 것에 휘둘리면 쉽게 끝난다. 자기 고집을 갖고 주변의 말에 흔들리지 않는다면 앞으로도 계속 발전할 수 있지 않을까. 성적이 조금만 나빠져도 꼭 나오는 이야기가 나이 들어서 배트 스피드가 줄었느니 하는 것들인데 난 지금도 팀 내에서 가장 힘이 좋다고 자부한다. 힘이 떨어지는 날이 언젠가는 오겠지만 앞으로 3년 정도는 충분히 자신이 있다.

홍성흔에게 타격이란?

나에게 타격은 예술이다. 투수가 혼신의 힘으로 던진 공, 그 공의 흐름을 읽어서 때려 내고 거기에 팬들의 감탄과 찬사가 이어지는 타격. 그런 타격이라면 그게 바로 예술이 아닌가.

탁월한 육체와 뛰어난 정신의 조화, 이것이 타격을 예술이라 부르는 이유다. 하지만 홍성흔의 예술은 타석에서 최선을 다하는 걸로 그치지 않는다. 특별한 이벤트를 위한 아이디어 구상, 찬스에서 보여 주는 해결사 기질, 화려한 세러머니, 그라운드 밖에서의 팬 서비스에 이르기까지 홍성흔의 작품은 누구보다도 스케일이 크다. 열정으로 가득 찬 홍성흔의 캔버스, 그것이 그의 갤러리에 늘 팬들이 모이는 까닭이며 그의 성공을 누구보다도 많은 이들이 응원하는 이유일 것이다.

메이저 리그 선수들은 두 축 사이에서 끊임없이 싸운다. 하나는 실제로 배트를 휘두르는 육체적인 것, 또 하나는 눈과 두뇌가 투구를 판별하고 나서 근육에게 움직이라고 명령하는 정신적인 것이다. 공을 때리느냐, 그냥 놔두느냐 하는 의사를 결정하기까지는 기대, 준비, 정신 집중, 의욕 등이 두루 작용하며 그래서 타격을 가리켜 단순한 육체적 활동이 아닌 예술이라고 부르는 것이다.

— 레너드 코페트, 『야구란 무엇인가』에서

더 높이 보고 더 도전하라, 김정준

1992~1993년 LG 선수
1994~2009년 LG, SK 전력 분석
2010~2011년 SK 코치
현재 SBS ESPN 해설 위원

워런 버핏과의 점심식사, 타이거 우즈와의 라운딩은 많은 이가 꿈꾸는 최고의 하루다. 빛나는 통찰과 혜안을 갖춘 이와의 만남은 너무나도 특별한 것이기 때문이다. 그리고 야구를 보는 식견을 키우고 싶다면 결코 놓칠 수 없는 만남이 있다. '야구의 신'의 아들이자 전력 분석 코치로는 이미 최고의 명성을 쌓은 사람, 김정준 해설 위원이 바로 그 주인공이다. 선수 출신이되 경험을 맹신하지 않고 데이터에 기반하면서도 직관을 잃지 않는 모습, 양쪽을 아우르는 비범함이 김정준을 특별하게 만든다. 야구에 관한 어떤 화제에도 물 흐르듯 이어지는 답변, 한국 야구계의 '스페셜 원' 김정준 위원과의 황금같은 오후가 시작됐다.

현대 야구에서 4할의 가능성에 대해 어떻게 생각하나?

쉽지 않다. 4할이 나왔던 프로 원년과는 상황이 다르다. 경기 수도 다르고, 투수도 다르고, 구종도 다르고, 스피드도 다르다. 수비 능력도 다르고 심지어 그라운드 사정도 다르다. 여러 각도로 봤을 때 상황이 다르기 때문에 쉽지 않은 기록이라고 본다. 미국과 일본은 더 힘들 것이다.

프로 원년에는 이뤄졌지 않나?

백인천 감독은 일본에서 타격왕을 했던 경력의 소유자다. 갓 탄생한 한국 프로 야구에 그가 온 것은 비유하자면 프로 야구에서 뛰다가 사회인 리그로 온 셈이다. 게다가 선수만 했던 게 아니라 감독까지 겸임했지 않은가? 감독까지 하면서 4할을 쳤다는 건 더욱더 리그 수준 차이가 컸다는 반증이다. 최소 20~30년의 격차가 있었다고 본다. 드라마 「닥터 진」(2012년에 방영한 MBC 주말 드라마.)의 타임슬립, 딱 그걸 생각하면 되겠다.

선수 겸 감독이라 유리했을 거라는 의견도 있는데?

그렇진 않다. 감독으로서의 스트레스도 무시할 수 없다. 만약 선수로만 뛰었다면 더 대단했을 거라고 생각한다.

'경기 수'의 차이에 대해서는 어떻게 생각하나?

경기 수가 늘었어도 백인천 감독이 4할을 했을지에 대해선 물음표라고 답하겠다. 경기 수는 확실히 중요한 변수다. 300타석 이상 가면 타율이 더 이상 올라가기 어렵고 떨어질 뿐이다. 즉 70경기 이상 되면 4할 타율은 쉽지 않다.

프로 야구 원년에 주당 4경기를 했는데 그러면 1주일에 3일은 쉰다는 이야기다. (1982년 프로 원년에는 매주 수·목·토·일 주 4회 경기가 열렸다.) 그렇다면 가능할 수도 있다. 산술적으로도 80경기에 4타석을 곱하면 320타석, 그 정도면 4할이라는 숫자가 나올 수도 있는 것이다.

구종과 구속에 대해 이야기했는데 둘 중 더 중요한 변수는 무엇인가?

투수의 가장 큰 무기는 물론 빠른 공이다. 하지만 구속은 하늘이 내려준 것이지만 구종은 그렇지 않다. 즉 분포도를 그리자면 아주 빠른 구속의 분포는 상대적으로 적은 것이다. 타자 입장에서 보면 상대적으로 분포가 적은 빠른 공보다는 그렇지 않은 공을 만날 경우가 많을 테니 그렇다면 결국 중요한 것은 구종이다. 변화구를 개발하는 것도 제구력과 구속에는 한계가 있으니 만들어 간 것이다. 100타석 중 에이스급을 만나는 건 20타석 정도인데 나머지 80타석의 일반 투수들을 만날 때 가장 중요한 요소는 역시 구종이다. 결론은 구속보다는 구종이다.

수비력은 어떤 식으로 타율에 영향을 미치나?

수비력은 예측과 분석에 따라 점점 더 좋아질 수 있다. 타자로서는 안타를 칠 수 있는 범위가 더욱 좁아지는 셈이다. 정근우가 2009년 초반 4할을 치면서 수위 타자 경쟁을 할 때 KIA의 수비 시프트 때문에 고전한 적이 있다. 3루수와 유격수 사이를 막아 놓고 변화구로 승부하는 시프트였는데 이런 시프트들도 타자들이 점점 어려워지는 요인이다.

정근우 시프트에 대해 자세히 설명해 달라.

시프트는 타자의 공에 대한 반응의 통계에서 시작한다. 타자는 의외로 타석에서 변화를 주지 못하는 존재들이다. 정근우는 기본적으로 변화구를 치는

기술이 뛰어난 선수는 아니다. 정근우 스타일은 직구를 노리다가 타이밍에 맞춰 치는 것이다. 그렇기 때문에 변화구를 치면 3유간으로 공이 갈 수밖에 없다. 빠른 직구 타이밍에 변화구를 공략하니까 변화구에 당겨칠 수밖에 없는 타격인 것이다. 그리고 타구가 가는 지점에는 KIA 유격수가 자리를 잡고 지키고 있다. 정근우는 발이 빠르니까 타구가 깊으면 내야 안타도 자주 나오지만 시프트로 미리 기다리고 있다면 그것도 쉽지 않다.

그리고 예컨대 이런 시프트로 3개 정도가 잡혔다고 치자. 그러면 타석에서 갑갑해진다. 심리적으로 영향을 받게 되고, 순간적인 타이밍을 놓치게 되고 자연스러움을 잃으면서 오랫동안 고전하게 된다. 한 군데가 막히면 야구장이 확 좁아지는 느낌이 들게 되고, 그래서 야구를 정신 스포츠라고 하는 거다. 결국 정근우는 그해 타격왕을 하지 못했다.

2009년 정근우는 3할 5푼의 타율로 타격 5위를 차지했다. 그해 정근우는 모든 팀을 상대로 3할내 타율을 기록했지만 유독 KIA에게만

표 5-5 | 2009년 시즌 SK 정근우의 팀별 상대 성적.

상대 팀	타율	경기	타석	타수	안타	홈런	타점	볼넷	삼진
KIA	0.290	18	76	69	20	1	5	4	4
두산	0.342	19	86	76	26	0	9	8	10
롯데	0.379	17	78	66	25	1	5	11	8
삼성	0.302	18	76	63	19	1	7	11	7
히어로즈	0.430	19	88	79	34	3	11	7	9
LG	0.309	18	88	68	21	0	8	15	10
한화	0.390	18	73	59	23	3	14	11	7
전체	0.350	127	565	480	168	9	59	67	55

* 출처: 아이스탯.

은 약세를 보이면서 2할 9푼의 타율에 그쳤다. (표 5-5 참조.) 볼넷도 가장 적은 4개밖에 얻어 내지 못했는데 김정준 위원의 지적대로 KIA의 수비 시프트를 깨지 못한 것이 그해 정근우가 더 높이 날아오르지 못한 주원인이었다.

한국 시리즈에서 화제가 되었던 김현수 시프트에 대해서도 설명해 달라.

원래는 너무 잘 쳐서 어느 정도 포기했던 선수가 김현수다. 김현수는 놔주고 대신 앞뒤 타자를 막자는 생각이었다. 그런데 플레이오프에서 삼성과 경기하는 걸 보면서 힌트를 얻었다. 아마 정근우도 여기서 비슷한 느낌을 받았을 거다. 시프트에서 제일 중요한 건 투수다. 제구력, 스피드, 이런게 시프트의 포인트가 된다. 안타라는 게 수비수의 범위 밖에 공을 떨어뜨려야 하는 건데 같은 타구라도 수비수가 준비하고 있으면 아웃시킬 수 있는 범위는 훨씬 넓어진다. 반대로 타자 입장에서는 안타 존이 좁아지는 셈이고. 박진만이 플레이오프에서 김현수의 타구를 2개 잡아냈는데 거기서 김현수 공략의 실마리를 찾게 됐다. 삼진시킬 수 없다면 쳐서 잡아야 하는 거고, 치게 한다면 어느 공을 던져서 어디로 치게 할 것인가를 깨닫게 되었고 여기에 박경완이라는 존재가 있었기 때문에 김현수를 잡아낼 수 있었다.

이제는 널리 알려진 김현수 시프트. 외야수들은 우중간을 비운 채 좌측으로 이동하고 유격수가 2루 베이스 쪽으로 몇 걸음 붙어서 수비하는 것이 '김현수 시프트'의 골자다. 스트라이크와 비슷한 공에는 기다리지 않고 적극적으로 타격하는 김현수를 상대로 바깥쪽 낮은 공을 던져 유인해 내는 것이 삼성이 발견하고 SK가 완성시킨, 그리고 최종적으로는 한국 시리즈의 향배를 가른 시프트였다.

김현수 선수도 그렇고 시프트를 인정하지 않는 선수들도 적지 않다.

의외로 선수들은 자신의 경향에 대해 모른다. 대부분의 선수들은 경향이란 게 있는데 그런 거에 대해 둔하고, 그게 시프트가 먹히는 이유이기도 하다. 사실 그라운드라는 전쟁터에서 내 앞에 총알이 왔다 갔다 하는데 내 스타일을 파악하는 게 어렵긴 하다. 하지만 영리한 선수들은 안다. 백인천 감독에겐 그런 게 다 보였을 것이다. 투수의 입장, 포수의 입장 여러 가지 부분에서 다 보였을 거고 그건 그만큼 여유가 있었기 때문이다. 김현수 입장에서는 그렇게 월등하게 위에서 볼 수 있는 입장은 아닐 테고. 마찬가지로 김현수 선수도 고교 야구로 가면 원년의 백인천 감독처럼 여유 있게 다 바라볼 수 있을 거다. 하지만 그런 부분을 잘 보는 선수들도 있다. 현역 시절 김기태 감독이 그랬고, 박경완이 홈런을 많이 쳤던 것도 영리한 선수였기 때문이다.

　야구계에 20대는 몸으로 하고, 20대 후반은 요령으로 하고, 30대는 머리를 써야 한다는 말이 있다. 결국 머리와 몸이 같이 가야 하는 건데 경향성을 파악하는 것은 머리의 영역 아닌가? 베이징 올림픽에서 이와세 히토키(일본 최고의 마무리 투수. 일본 프로 야구 통산 최다 세이브 기록 보유자이다.)의 공을 때려 내는 모습만 봐도 김현수는 하드웨어가 굉장히 뛰어난 선수다. 하지만 하드웨어에 의존해서는 오래 갈 수 없고 한계가 올 수밖에 없다. 1994년 이종범이 3할 9푼 3리 칠 때 그의 스피드는 우리나라의 스피드가 아니었다. 알고도 못 막는 스피드를 가지고 있었고 리그를 뛰어넘었던 선수였다. 하지만 그런 하드웨어라는 것은 결국 퇴화하기 마련인 것이다.

1994년 이종범의 3할 9푼 3리에 대해선 어떻게 생각하나?

84개의 도루를 기록한 이종범은 알고도 못 막는 주력의 소유자였다. 투수 입장에서는 내보내면 절대 안 된다는 압박을 받았고 그런 부분이 이종범에게 상당히 유리하게 작용했을 것이다. 김태균이 올 시즌 4할 타율이 쉽지 않다고 생각하는 이유 중 하나도 내야 안타를 만들어 낼 주력이 없기 때문이다.

이치로의 200안타를 하나하나 비디오로 확인해 본 적이 있다. 일반적인 생각과는 달리 제대로 맞은 건 불과 30개 남짓이었다. 나머지는 방망이 끝에 맞든가, 구르든가, 먹혀서 행운의 안타가 되든가……. 물론 그게 이치로 스타일이긴 하지만 200안타의 과정은 생각만큼 화려하고 시원하기만 한 것은 아니었다. 200안타를 치는 선수들은 결국 주력이 있는 선수들이다. 정근우도 그런 케이스고, 일본 최고의 타자들인 이치로와 아오키도 마찬가지다.

주력의 의미에 대해 좀 더 자세히 설명해 달라.

3할을 기준으로 봤을 때 200안타를 치면 0.350~0.370을 기록할 수 있는데 그 차이를 채울 수 있는 게 나는 '다리'라고 본다. 안타로 치면 30개 이상. 4할을 치려면 50~60개는 더 쳐야 할 테고. 이치로의 예를 들어 이야기했듯 200안타 중 제대로 맞아서 가는 A 랭크의 타구는 30개다. 나머지 170개는 B, C, D 랭크의 타구들이라고 할 수 있는데 이걸 커버하는 건 결국 다리의 힘이다.

양준혁은 김현수를, 김현수는 정근우를 최고로 추천했다. 어떻게 생각하나?

김현수는 부드럽다. 스윙 자체가 부드럽고 왼손 타자라는 장점이 있다. 현재 우리나라에 좌타자 킬러가 별로 없다. 김광현은 컨트롤이 부족하고, 류현진은 예전까지는 슬라이더가 없었다. 왼손 타자에게 몸 쪽을 잘 던지는 왼손 투수가 별로 없다. 즉 김현수가 어려워할 요소는 우리나라에 많이 없다고 할 수 있다.

투수와 타자의 싸움에서 가장 기본은 빠른 공에 대한 주도권을 가져야 한다는 점이다. 정근우는 대한민국에서 빠른 공을 가장 잘 공략했던 타자다. 2008년 베이징 올림픽 때 미국 투수들이 던지는 시속 150킬로미터의 강속구를 정근우라면 칠 수 있다는 믿음이 있었다. 정근우는 이 같은 빠른 공에 대한 강점을 바탕으로 나머지 부분을 커버하는 스타일이다. 단점은 역시 변화구를 잘 못 친다는 점이다. 하지만 정근우는 리그 톱 레벨의 타자고, 이 이야기는 바꿔 말하면 그만큼 우리나라 투수들의 변화구가 질적으로 좀 떨어진다는 의미도 된다. 일본에 진출한 타자들이 대부분 고전하는 이유가 우리나라 타자들의 스윙 메커니즘으로는 따라갈 수 없는 일본 투수들의 변화구 때문이다. 하지만 우리나라에서는 10명의 투수 중 1명에게만 좀 다르게 쳐야 할 뿐 나머지 9명은 그린 스윙으로도 충분히 안타를 뽑아낼 수 있다.

4할과 관련해서 타격 기술적으로는 어떤 부분을 생각해 볼 수 있나?

점(點)이나 선(線)이 아닌 존(Zone)으로 타격을 할 수 있어야 평균 타율이 올라간다. 그리고 이 존은 밀어칠 때, 몸에 붙여놓고 칠 때 제대로 확보할 수 있다. 아오키가 강조한 파울을 만들어 내는 능력도 필요하다. 아웃코스를 노리고 있는데 인코스가 들어왔을 때 파울로 커트해 낼 수 있는 능력. 이용규가 이 능력을 터득했다고 생각했는데 올 시즌을 보면 아직은 아닌 것 같다.

그 밖에 4할과 연관지어 생각해 볼 만한 요소들엔 어떤 것들이 있을까?

그라운드 환경도 과거에 비해선 영향을 미칠 수 있는 부분이다. 프로 야구 초창기엔 그라운드가 울퉁불퉁한 구장들이 많았다. 즉 수비하는 입장에선 의외성이 많았다고 할 수 있는데 그게 줄어드는 것도 안타엔 마이너스 요소 아닌가.

구장과의 궁합 문제도 있다. 김태균도 대전 구장을 홈으로 쓰지 않았다면 오늘날의 김태균은 없었을지도 모른다. 과거 홍현우를 보면서 그런 생각을 했다. 홍현우가 FA가 된 후 LG로 이적해서 실패하지 않았나. 그때 홍현우가 힘이 떨어지기도 했지만 광주 구장에선 넘어갔을 타구들이 잠실 구장에서는 안 넘어가고 잡히는 게 반복되면서 오버 스윙을 하게 되고 밸런스가 완전히 무너져 버렸다. 반대로 타구가 빠른 선수들은 큰 구장이 유리할 테고. 그런 걸 보면 4할이라는 큰 산에 도전하려면 환경이나 심리 같은 요소들도 적지 않게 작용한다고 봐야 한다.

그렇다면 역대 최고는 누구인가?

장효조 선배다. 텔레비전 중계를 보면 과거와 현재를 객관적으로 비교하는 게 가능하다. 1984년 한국 시리즈를 보면 최동원의 직구는 지금도 톱이다. 그 위력이 류현진을 비롯한 현역 에이스들보다도 더 위다. 아, 이래서 최동원이 한 시대를 풍미했구나 하는 게 바로 느껴진다. 장효조의 배트 스피드도 지금 따라갈 수 있는 사람이 없다. 백인천 감독의 스윙을 보면 지금 와도 성공할 수 있는 스윙을 한다. 그러니 그때는 얼마나 쉬웠겠나.

그렇다면 장효조도 4할을 칠 수 있었던 것 아닌가?

4할이라는 건 인간의 한계를 넘어서는 것이다. 그 한계를 넘어서기 위해서는 마인드의 설정이 중요하다. 예를 들어 양준혁은 4할로 올라가려 하기보다는 3할 5푼을 맞추기 위한 '유지의 마인드'를 갖고 있었다고 본다. 이런 마인드가 분명히 예전에도 있었을 것이다. 선수들을 볼 때 아쉬운 부분이기도 한데 3할이면 충분하지 않나, 이렇게 목표를 설정하고 4할을 꼭 쳐야 한다는 도전의식이 크게 없었을 것이다. 특히 장효조 선배 같은 경우는 성격적으로도 이만수 감독이나 이대호처럼 편하게 하는 스타일이 아니라 3할을 못 치는 것에 대한 스트레스가 상당히 심했을 것이다. 그 균형점이 3할, 그래서 늘 3할 타율을 기록했지만 4할에 대한 동기 부여는 부족하지 않았나 싶다.

현장을 경험한 사람일수록 '현실의 어려움'을 강조하기 쉽다. 하지만 김정준의 독특한 시각은 4할에 관해서도 예외가 아니었다. 선수 출신으로서 4할의 어려움을 누구보다 잘 알지만 야구인으로서 4할이 지니는 상징성, 도전해 볼 만한 가치란 점에 대해서 그는 공감하고 있었다. '플러스적인 사고'를 통해 스스로에게 강하게 동기 부여할 수 있느냐, 그것이 김정준 해설 위원이 지적한 '4할의 갈림길'이었다. 그리고 그가 내놓은 해법은 '균형 잡힌 교육'이었다.

그럼에도 불구하고 4할은 도전해 봐야 하는 숙제다. 머리와 몸의 균형 감각을 놓고 보면 양준혁이나 김현수 모두 아직 몸 쪽에 치우쳐 있다. 선수들 입장에서는 그게 당연하다고 생각할 수도 있지만 중간자의 입장에서 이야기하면 분명 그런 측면이 있다. 몸 쪽에서 생각하는 선수들은 4할이 인간의 한계점이라고 생각하는데 이건 교육의 문제이기도 하다. 조금 먼 이야기 같지만 주말 야구나 감성 야구를 해야 야구 기술 외의 플러스알파가 생겨난다. 요즘 선수들을 보면 반응, 근력 등 몸 자체는 훌륭한데 그런 마인드 부분에서 아쉬움이 있다. 우리나라에 야구 책이 별로 안 나오는데 그런 걸 정립해 줄 수 있는 것도 결국 선수들이다. 선수들 자신이 한계점이라 생각하는 부분의 해답이 그 안에 있을 것이다.

테드 윌리엄스는 『타격의 과학』에서 "타석에서의 영리함"에 대해 강조한다. 모두들 반사 신경, 멋진 폼, 힘과 스피드를 이야기하지만 사실 절반 이상의 비중을 가진 건 '영리함'이라는 것이다. 그리고 그 영리함은 적절한 생각과 예상, 추측에서 나온다. 테드 윌리엄스가 "타격의 50퍼센트는 어깨 위에 달려 있다."라고 한 이유이다.

김정준 해설 위원의 시선은 '타석에서의 영리함'을 넘어 '야구인으로서의 영리함'을 향하고 있었다. 육체와 두뇌의 조화, 기술의 잠재력을 끌어낼 내면의 감성, 최고의 선수가 가져야 하는 도전 의식까지. 통계적으로, 경험적으로 4할이 얼마나 어려운 것인지 그만큼 잘 아는 이도 드물 것이다. 하지만 깊은 분석과 통찰의 끝에서 그는 말했다. 더 생각하고, 더 공부하고, 더 높이 보고, 그리고 더 도전하자고.

안타의 다른 이름, 장성호

1977년 10월 18일 생
충암고–해태(1996년)–한화(2010년)–롯데(2013년~)
2000년 시드니 올림픽 / 2006년 도하AG 국가 대표
2000년 출루율 1위
2002년 타율·출루율 1위
9년 연속 3할 타율(1998~2006년, 역대 최고 기록)
통산 안타 3위, 2루타 2위, 4사구 3위, 득점 4위

"기록은 기억보다 강하다."라는 광고 카피를 기억하는가. 이 문구에 가장 잘 어울리는 선수는 아마도 장성호일 것이다. 17시즌 동안 무려 2,000개의 안타를 때려 냈지만 스포트라이트는 양준혁의 것이었다. 호쾌한 외다리 타법도, '스나이퍼'라는 별명도 이승엽과 겹치는 캐릭터였다. 9년 연속 3할 타율도, 수위 타자 타이틀도 장성호에게 골든글러브를 안겨 주진 못했다. 그의 전성기는 소속팀 해태(그리고 KIA)의 암흑기였고 장성호에겐 가을 잔치에서 강렬한 임팩트를 남길 변변한 기회조차 주어지지 않았다. (장성호의 포스트 시즌 통산 성적은 71타수 24안타, 0.338이다.)

하지만 기록은 기억보다 강했다. 양준혁과 전준호에 이어 2,000안타 등정에 성공했고, 이대로 서너 시즌 후면 안타 기록 최상단에는 장성호의 이름이 새겨질 것이다. 그리고 위대한 기록과 함께 장성호는 지워지지 않는 기억으로 남을 것이다. 4할 타율은 장성호와 닮았다. 기록과 기억의 경계선에 있기 때문이다. 위대한 기록을 향해 달려가는 남자, 장성호와 미지의 기록으로 남은 4할의 이야기를 나눴다.

현대 야구에서 4할 타율은 가능한가?

힘들다고 생각했는데 같은 팀의 김태균을 보면서 가능할 수도 있겠구나 하는 생각을 조금씩 하게 됐다. 아무래도 야구란 게 확률 게임이다 보니 확률적으로 봤을 때 힘들지 않나 하는 생각이었다. 예전 같으면 투수들의 구질도 단순하고 그랬는데, 요즘 투수들은 구종도 대여섯 가지를 던지고 스피드도 빨라져서 타자 입장에서는 더 불리해졌다. 하지만 지금 김태균 정도면 가능하다는 생각이 든다.

본인도 목표를 4할로 했다면 가능하지 않았을까?

목표를 4할로 한 적이 없기 때문에 못하지 않았을까? 노히트노런이나 퍼펙트 게임도 마찬가지지만 4할 타율 같은 대기록들은 본인의 노력 외에도 하늘의 운명 같은 게 작용하는 것이기 때문에 그런 의미에서도 많이 힘들지 않나 하는 생각이다. 지금도 기본적으로는 그런 생각이지만 태균이를 보면서 그 생각이 많이 바뀌는 중이다.

나 스스로 4할을 치겠다는 생각은 가져 본 적이 없고 타격왕을 해야겠다든가 이런 식이었지 어떤 수치를 따져 본 적은 없었던 것 같다. 솔직히 내 능력이 거기까지는 안 되는 것 같고.

장성호의 첫 마디는 김정준 SBS ESPN 해설 위원이 지적한 '목표의식'에 관한 내용이었다. 자신의 전성기 때 4할에 관한 분위기가 형성되지 않았던 것, 그래서 4할을 목표로 하지 않았기에 4할이 이루어질 리도 없었다는 것을 장성호는 솔직하게 이야기했다. 그리고 시즌이 끝날 때까지 4할에 도전한 김태균의 모습은 장성호에게도 좋은 자극이 된 듯했다. 하지만 진짜 수혜자는 아마도 김태균이었을 것이다. 바로 옆에 '9년 연속 3할'이라는 대기록의 달성자가 있다는 것은 '4할 정복'의 길에 고난이 닥칠 때마다 더할나위 없이 든든한 조언자가 있다는 의미이기 때문이다. 사실 두 선수는 신·구 세대를 대표하는 '자유로운 영혼'이기도 하다.

스스로의 타격의 장단점에 대해 이야기하자면?

배트 스피드가 빠르고 선구안이 좋기 때문에 실투나 몰리는 공을 잘 노려치는 편이다. 단점은 극단적인 폼을 갖고 있기 때문에 종(縱)으로 떨어지는 변화구에 약점이 있고 상대적으로 아웃코스 공략이 약한 편이다. 예전부터 고민하던 부분이다.

외다리 타법은 타이밍의 예술을 추구한다. 중심 이동이라는 측면에서는 유리함이 있지만 밸런스에서는 당연히 불리할 수밖에 없다. 장성호의 말대로 종으로 변하는 공에는 구조적인 약점도 안고 있다. 하지만 장성호에게는 외다리 타법이 어울린다. 약점을 하나하나 보완해 가기보다는 장점을 극대화하는 것, 그것이 '장성호 스타일'이기 때문이다. 그러고 보면 타격 폼은 생존의 기술이기도 하지만 타자의 성격을 그대로 비추는 거울이기도 하다.

자신의 훈련 비법이 있다면?

예전에는 젊다 보니 웨이트 트레이닝이나 체력 훈련을 소홀히 했다기보다는, 중요시하지 않았는데 한 살 한 살 먹다 보니 그 중요성을 절감하고 요즘은 러닝과 웨이트를 체계적으로 하는 편이다. 웨이트의 중요성을 좀 더 일찍 알았으면 더 체계적으로 시작했을 텐데 부상을 당하고 나서 늦게 깨달았다는 점이 아쉽다.

4할에 근접한 현역 최고의 타자는 누구라고 생각하나?

김태균도 있고 개인적으로는 김현수를 좋아하는데 김현수도 가능하지 않을까. 현수보다는 김태균이 가능성이 높은 것 같다. 현수는 장타 욕심이 있어서 큰 거를 치려다 보니 요즘 정확성도 그렇고 타율이 떨어지는 추세에 있다. 김태균은 장타도 치는데 정확성까지 겸비하고 있기 때문에 김태균 정도가 4할에 근접하지 않았나 싶다. 이대호도 가능성이 있다. 이대호와 김태균, 정확성은 둘 다 좋은데 홈런을 만들어 내는 능력이라든가 이런 부분은 이대호가 좀 더 낫지 않나.

그렇다면 역대 최고는 누구인가?

4할만 이야기한다면 타격의 달인이었던 장효조 코치님도 가능했을 거라 생각한다. 이승엽 형은 장타를 만들어 내는 능력이 탁월했고 양준혁 선배는 모든 걸 골고루 갖췄다고 본다.

수많은 통산 기록에서 최상위에 랭크되어 있다. 그중 가장 애착을 갖고 있는 기록이 있다면?

역시 양준혁 선배님이 갖고 계신 통산 최다 안타 기록(2,318개)이다. 지금 300여 개 남았는데 열심히 하면 깰 수도 있지 않을까 생각하고 노력 중이다.

양준혁이 18시즌 동안 뛰면서 남긴 2,318안타의 대기록. 17시즌을 소화한 장성호는 양준혁보다 여덟 살 어리다. 최근의 페이스를 감안할 때 4시즌 정도가 필요할 것 같지만 장성호의 나이와 자기 관리를 감안하면 충분히 달성 가능한 목표라 할 수 있다.

장성호에게 타격이란?

안타다. 타격이 안타 말고 뭐가 있나. (웃음) 안타 안에 홈런도 들어 있는 거고.

볼넷도 많이 얻어 내지 않았나?

볼넷보다는 안타가 좋지. 기다리는 것도 싫지는 않지만 그래도 볼넷보다는 안타 아닌가. 장성호에게 타격이란 안타!

타격이라는 긴 여정은 산을 오르는 것과 비슷하다. 안타로, 볼넷으로 한발 한발 루를 밟을 때마다 위대한 기록에 한 걸음씩 다가가는 것이다. 그리고 '4할'은 타격의 높은 봉우리를 무산소로 등정하는 도전이다. 무산소 등정은 그 자체로 위대한 기록이지만 그것에 집착하지 않고 더 높은 고지를 더 많이 정복하겠다는 이들도 있다. 메이저 리그에서 시즌 최다 안타 기록을 세운 이치로가 그렇고 한국 프로 야구 통산 최다 안타를 향해 나아가는 장성호가 그렇다. 뛰어난 선구안, 탁월한 컨택 능력, 적당한 장타력과 주력까지 '4할'에 필요한 모든 요소를 갖췄지만 장성호의 선택은 '더 많은 안타'였다. 칼럼니스트 손윤이 지적한 '자기 최적화', 장성호는 자신이 원하는 고지를 향해 직선으로 올라가는 등반가였다.

 기술적인 메커니즘과 확률을 논하기 전에 보다 중요한 것은 바로 선수의 '성향'일지도 모른다. 뛰어난 선구안, 당연히 많은 볼넷, 하지만 역시 선호하는 것은 안타. 장성호의 타격 철학은 그 자신의 성격만큼이나 솔직하고 명쾌했다. 장성호의 우선 순위에 있는 것은 '4할'이 아니었지만 그는 그 이상으로 가치있는 기록에 도전하고 있는 것이다. 위대한 기록을 향해 나아가는 장성호, 그가 역대 최다 안타 고지에 올라 지워지지 않는 기억으로 남기를 진심으로 기원해 본다.

불가능을 가능으로 바꾼 박병호의 힘

1986년 7월 10일 생
성남고-LG(2005년)-넥센(2011년~)
2005년 LG 트윈스 입단
2008년 2군 북부 리그 홈런·타점 1위
2012년 홈런·타점 1위, 페넌트레이스 MVP, 골든글러브(1루수)

베스트셀러 소설과 영화로 친숙한 「머니볼」의 주인공이자 오클랜드 어슬레틱스의 단장인 빌리 빈. 고교 시절 정확한 타격과 파워, 어깨, 수비, 빠른 발까지 야구에 필요한 모든 것을 갖춘 '5툴 플레이어'로 촉망받던 빌리 빈의 현역 시절은 실패 그 자체였다. 빌리 빈에게는 눈으로는 볼 수 없었던 '여섯 번째 툴'이 없었고 그는 그렇게 배터박스를 떠나야 했다.

박병호는 '한국의 빌리 빈'이 되었을 뻔한 선수다. 고교 시절 4연타석 홈런을 때리며 화려하게 프로에 입성했지만 그를 기다린 건 7년간의 좌절이었다. 프로 세계의 높은 벽 앞에 재능은 자신감을 잃어 갔고 시들어 가던 재능은 자신감을 되찾으며 극적으로 되살아났다. 자신감을 되찾은 지 불과 1년, 박병호의 2012년은 'MVP 시즌'이었다. 야구가 '멘탈 게임'이라는 것을 온몸으로 보여 준 박병호. 불가능을 절대 가능으로 바꾼 그에게 또 다른 불가능 미션에 대해 물어 보았다.

현대 야구에서 4할 타율은 가능한가?

힘들다고 생각한다. 타자의 수준도 높아졌지만 투수도 좋아졌고 부상과 체력적 한계도 존재한다. 4할 타자가 사라진 것도 결국 이런 것들 때문이 아닌가. 원년에 백인천 감독님이 4할을 치셨지만 코치님들 이야기를 들어 보면 지금에 비해 투수들의 구종이 단조로웠다는 말씀들을 한다. 그때에 비해 투수들의 발전이 크기 때문에 쉽지 않을 것이다.

경기 수 자체는 장점도 되고 단점도 될 수 있는 부분이다. 예를 들면 장마철 같은 경우 너무 쉬어도 컨디션 유지에는 좋지 않다. 4할, 불가능하다고 이야기는 못하겠지만 정말 쉽지 않은 기록임엔 틀림없다.

자신의 타격의 장단점에 대해 이야기한다면?

장점은 남들이 장타로 연결하지 못하는 공을 힘으로 연결해 낸다는 점이다. 그렇기 때문에 빗맞아서 아웃될 볼이 안타가 되는 경우도 많다. 내 힘은 장점이지만 단점이기도 하다. 힘을 너무 앞세우다 보니까 아직도 테크닉 측면에서 남들보다 부족하다는 걸 느낀다.

요즘 들어 리치를 잘 활용하는 게 느껴진다. 특별한 계기가 있었나?

리치 활용도 올해부터 깨달은 부분이다. 마해영 선배님의 조언을 받아 한손을 놓으면서 타격을 하는 걸 연습했다. 내 볼이 아니다 싶으면 한 손을 뻗어서 리치를 길게 가져가면 안타 될 확률이 높아진다. 몸 쪽 공에 대해서는 계속 훈련 중인데 끝까지 팔로스로를 하는 것보다 팔을 몸에 붙여서 몸통을 돌린다는 생각으로 하고 있다. 아직 익숙하지 않아서 완성도는 50퍼센트 정도다.

사실 1970년대 이전까지만 해도 양손으로 배트를 꽉 쥐고 팔로스로를 하는 것은 당연한 진리였다. 하지만 『3할의 예술』의 저자인 명코치 찰리 라우는 팔로스로 때 한 손을 놓는 것이 중심 이동에 유리하다고 주장해 일대 파문을 몰고 왔다. 이후 조지 브렛(George Howard Brett)을 비롯해 수많은 스타들이 그의 이론을 증명해 냈고 다시 시간이 흘러 이제 선수들은 자신에게 맞는 팔로스로를 하고 있다.

4할에 도전할 수 있는 고타율 타자가 되기 위해서는 어떤 능력이 필요한가?
우선 선구안과 컨택 능력이 필요하고 타석에서 얼마만큼 여유와 인내심을 가지고 볼을 보느냐 하는 점이 특히 중요하다. 타석에서 평정심을 잃지 않아야 하기 때문에 흔들리지 않는 강심장이 꼭 필요하다.

어린 시절부터 재능만큼은 누구보다 인정받아 온 박병호에게 중요한 건 역시 '피지컬'이 아닌 '멘탈'이었다. 평정심. 강심장. 모든 걸 가졌던 박병호가 잃어버렸던, 그리고 되찾아 가고 있는 한 조각이 아니던가!

그렇다면 그런 능력을 갖춘 선수는 누가 있나?
이용규, 김현수, 이병규, 이대호, 김태균, ……. 컨택 능력이 뛰어나고 볼넷도

잘 고르면서 타격에 대한 경험도 풍부한 베테랑들이다.

그렇다면 최고의 강심장은 누구인가?

이용규 선수를 꼽고 싶다. '커트의 달인'이라고들 하는데 그 커트를 하는 것 자체가 자신의 의지를 그대로 보여 주는 것이다. 타석에서 자기 마음대로 할 수 있다는 능력과 자신감의 표현. 남들은 한 타석 한 타석 쉽게 물러나 버리지만 이용규 선수는 그런 의미에서 참 대단하다고 생각한다.

스스로도 말하듯 박병호는 성격이 여린 편이다. 자신의 그런 점이 아쉬워서일까. 매 타석 끈질긴 승부로 정평이 나있는 이용규를 향한 경의가 진심으로 묻어났다.

타격 능력을 향상시키기 위한 자신만의 훈련법이 있다면?

이미지 트레이닝을 많이 한다. 스윙 연습할 때 열 번을 하면 열 번을 다 다른 코스로 스윙한다. 어렸을 때부터 그렇게 훈련을 해 왔다. 코스별로 스윙 연습을 하면 시합 때 다양한 상황에 대처할 수 있는 스윙이 나오기 때문에 도움이 된다.

기술적으로 본인의 타격 철학이 있다면?

우선 타격 자세는 가볍고 편안하게 서서 취한다. 테이크백 때는 중심을 뒤에 두려고 노력한다. 그리고 최종적으로 타격을 할 때는 최대한 하체를 써서 회전력을 이용하려 한다. 이렇게 세 가지가 내가 타격에서 가장 중요하게 생각하는 부분들이다.

넥센에 와서 박흥식 코치의 지도를 받게 됐다. 박흥식 코치가 어떤 점들을 강조했나?

박흥식 코치님은 다 내버려 두시는 스타일이다. 기술적인 조언은 딱 하나뿐이었다. 방망이 위치를 높게 들고 다운 스윙을 한다는 생각으로 하라는 것. 그거 하나만 강조하시고 안 될 때마다 조언해 주신다. 내가 조금 안 좋은 표정을 짓고 있으면 먼저 오셔서 오늘 기분 어떠냐고 물어봐 주시고 평소에 농담도 먼저 해 주신다. 기술적으로뿐만 아니라 정신적으로도 나를 굉장히 편하게 만들어 주시는 고마운 분이다.

4할에 가장 근접한 현역 최고의 선수는 누구인가?

이대호 선수와 김태균 선수다. 두 선수는 남들보다 파워가 있다 보니까 다리를 높게 든다든지 눈에 띄게 중심 이동을 하지 않아도 제자리 회전을 하면서 안정적인 타격이 가능하다. 그래서 컨택 측면에서도 유리하고 타격 슬럼프도 크게 겪지 않는 것 같다. 또한 힘이 있으니 투수들이 피하게 돼서 볼넷도 많이 얻고 출루율과 타율에서 이점이 있다. 그리고 도루나 수비에 크게 비중을 두지 않기 때문에 이용규나 김현수에 비해 체력적인 안배도 가능하다.

4할에 한번 도전해 보고 싶은 마음은 없나?

4할은 야구 선수라면 누구나 도전해 보고 싶은 꿈의 목표다. 메이저 리그라면 타율이 2할 6푼이어도 35홈런 120타점을 기록하면 정말 대단한 선수로 인정받는다. 하지만 우리나라에서는 아무래도 타율에도 많이 신경쓰기 때문에 4할의 가치가 더 대단할 것이다. 올해 나도 내가 이 정도를 할 줄은 생각도 못했다. 앞으로도 박흥식 코치님과 계속 노력하다 보면 한층 더 좋은 성적을 낼 수 있겠다는 자신감도 생겼다. 코치님과 약속한 게 2~3년 후인데 그때면 홈런과 타점은 물론, 타율도 3할 이상 기록하는 좋은 성적에 도전해 보고 싶다.

그리고 내가 지금보다 성장하면 그런 기록에도 도전해 보고 싶어지겠지만 심리적인 부분도 중요하다. 그 기록을 의식하면서 매경기 스트레스를 받을 것이냐, 아니면 쉽게 포기할 것이냐. 프로 원년 이후 단 한 번도 나오지 않은 기록이기 때문에 미디어에서도 선수를 가만 놔두지 않을 텐데. 그런 것을 다 이겨 낼 수 있는 강심장과 평정심이 있어야 가능할 거다. 난 아직까지는 그런 강심장은 아닌 것 같다. (웃음)

이제 마지막 질문이 남았다. 박병호에게 타격이란 무엇인가 하는. 이 선수에게 타격은 최고의 재능이기도 했고 최악의 그림자이기도 했다. 숨길 수 없는 빛나는 그 재능. 그 재능에 쏟아지는 스포트라이트를 이겨 내지 못하고 빌리 빈은 타석을 떠났지만 박병호는 끝내 화려한 복귀에 성공했다. 혹시나 질문이 너무 추상적인가 싶어 홍성흔의 답을 미리 예시로 전달했다. 홍성흔에게 타격은 '예술'이었다. 박병호에게 타격은 어떤 이미지로 자리 잡고 있을까.

마지막 질문이다. 박병호에게 타격이란 무엇인가?

너무 어려운 질문이다. 이 질문 때문에 한참 고민하다가 (강)정호에게 이야기했더니 '맞아, 성흔 선배 말대로 타격은 예술이야.'라고 하더라. (웃음) 나에게 타격이란 '끊임없는 노력과 자신감'이다. 작년에 트레이드된 후 지금까지 경기를 나가면서 느낀건 기술은 종이 한 장 차이라는 거다. 선수가 어떤 마음으로 타석에 임하느냐, 결국 그 마음이 타격을 결정한다. 박병호에게 타격은 '자신감'이다.

『장자』에는 붕(鵬)이라는 전설의 새에 관한 이야기가 나온다. 3년 동안 울지도 않고 날지도 않는 이 새는 한 번 날개를 펴면 세상을 덮고 한 번 날기 시작하면 쉬지 않고 9만 리를 난다.

날지 않던 새, 박병호는 이제 막 날갯짓을 시작했다. 미완의 기술로도 리그의 정점에 서 있는 그를 보면 위대한 재능이 꽃피기 위해선 무엇이 필요한지 생각해 보게 된다. 박병호의 비행이 멀리멀리 9만 리 이어지길 기원하며 일찌기 생명체와의 교감을 강조했던 유전학자 바버라 매클린톡(Barbara McClintock, 1983 노벨 생리학상 수상자)의 말로 그와의 인터뷰를 마무리하고자 한다.

유전자만으로는 아무것도 알 수 없어요. 따뜻한 마음으로 생물의 모습과 주변 환경을 살펴보세요. 그리고 기다리세요. 그때부터 당신과 그 생물은 대화를 시작하게 되며 당신은 그를 온전히 이해할 수 있을 겁니다.

한국 최고의 타격 이론가 김용달

1956년 5월 10일 생
대광고-중앙대-MBC(1982년)-1988년 은퇴
1982년 골든글러브(1루수)
1989년 LG 트윈스 타격 코치
1999~2006년 현대 유니콘스 타격 코치
2007~2009년 LG 트윈스 타격 코치
2012년 한화 이글스 타격 코치
2013년 KIA 타이거즈 타격 코치
저서 『용달 매직의 타격 비법』

김용달 코치는 모두가 인정하는 최고의 타격 코치이자 타격 이론가다. 프로 원년 0.315의 타율로 골든글러브를 차지하기도 했지만 그는 남들보다 빨리 지도자의 길을 선택한다. 1990년과 1994년, 타격 코치로서 팀 타율 1위를 이끌며 LG가 '신바람 야구'로 우승을 차지하는 데 큰 몫을 한다. 현대로 옮긴 이후에는 김재박 감독, 김시진 코치와 호흡을 맞춰 세 번의 우승을 이뤄 냈다.

팀 성적보다 더 눈에 띄는 건 그가 키워 낸 제자들이었다. 유지현, 김재현, 서용빈 같은 '신바람 3총사'와 박종호, 심정수, 박용택 같은 선수들은 대표적인 그의 제자이다. 스위치 히터(박종호, 이종열), 기마 자세(심정수), 세운 배트(박진만), 누인 배트(이택근) 등 가르친 선수들의 스타일도 정형화되지 않고 다양하다는 점이 특징이다. 특정한 이론에 끼

그림 5-3 | 김용달 코치의
『용달 매직의 타격 비법』.

워맞추지 않고 선수의 강점을 극대화해 주려는 그의 노력이 엿보이는 부분이다. 수백 권의 야구 이론서와 풍부한 현장 경험을 종합한 그의 이론은 저서 『용달 매직의 타격 비법』(한스컨텐츠, 2012년)에서 집대성되었다. 『타격의 과학』의 테드 윌리엄스가 그랬듯 한국 야구에 김용달의 타격 이론이 미친 영향은 지대하다. 최고의 타격 이론가가 본 4할의 가능성은 얼마나 될까. 4할에 관한 인터뷰, 마치 기다렸다는 듯 김용달 코치의 눈이 빛났다.

현대 야구에서 4할은 가능하다고 생각하는지?

확률은 떨어지지만 불가능한 것은 아니라고 본다. 타격 기술도 향상되었지만 투수들도 새로운 구종이 많이 생겨나서 타자들을 힘들게 하고 있다. 하지만 오늘날 4할을 못 치는 이유 중 하나는 시즌 초에 대부분 3할을 목표로 하고 있기 때문이라고 본다. 만약 뛰어난 기술을 보유한 선수가 시즌 초부터 4할을 목표로 한다면 불가능할 것도 없지 않을까. 목표를 3할에 맞추니까 불가능한 게지.

프로 원년 백인천 감독은 결국 4할을 달성했다. 이것에 대해서는 어떻게 생각하나?

그때 백인천 감독은 4할을 칠 수밖에 없는 상황이었다. 백인천 감독은 일본에서 프로 생활을 하고 왔고 우리는 처음 태동한 거 아닌가. 엄청난 차이가 났다. 기술의 차이가 프로와 고교 수준의 차이였지. 백인천 감독은 투수가 어떤 구종을 던질지 폼에서 70퍼센트 이상 알고 쳤다. 은퇴를 해도 이상하지 않을 정도로 나이가 들어서 왔는데 스윙의 스피드나 근력 수준이 당시 한창 때 선수들보다도 월등했다. 그만큼 프로와 아마는 차이가 크다. 경기 수 같은 다른 조건들도 4할의 토양이 되었다고 본다.

'용달 매직'의 타격 철학에 대해 설명해 달라.

타격 코치들에겐 저마다 백인백색(百人百色)의 의견이 있다. 나 같은 경우는 현역 시절 뛰어난 타자가 아니었기 때문에 순전히 코치를 하면서 타격 이론을 깨우친 케이스다. 책이라든가 첨단 장비를 통해서 계속 공부를 했고, 여러 우수한 선수들의 타격을 집대성해서 나만의 이론을 구축하기에 이른 것이다. 그리고 책이나 장비도 중요했지만 결정적으로 선수들과의 대화를 통해서 그 선수의 장단점을 듣게 되었고 그 과정에서 나만의 타격 이론이 구축되었다고 본다. 나의 이론의 핵심은 타자가 투수를 상대할 때 공을 이겨 내야 한다는 것이다. 즉 항상 홈플레이트 앞에 투수가 던진 공을 이겨 낼 수 있는 지점을 찾아 그 지점에서 컨택할 수 있는 그런 자세를 선수들에게 강조하고

있다. 체중을 처음에는 뒤쪽에 싣지만 무게 중심 이동을 통해 체중을 앞쪽으로 옮겨서 사용하는 그런 타격을 선수들에게 권장한다.

나는 다운 스윙이나 어퍼 스윙은 없다고 본다. 좋은 스윙을 하면 거의 다 레벨 스윙이 되지 않을까 본다. 공이 마운드 위 2미터 높이에서 60~80센티미터 높이의 스트라이크존까지 내려오기 때문에 그 내려오는 궤적만큼 스윙도 짧게 나와서 레벨을 이루면서 업이 되어야 한다. 결과적으로 볼에 대한 레벨 스윙이 되는 것이다. 맹목적으로 지면을 기준으로 레벨 스윙을 하라고 한다든가 배트를 빨리 나오게 하기 위해 다운 스윙을 강조한다면 그건 스윙이 아니고 컨택에 그칠 뿐이다. 그런 건 절대 스윙이라 표현하기 힘들다. 일부 사람들이 다운 스윙, 어퍼 스윙을 이야기하는데 실제로 타격할 때는 그런 구분이 없다. 육안으로 볼 때는 몰라도 비디오 분석을 해 보면 좋은 타격을 할 때는 누구나 공에 대해 레벨업 스윙을 하게 되는 것을 알 수 있다.

인터뷰에서 알 수 있듯 김용달 코치의 타격 이론은 기본적으로 찰리 라우의 '웨이트 시프트 시스템(Weight Shift System)'과 궤를 같이 한다. 즉 투수의 공을 이겨 낼 수 있는 타자의 무게 중심 이동을 강조하는 편이다. 하지만 스윙의 궤도에 관해서는 테드 윌리엄스가 주창한 어퍼 스윙을 주장한다. 이유는 테드 윌리엄스와 같다. 약간 레벨업 스윙이 되어야 투수가 높은 마운드에서 뿌리는 공에 대해 자연스러운 레벨 스윙이 된다고 생각하기 때문이다. 단순화하면 찰리 라우로 시작해서 테드 윌리엄스로 끝내자는 것인데 테드로 시작해서 라우로 끝나는 박흥식 코치와는 정반대의 지점에 서 있다고 할 수 있다.

현역 선수들 중 4할을 기대해 볼 만한 선수가 있다면?

김태균이 4할에 가까운 타격을 하고 있고 김현수도 4할을 욕심내 볼 만한 선수다.

4할에 도전하고 있는 김태균의 장단점에 대해 평가한다면?

최고의 전성기를 맞이했다. 신체적 조건이 우수하고, 일본의 선진 야구를 접하고 중도에 돌아왔기 때문에 간절함이 있어서 정신적인 면에서도 준비가 되어 있다. 다른 선수보다 볼을 몸 가까이 붙여 놓고 칠 수 있는 탁월한 힘과 기술이 최대 장점이다. 단점은 찾아보기 어렵지만 역설적으로 가장 큰 장점이 단점이 될 수도 있다. 편하게 컨택을 하면 좋겠는데 본인의 능력이 너무 뛰어나다 보니 극단적으로 몸에 붙여서 치는 것, 즉 히팅 포인트가 너무 뒤쪽에 있다는 점이 장점이자 단점이라 하겠다.

그렇다면 또 다른 4할 후보인 김현수의 장단점은 무엇인가?

김현수는 선구안이 좋고 컨택 능력, 유연성이 뛰어나다. 스트라이크에 대한 타격도 뛰어나지만 볼에 대한 대처 능력이 다른 선수들보다 월등하다. 아쉬운 점은 몸 뒤쪽에 너무 비중을 많이 둔다는 점이다. 체중이 100킬로그램 가까이 되고 좋은 신체적 조건을 갖췄기 때문에 그렇게 뒤쪽에 무게 중심을 두지 않아도 되는데 너무 뒤에 체중을 많이 싣는 점이 단점이다. 양쪽 다리에 체중을 나눠 실어야 하는데 김현수 선수는 포수 쪽으로 틀어서 꼬는 체중 신기를 한다. 그 꼬임을 줄이면 훨씬 편하게 타격을 할 수 있고 장타력도 향상될 거라 보는데 다만 타격은 오래된 습관이기 때문에 쉽게 바꿀 수 있는 문제는 아니다.

'4할 후보군'을 논할 때 빠짐없이 등장하는 두 선수에 대한 김용달 코치의 평가는 역시 '중심 이동'과 관련이 있다. 컨택 능력이 뛰어난 두 선수가 자연스럽게 체중을 이동시킬 수 있다면 정확성은 물론 장타력 향상까지 가능하다는 것이 김 코치의 생각이다.

이대호의 타격에 대해서도 평가한다면?

이대호는 정말 편하게 타격을 한다. 135킬로그램 이상의 체중을 갖고 있지만 투수를 상대로 한 준비 자세가 김태균이나 김현수에 비해 월등히 빠르기 때문에 훨씬 편하게 타격을 한다고 볼 수 있다. 이대호 선수가 만약 4할에 도전할 경우 넓은 컨택 존을 줄인다면 가능하다. 스윙 궤적도 좋은 반면 주루 플레이에서 유리함을 기대할 수 없기 때문에 현재의 넓은 컨택 존을 줄이고 볼넷을 많이 얻어 낸다면 가능성이 높다.

김용달 코치가 본 이대호의 4할 달성 장애물은 역설적이게도 그의 월등한 컨택 능력이다. 거의 약점이 없다 보니 컨택 존이 넓은 것이 이대호의 약점이 될 수 있다는 것. 만약 이대호가 4할에 도전한다면 내야 안타를 거의 기대할 수 없기에 존을 좁히고 타수를 줄이는 것이 필요하다. 이대호는 한국 프로 야구 시절에도 볼넷이 아주 많은 유형의 선수는 아니었다.

4할에 근접했던 역대 최고의 타자는 누구라고 보나?

1970년대, 1980년대, 1990년대, …… 야구는 매해 변화하고 발전해 오고 있다. 특히 투수의 구종이나 기술 발전이 눈에 띈다. 하지만 지금 봐도 정확성 면에서는 장효조가 독보적이다.

장효조는 왜 4할을 기록하지 못했나?

본인이 4할에 목표를 두었다면 장효조 선수도 그때 4할을 칠 수 있었을 것 같다. 4할에 도전할 수 있을 만큼 본인의 능력은 충분했던 선수다. 투수들의 구종도 직구, 슬라이더, 커브 정도로 단순했던 시기인데다가 수비력도 오늘날과는 차이가 있어서 충분히 가능성은 있었을 텐데 다만 본인의 의지가 고타율을 기록하는 데서 만족하지 않았나 싶다.

김정준 위원, 장성호에 이어 김용달 코치도 공통적으로 이야기하는 '목표 의식'. 불가능에 가까운 목표지만 그럴수록 더 목표를 높이 잡아야 하고 그 목표가 구체적이어야 한다고 이야기하고 있다.

김용달에게 타격이란?

업보. 나 스스로 타격에서 좋은 혜택을 많이 입었고 타격을 연구하는 데 많은 시간을 쏟았기 때문에 선수들에게 도움을 줄 수 있었다. 앞으로 한국 프로야구사에 타격 쪽에서 한 부분을 장식하고픈 마음이다. 타격은 나의 업이었고 이제는 업보로 승화되는 그런 존재다.

일찍이 속세의 타격을 경험했던 김용달은 7시즌의 현역 생활을 마치고 '타격의 진리'를 찾아 구도자가 되었다. 지도자 생활을 통해 그는 이론을 가다듬어 나갔고 경전을 편찬해 자신의 깨달음을 나누고자 했다. '타격의 업(業)'이라는 쉽지 않은 운명을 걸머진 김용달. 타격의 길로 출가한 이후 구도자와 전도사를 거쳐 그는 이제 존경받는 구루(guru)가 되었다. 그는 수행을 멈추지 않을 것이다. 타격의 길은 끝이 없기에. 그리고 '4할의 진실'을 원하는 이들도 계속 찾아올 것이다. 아득한 '타격의 사막'에서 갈증을 풀어 주는 오아시스처럼 늘 그가 서 있을 테니까.

타격은 트라이앵글, 박흥식의 타격 이론

1962년 1월 5일 생
신일고-한양대-MBC(1985년)-1993년 은퇴
1987년 3루타 1위
1996~2007년 삼성 라이온즈 타격 코치
2008년 KIA 타이거즈 타격 코치
2011년~2012년 넥센 히어로즈 타격 코치
2013년 롯데 자이언츠 타격 코치

'이승엽의 사부'로 유명한 박흥식 타격 코치. 3할 타율을 두 차례나 기록한 효타준족의 스타 출신으로 누군가의 사부로만 불리는 것이 지겨울 법도 하건만 언제나 넉넉한 미소를 짓는 그는 천상 '스승 스타일'이다. 코치로서, 멘토로서 그는 언제나 인기 만점이지만 그 명성의 바탕은 역시 탁월한 코칭에 있다. 기록이 그의 역량을 말해 준다. 그가 삼성 코치로 있던 11시즌(1996~2006년) 동안 삼성은 8차례나 리그 상위 3위 이내의 팀타율을 기록한 바 있다. 2012년 시즌에는 'LPG(이택근, 박병호, 강정호) 타선'을 선보이며 넥센을 타력의 팀으로 변모시키기도 했다.

그에게 2012년은 특별한 해였다. 애제자 이승엽이 일본에서 돌아왔고, 새 제자 박병호가 홈런·타점 타이틀과 함께 MVP에 올랐기 때문이다. 구단에 강력히 추천해 신고 선수로 입단한 서건창은 신인왕을 수상했으며, 강정호는 3할 타율·4할 출루율·5할 장타율을 이루어 냈다. 그리고 제자는 아니지만 누구보다도 그의 타격 철학을 완벽하게 구현 중인 김태균이 4할에 근접했던 해였다. 현대 프로 야구에서 4할 타율의 달성 가능성, 박흥식 코치의 생각은 어떨까.

4할 타율은 가능한가?

가능성은 1퍼센트 정도? 이론적으로는 가능할 수도 있지만 거의 힘들지 않을까. 과거에 비해 투수들이 구속과 구종 모두 향상되었단 점이 크다. 김태균 선수의 4할 도전이 보여 주듯 매주 6경기, 133경기를 치르는 한 시즌 동안 체력적인 소모는 엄청나다. 여기에 컨디션 조절과 부상 문제도 있고 장기 레이스 동안 슬럼프도 반드시 오기 때문에 4할은 어렵다고 본다.

4할 타자가 되기 위한 덕목이 있다면?

우선 기술이 있어야겠고 거기에 더해 본인의 끊임없는 노력이 반드시 필요하다. 기술에 대해 구체적으로 말하자면 리듬, 타이밍, 스피드의 3요소를 갖춰야 하는데 여기에 투수와의 노림수, 즉 수싸움 능력도 중요하다. 4할을 치려면 신체적인 부드러움을 바탕으로 거기서 나오는 스피드가 동반되어야 한다. 홈런 타자이긴 하지만 이러한 요소들을 두루 갖춘 '타격 마스터' 이승엽도 4할 근처에도 못 갔는데 김태균 선수도 결국은 어느 시점에서 떨어지지 않을까.

본인의 타격 철학에 대해 설명한다면?

타격은 트라이앵글, 즉 삼각형이라고 생각한다. 장거리 타자든 단거리 타자든 기본적으로는 트라이앵글이 되어야 한다. 하체를 활용하는 것도 다들 강조하는 부분이지만 보다 구체적인 개념이 있어야 한다. 골반을 회전시켜 주어야 하고 하체 근육 중에서도 안쪽 근육을 이용해야 한다.

트라이앵글에 대해 자세한 설명이 필요한 것 같다.

겨드랑이가 몸에 붙지 않고 들리면 배트는 자연히 처지게 된다. 이 상황에서 몸 쪽 낮은 공은 커트가 가능한데 몸 쪽 높은 공에는 대처가 불가능하다. 그래서 양쪽 겨드랑이가 붙어서 삼각형이 이루어져야 하는 것이다. 삼각형이 안 되면 배트가 밑으로 처지고 맞는 면도 줄어들고 그러다 보면 극단적으로 뜬공이나 땅볼이 많이 나오게 되니 타율이 높을 수가 없다. 강정호나 김태균 등 요즘 잘 치는 선수들을 보면 마지막에 히팅이 이루어지는 자세는 공통적으로 이 자세다. 이게 말은 쉽지만 실행이 참 어렵다. 박병호 선수도 2011년까지는 처져 있었는데 지금 트라이앵글을 만들기 위해 집중적으로 훈련 중이다. 본인도 그 취지를 이해했기 때문에 과감하게 자세 교정을 할 수 있었던 건데 현재는 약 40퍼센트? 70~80퍼센트까지 자기 것으로 만들게 되면 2014년 시즌에는 홈런왕도 바라볼 수 있다고 본다. ('40%의 박병호'는 박 코치의 예상을 뛰어넘어 2012년 홈런왕에 등극했다.)

박흥식의 코칭은 몸 쪽 공 공략을 극대화하는 것인가?

바깥쪽 볼은 타자 입장에서 멀긴 하지만 시간적으로 여유가 있다고 생각한다. 몸에 바짝 붙어오는 공을 공략할 수 있다면 바깥쪽 공에 대해서는 상대적으로 여유가 생긴다. 타자 눈에서 볼 때 히팅 포인트는 대각선이라 할 수 있는데 당연히 바깥쪽 공보다 몸 쪽 공을 칠 때 더 빨라야 한다.

박홍식 코치의 타격 이론은 테드 윌리엄스의 지론인 '로테이셔널 히팅 시스템'을 떠올리게 한다. 타자의 회전 운동을 중시하기 때문이다. 하지만 회전 운동 이후 어퍼 스윙을 주장한 윌리엄스와 달리 박홍식 코치는 짧고 간결한 다운 스윙을 강조한다. 준비 동작과 타격 전반에 관해서는 윌리엄스의 이론을, 임팩트 단계에서는 찰리 라우의 이론을 접목한 셈인데 또 다른 명코치 김용달 코치와는 상당히 대조적인 부분이다.

오랫동안 최고의 타격 코치로 자리매김해 왔다. 지켜봐 온 선수들 중 최고의 재능을 꼽는다면 누가 있을까?

여러 선수가 있지만 그중에서도 제일 먼저 떠오르는 건 강동우 선수. 정말 3할 타율 정도는 마음먹은 대로 칠 수 있는 타자였는데 신인 시절 입은 큰 부상 때문에 지금도 안타깝게 생각하는 선수다. 공·수·주 모든 면에서 완벽에 가까운 재능을 갖고 있었는데 부상 때문에 생각만큼은 올라오지 못해 그저 아쉬울 따름이다. 이승엽도 말할 나위 없이 재능이 빼어난 선수고 거기에 더해 엄청난 노력이 더해졌으니 지금의 위치에 오른 것 아니겠나.

이승엽은 물론 양준혁, 마해영, 김한수, 진갑용, 박한이 등 박홍식 코치가 만나고 키워 낸 대(大)타자들은 헤아리기 어려울 정도다. 그중에서도 첫 손에 꼽은 재능은 바로 강동우였다. 1998년 시즌에 신인으로서 3할 타율과 10홈런, 20도루를 기록했던 올라운드 플레이어

강동우는 익히 알려졌다시피 시즌 막판 수비 도중 펜스에 부딪히는 사고로 큰 부상을 당하게 된다. 오뚝이처럼 다시 일어나 14시즌째 뛰면서 어느덧 1,200개가 넘는 안타를 기록하고 있지만 스승이 본 거대한 재능에 비하면 아쉬움이 남는 결과. 애제자의 이야기를 이어 가던 스승은 잠시 상념에 젖은 듯했다.

새로운 애제자 박병호의 장단점을 꼽는다면?

처음 봤을 때는 힘으로 치는 게 80퍼센트였던, 그야말로 힘에 의존해서 치던 선수인데 지금은 힘으로 치는 데 60퍼센트, 배트 스피드로 치는 게 40퍼센트 정도 된다. 하지만 아직 부족하다. 더 노력해서 배트 스피드로 치는 것을 70, 힘으로 치는 것을 30 정도로 할 수 있다면 홈런왕을 꾸준히 할 수 있는 재능을 갖고 있다. 게다가 성실하고 예의도 바르다. 개인적으로 이런 품성도 중요하게 보는데 이런 선수는 성공하게 되어 있다. 마인드도 긍정적이라 계**속 발전할 스타일**이다.

단점이라면 수싸움에서 뒤처지는 점이다. 이 부분에서는 강정호가 한 수 위다. 워낙 힘으로만 대처하는 게 몸에 배어 있다 보니 투수의 노림수 같은 것은 생각을 못 하고 타석에 들어서는 거다. 이제 풀타임 첫해니까 앞으로 부상만 없다면 자연스럽게 개선될 부분이라고 본다. 올해 생각보다 너무 발전이 있어서 개인적으로는 큰 보람을 느낀다. 이런 보람 때문에 코치 일을 하는 것 아닌가? 준비 기간을 3년으로 봤는데 아직도 젊으니 2014년에는 확실한 홈런 타자의 계보를 잇지 않을까 싶다.

원조 애제자 이승엽 선수와 비교한다면 어떤가?

이승엽 선수는 원래 부드러운데다가 배트 스피드를 갖고 있던 선수다. 힘이 들어가면 스피드가 절대 나올 수가 없는데 힘 빼라 힘 빼라 말은 쉽지만 끝내 그 힘을 못 빼고 그만둔 선수들도 많지 않나. 이승엽 선수는 체질적으로 부드러움을 타고났고 박병호 선수에겐 그게 없기 때문에 만들기 위해 진화 중인 상황이다. 이승엽 선수는 원체 몸이 부드러워 배트 스피드가 상당했고, 힘을 모으는 능력에 관해서는 따라갈 선수가 없었다. 박병호 선수가 이승엽 따라가려면 아직 멀었지만 그래도 원체 성실하니 꼭 성공할 거다.

만약 이승엽이 홈런 타자가 되지 않았다면 4할을 칠 수 있었을까?
4할을 장담하진 못하겠지만 장효조 선배나 이종범 선수가 당대 최고의 교타자들이었다고 할 수 있는데 그들보다 나으면 나았지 못할 리 없는, 충분히 어깨를 나란히 할 수 있었으리라 본다. 처음엔 이승엽도 방망이를 짧게 잡고 치는 교타자였다. 게다가 영리했기 때문에 충분히 고타율을 칠 수 있었을 것이다. 하지만 그러기엔 파워에 관한 재질이 너무도 아까웠기 때문에 홈런 타자로 변신했던 것이고.

4할에 근접한 현역 최고의 타자는 누구라고 생각하나?
역시 이대호. 거구에 비해 굉장히 부드러운 유연성을 갖고 있고 모든 볼에 대한 대처가 뛰어난 타자다. 김태균 선수도 잘하고 있지만 이대호 선수를 더 높게 쳐 주고 싶다. 홈런도 어느정도 치는 선수지만 모든 공을 안타로 만들어 낼 수 있는 뛰어난 컨택 능력을 갖고 있기 때문에 4할에 근접할 수 있는 선수는 이대호라고 본다.

역대 최고는?

역시 장효조 선배다. 장효조 선배가 요즘 다시 돌아온다면 정말로 4할을 칠 수 있지 않을까 하는 생각도 한다. 이종범도 한번 더 도전하면 가능했을 것도 같고……. 그런데 이렇게 이야기하지만 4할이 정말 어렵다. 아무래도 4할에 가깝게 칠 수 있는 타자는 홈런 타자보다는 정교한 타자 아닌가. 그렇게 보면 장효조나 이종범이 가까운 건데 어쨌든 앞으로도 4할은 퍼펙트게임보다도 힘들 거라고 생각한다.

박흥식에게 타격이란 무엇인가?

리듬, 타이밍, 스피드 다 완벽한 선수가 있다고 하자. 그런데 이 완벽한 기술도 자신감이 없으면 의미가 없다. 그래서 난 타격을 '긍정의 힘'이라고 생각한다. 넥센 타격 코치를 맡았을 때도 선수들에게 자신감이 없었다. 늘 눈치를 보고……, 그래서 일단 분위기를 반전시키자, 자신감을 갖게 만들자고 생각하고 스프링 캠프 때부터 주입을 많이 했다. 그랬더니 표정도 밝아지고 마인드가 긍정적으로 변하더라. 기술은 원래 갖고 있던 잠재력이 나오는 거다. 그런 힘을 이끌어 낼 수 있도록 선수들과 커뮤니케이션이 늘 되어야 하는 거고. 자신감을 심어 줄 수 있는 힘, 그게 바로 지도자의 기술이 아닐까. 난 그게 코치들의 진짜 기술이라고 생각하거든.

'바둑 황제' 조훈현이 일본에서 유학하던 9년간 스승 세고에 겐사쿠(瀨越憲作) 9단이 직접 지도해 준 대국은 열 판이 채 되지 않았다고 한다. 대기(大器)가 스스로 만성(晩成)하기를 바라는 마음, 항상 인성을 강조하는 박흥식 코치의 가르침도 같은 선상에 있을 것이다. 기술적인 부분에 집착하지 않고 내면에서부터 잠재력을 이끌어 내는 것이 코치의 진짜 기술이라는 박흥식의 철학. '타격'에 관해 가르침을 구했는데 '인생'에 관한 답이 되돌아왔다.

손윤의 트렌드

- 네이버 야구 칼럼니스트
- 카카오톡 「야구친구」 등 각종 매체에 야구 칼럼 기고 중
- 저서 『프로야구 크로니클』(공저)

제주도의 맞바람 속으로 돌팔매를 하던 오봉옥. 그의 직구는 강렬했고 바닷바람 섞인 그 냄새는 신선했다. 어느 순간 홀연히 나타났지만 그의 등판은 짧은 시간 만에 '100퍼센트 승률'의 역사가 되었다.

야구 칼럼니스트 손윤은 미디어계에 소리 없이 등장한 오봉옥이었다. 속칭 메이저 언론 출신이 아니었지만 그의 칼럼은 메이저 리그급이었다. 야구 전문가 집단 '야구라'라는 팀 형태도 이전에 볼 수 없던 신선한 시도였다. 인터넷과 모바일의 대표 주자인 네이버와 카카오톡이 그를 영입한 것은 현재 그의 가치를 보여 주는 단면. 미국 야구에 대한 통찰, 일본 야구에 대한 지식, 한국 야구에 대한 애정……. 오봉옥과의 차이점은 손윤의 다양한 구종일 것이다. "야구는 알면 알수록 어렵다. 언제쯤 야구를 조금이라도 알 수 있을까."라며 언제나 겸

손을 잃지 않는 칼럼니스트 손윤의 눈에 비친 '4할의 세계'는 어떤 모습일까.

타격왕은 포드를 타고 홈런왕은 캐딜락을 탄다는 말이 있다. 이른바 교타자와 장타자의 대우에 대한 이 속설은 실제 시장 가치를 예리하게 반영하고 있다. (표 5-6 참조.)

2012년 기준으로 한국 프로 야구 타자 연봉 상위 20명 중 교타자는 2명(정근우, 이용규), 메이저 리그 타자 연봉 25걸 중 교타자 계열은 3명(마우어, 크로포드, 이치로)뿐이다. FA 효과 등 여러 가지를 감안해도 거포의 숫자에 비하면 확실히 적고 그나마 칼 크로포드 같은 경우도 교타자라기보단 다재다능형에 가깝다. 2012년 현재 분명 시장은 거포를

표 5-6 | 2012 한국 프로 야구 타자 연봉 순위.

순위	연봉(1만 원)	선수(소속)
1	150,000	김태균(한화)
2	80,000	이승엽(삼성)
3	70,000	김동주(두산), 이택근(넥센)
5	60,000	이병규(LG)
6	55,000	이진영(LG)
7	50,000	박경완(SK)
8	49,500	이범호(KIA)
9	40,000	조인성(LG), 진갑용(삼성), 홍성흔(롯데)
12	35,000	박용택(LG), 정성훈(LG)
14	32,500	김상훈(KIA)
15	31,000	정근우(SK)
16	30,000	강민호(롯데), 김현수(두산), 박한이(삼성), 이용규(KIA), 최형우(삼성)

* 타자 연봉 20걸 중 교타자 계열은 정근우, 이용규 두 명뿐이다. 다만 한국 프로 야구의 연봉 순위는 FA 계약, FA 보상 연봉 등이 뒤섞여 있다는 점을 감안해야 한다. (희소성 있는 포수가 상위 랭킹에 많다.)

표 5-7 | 2012년 메이저 리그 연봉 순위.

순위	연봉(달러)	선수	소속	수비 위치	비고
1	3000만 달러	알렉스 로드리게스	양키스	3루수	☆
2	2418만 달러	버논 웰스	에인절스	외야수	☆
3	2314만 달러	요한 산타나	메츠	투수	
4	2312만 달러	마크 테세이라	양키스	1루수	☆
5	2300만 달러	프린스 필더 조 마우어 CC 사바시아	디트로이트 미네소타 양키스	1루수 포수 투수	☆ ★
8	2185만 달러	애드리안 곤살레스	보스턴	1루수	☆
9	2150만 달러	클리프 리	필라델피아	투수	
10	2100만 달러	미겔 카브레라	디트로이트	3루수	☆
11	2035만 달러	칼 크로포드	보스턴	외야수	★
12	2010만 달러	저스틴 벌랜더	디트로이트	투수	
13	2000만 달러	로이 할러데이 라이언 하워드	필라델피아 필라델피아	투수 1루수	☆
15	1970만 달러	펠릭스 에르난데스	시애틀	투수	
16	1900만 달러	카를로스 리 알폰소 소리아노 카를로스 삼브라노 배리 지토	휴스턴 컵스 마이애미 샌프란시스코	외야수 외야수 투수 투수	☆ ☆
20	1850만 달러	토리 헌터	에인절스		
21	1825만 달러	팀 린스컴	샌프란시스코		
22	1812만 달러	제이슨 베이	메츠	외야수	☆
23	1800만 달러	스즈키 이치로	시애틀	외야수	★
24	1700만 달러	조시 베켓 제이크 피비	보스턴 화이트삭스	투수 투수	

* ☆는 거포, ★는 교타자라고 보면 된다. 역시 연봉 대박을 위해서는 홈런이 필요하다. 출처: 김형준 기자 블로그.

훨씬 더 선호하며 다소간 타율이 낮더라도 더 많은 홈런과 타점을 생산해 낼 수 있는 타자를 원한다.

야구계의 이처럼 냉정한 시장 평가는 다윈의 '자연 선택'을 떠올리게 한다. 야구계가 거대한 생태계이고 선수들이 각각의 개체라면 선수 입장에서는 생존을 위해 최선의 선택을 해야만 하는 셈이다. 애시

당초 파워가 없어서 주력이나 수비로 특화해야 하는 경우를 제외하고 장타와 교타 중 하나를 선택해야만 하는 상황이라면 대부분의 선수들은 장타를 선택하는 것이 시장에서의 '합리적인 선택'이 되는 것이다.

돌연변이처럼 등장한 명칼럼니스트 손윤이 지적하는 부분은 이러한 '자연 선택설'과 맞닿아 있다. 적자 생존의 생태계에서 선수의 노력은 자신이 살아남을 수 있는 방향으로 향하게 마련이다. 손윤은 이걸 '트렌드'라 명명했다. 현대 야구의 '트렌드'는 명백히 장타력을 지닌 선수의 생존 확률이 높으며, 고타율의 타자가 사라지는 추세에 있다. 즉 거대한 야구 생태계에서 생존의 방향이 바뀌지 않는다면 '4할'이라는 신기원은 열리기 어려운 것이다.

현대 야구에서 4할은 가능한가?

굴드도 불가능하지는 않다고 했으니 나올 수는 있지 않을까. 다만 언제일지 예측하기는 쉽지 않다. 이종범이 0.393을 친 적도 있으니 앞으로 10년, 20년 특정할 수는 없지만 가능성 자체는 충분하다고 본다. 하지만 여기서 중요한 건 야구계의 트렌드가 어떤가 하는 것이다. 야구에도 트렌드가 있다. 과거엔 안타를 중시했지만 지금은 홈런의 시대다. 김태균도 4할에 근접하니까 홈런이 나오지 않는다. 장타력을 의식하다 보면 스윙이 커지고 그만큼 허점이 생기기에 타율은 하락하기 마련이다. 그렇기 때문에 4할을 노리면 그만큼 홈런이 나오기 어려운 것이다. 10년, 20년 후의 야구를 지배하는 트렌드가 홈런보다 안타나 4할 타율이라면 가능할 수도 있을 것이다.

그렇다면 현역 중 가장 4할에 근접한 선수는 누구인가?

일단 이대호는 무조건 아니다. 4할을 치려면 일정한 안타수가 보장되어야 하는데 이대호는 안타는 많지만 대부분이 순수한 안타다. 이게 무슨 의미냐면 주력이 없는 이대호는 내야 안타를 칠 수가 없기 때문에 거의 행운을 바라기가 어렵다는 뜻이다. 따라서 이대호의 안타는 대부분 외야로 가는 클린 히트일 수밖에 없고 이런 구조로는 타율 관리가 쉽지 않다.

굳이 꼽는다면 올해의 김태균? 김태균도 주력이 있다고 말하긴 어렵지만 이대호와 조금의 차이는 있다. 이대호의 내야 안타가 0이라고 한다면 김태균은 그렇지는 않은 차이?

메이저 리그에서 이치로가 시즌 최다 안타 기록을 세웠던 2004년을 주목할 필요가 있다. 이치로는 그해 무려 262개의 안타를 쳤지만 타율은 4할에 못 미친 0.372였다. 반면 이전까지 시즌 최다 안타 기록이었던 1920년 257안타를 친 조지 시슬러(George Harold Sisler)는 4할을 기록했다. (표 5-8 참조.)

이들의 차이는 결국 볼넷에 있다. 4할을 치기 위해선 안타를 많이 쳐야 한다는 고정 관념이 있지만 보다 중요한 것은 타수가 적어야 한다는 것이고 그러기 위해선 볼넷이 많아야 한다. 한 시즌에 500타수를 나선다면 200안타가 필요한데 193안타를 쳤던 93년의 이종범이 9개의 볼넷만 더 얻었다면 결과적으로 4할 타율이 가능했다. 즉 안타를 생산해 내는 능력 못지않게 볼넷을 얻어 낼 수 있어야 4할은 가능하다.

4할을 칠 수 있는 건 장거리 타자보다는 정교한 교타자라는 것은 편견이다. 이 주장은 볼넷이 중요하다는 이야기의 연장선에 있다. 이른바 '똑딱이 타자'에게는 볼넷을 주지 않는다. 장타가 없는 선수에게는 볼넷을 줄 필요가 없기 때문이다. 테드 윌리엄스도 그랬듯 정교하지만 장타력이 있는 선수들

표 5-8 | 2004년 시즌 이치로와 1920년 시즌 조지 시슬러의 기록 비교.

연도(년)	선수	경기	타석	타수	안타	홈런	타점	도루	볼넷	삼진	타율
2004	이치로	161	762	704	262	8	60	36	49	63	0.372
1920	시슬러	154	692	631	257	19	122	42	46	19	0.410

* 762타석 49볼넷 63삼진의 이치로 대 692타석 46볼넷 19삼진의 시슬러. '타석 수 대비 볼넷 수'와 삼진 개수에서 차이를 보인다. 결과는 3할과 4할. 출처: 『베이스볼 레퍼런스』.

이 볼넷을 얻는다. 그리고 볼넷을 많이 얻어 낸다는 건 선구안이 있다는 것이고 여기에 이종범처럼 주력이 있는 선수들이 4할의 가능성이 있다.

그렇다면 원년의 백인천은 어떻게 4할을 달성한 건가?

해태의 첫 전성기를 이끈 주역 중 빼놓을 수 없는게 재일 교포 1세대인 주동식과 김무종이다. 주동식이 이런 이야기를 해 준 적이 있다. 관중석에서 경기를 보니 한국 투수들이 어떤 공을 던지는지 바로 알 수 있었다고. 이른바 '쿠세'('습관'이라는 뜻의 일본어)'가 보였던 거다. 투수인 주동식이 간파할 정도면 일본 수위 타자 출신인 백인천 감독은 말할 필요도 없었던 거고. 나는 이 부분이 백인천 감독의 4할 달성에 큰 요소였다고 생각한다. 다만 그게 전부는 아니다. 쿠세를 발견한 주동식은 그걸 동료인 김무종에게 알려 줬다고 한다. 그런데 김무종은 안타를 못 치더란다. 왜 못 치냐고 물었더니 쿠세를 봐도 도저히 그걸 생각하면서 못 치겠더란다. 주동식의 결론은 그게 결국 클래스의 차이라는 거였다. 김무종도 한국에서는 A급 포수였지만 일본에서는 2군 선수였고, 백인천은 수위 타자 출신였다. 이 차이가 똑같이 쿠세를 볼 수 있었음에도 둘의 성적이 달랐던 이유였던 거다. 이후 백인천 감독을 만날 기회가 있었다. 다만 백인천 감독은 특유의 '기와 혼' 이야기를 하면서 정신력만을 강조했지만……. (웃음) 그런데 사실 난 이 '정신력'이 4할 달성에 가장 중요한 요소라고 본다.

이건 또 무슨 이야기인가. 한참을 '쿠세 격파'라는 논리적 근거를 이야기하더니 결론은 정신력이라니.

먼저 전제할 것은 내가 말하고자 하는 정신력은 이른바 '기와 혼'의 의미와는 전혀 다르다는 것이다. 4할에 도전 중인 김태균의 가장 큰 장애물이 뭘까? 역시 미디어의 집중적인 관심과 그로 인한 부담감이다. 아침부터 김태균의 집 앞에 카메라가 진을 치고 있을 텐데 평상심을 유지할 수 있을까. 타석에서 일정함을 유지하는 루틴, 더 나아가 기복을 막기 위해 일상 생활을 동일하게 가져 가는 루틴, 이 루틴을 바탕으로 한 평정심이 바로 정신력의 다른 이름인데 우리나라에는 아직 이런 개념이 부족하다. 자신의 생활 리듬을 늘 일정하게 유지하고 미디어나 팬들의 관심으로부터 이겨 낼 수 있는 평정심이 있느냐, 이 부분이 4할이라는 큰 벽을 넘는 데 가장 중요한 요소로 작용할 것이다.

평상심, 루틴, 자기 관리. 이것이 손윤이 이야기하는 '정신력'이었다. 무(無)에서 유(有)를 창조해 내는 불가사의한 정신의 힘이 아니라 가지고 있는 유를 그대로 유지할 수 있는 평정심이 필요하다는 것, '야구라'다운 역발상이었다.

메이저 리그에서 자기 관리가 몸에 밴 박찬호 등을 제외하면 루틴을 아는 선수가 몇명이나 있을까. 예컨대 이동 중 버스에서 2시간을 잔다고 치자. 먼저 2시간을 자고 일어나느냐, 조금 힘들어도 참다가 내리는 때에 맞춰 2시간을 자느냐. 후자가 낫지만 그걸 지킬 수 있는, 지키고 있는 선수가 몇 명이나 될까. 우리나라에서 이야기하는 정신력은 조금 추상적인 개념이다. 반면 미국에서 말하는 멘탈의 개념은 평정심, 평상심, 언제건 자기의 재능을 발휘할 수 있는 부분을 말하는 것이다. 기상 시간에서부터 스트레칭, 러닝, 캐치볼에 이르기까지. 우리나라에는 아직 이런 개념 자체가 부족하다. 선수와 관중의 동선이 따로 확보되지 않았기 때문에 팬들의 과도한 관심으로부터 격리해 주는 배려도 필요하다. 백인천 감독이 4할을 때려 내던 프로 원년에는 그게 대단한 거라고 아무도 생각하지 않았지만 오늘날 누군가 4할에 도전한다면 그야말로 엄청난 관심이 쏟아지지 않겠나.

그렇다면 어떤 유형의 선수가 4할에 도전할 수 있을까?

기본적으로 주력이 있어야 하고 이른바 툴 플레이어(야구에서 필요한 여러 재능을 갖춘 선수. 컨택·파워·수비·송구·주루 능력을 모두 갖춘 선수를 '5툴 플레이어'라고 부른다.) 40-40(40홈런과 40도루를 뜻함.)을 할 수 있는 스타일을 개인적으로 선호하는데 그런 선수가 4할에 근접할 확률이 높지 않을까. 4할을 위해선 기본적인 안타 능력에 더해 볼넷이 필요하고 내야 안타를 만들어 낼 수 있는 다리가 필요하다. 그리고 볼넷을 위해서는 선구안뿐만 아니라 볼넷을 얻어 낼 수 있는 장타력도 필요하다.

다만 이런 선수들에게도 앞서 이야기한 '트렌드'라는 전제가 필요하다. 메이저 리그에서도 4할에 도전했던 조지 브렛과 토니 그윈(Authony Keith 'Tony' Gwynn)의 시대는 홈런의 시대가 아니었다. 도루와 타율이 지금보다 훨씬 가치 있던 시절이었고 크게 스윙할 필요성을 못 느끼던 시대였다. 요즘 선수들이 타율이 낮다고 과거의 선수들에 비해 타격 능력이 떨어진다고 생각하진 않는다. 오히려 타격 능력이 뛰어나기 때문에 장타를 노리는 것이다. 즉 선택과 트렌드의 문제로 귀결되고 트렌드의 변화가 선결된다면 4할 도전은 가능하다.

목표를 3할 15홈런 정도면 만족해 버리는 것도 한 이유가 될 수 있다. 예컨대 10 대 0으로 지고 있는 경기에서 4타수 2안타를 쳤는데 다섯 번째 타석이 돌아올 경우 집중력을 가질 수 있느냐, 그런 작은 부분이 4할과 3할을 가르는 부분인 것이다. 볼넷만 얻어도 4타수 2안타를 유지할 수 있는데 편하게 아웃되어 버리면 나중에 그만큼 부담이 되어 돌아온다. 타석에서 공 하나하나에 대해 집중력을 갖는 것, 그런 자세가 중요하다.

그 툴 플레이어의 이상형에 부합하는 타자는 누가 있나?

이종범은 모든 걸 갖췄지만 파워가 부족하다. 양준혁은 은근히 주력도 갖췄지만 툴 플레이어라기보다는 순수한 타자에 가까웠다. 박용택도 전체적으로는 준수하지만 최상급이라고 하기에는 뭔가 좀 아쉽고……. 완벽하게 부합하는 선수는 딱 떠오르지 않는다 다만 4할이라는 목표 의식에 상징적으로 들어갈 수 있는 선수는 김현수라고 본다. 김현수의 장점은 장타력이 아니라 히팅 능력에 있다. 본인이 4할을 목표로 했다면 설령 4할을 치지는 못하더라도 어쨌든 타격 능력이 한층 달라지지 않았을까. 히팅 능력이라는 본인의 장점을 극대화했더라면 타율만으로도 S급의 선수가 되었을 거다. 하지만 몸을 불리고 장타를 노리면서 조금 아쉬운 A^+ 선수가 되어 가는 느낌이다.

그런 면에서 이치로는 자기 장점을 극대화한 케이스다. 이치로의 목표는 명백히 '안타'에 있다. 이치로가 타율에 비해 상대적으로 출루율이 낮다고 하는 이들도 있지만 그건 선구안이 나빠서가 아니라 그가 200안타를 목표

로 하기 때문이다. '자기 최적화', 다른 타자들도 생각해 봐야 할 부분이다.

김태균의 4할 가능성에 대해서는 어떻게 보나?

김태균은 기술적으로도 우수할 뿐만 아니라 단순한 성격이기 때문에 스트레스에도 강할 것이다. 다만 본인이 타율에 얼마나 애착을 갖고 있을지가 관건이다. 계속 이야기하는 거지만 안타가 홈런의 0.5개 정도 가치를 가진다면 모르겠는데 시장의 가치는 안타 10개가 홈런 1개와 비슷한 그런 수준이기 때문이다. 이런 상황에서 김태균에게 고타율이 얼마나 의미를 가질 수 있느냐, 그 동기 부여 여부가 4할 달성에 중요한 요소로 작용할 것이다.

역대 가장 4할에 근접한 최고의 타자는?

역시 이종범이다. 기본적으로 내야 안타가 가능한 주력을 갖췄다. 다만 1번 타자였던 게 약점으로 작용했고, 1994년 시즌에는 상대적으로 볼넷이 적었는데 1996년이나 1997년 시즌에 기록했던 볼넷 수준이었다면 4할도 가능했을 것이다.

장효조 선수는 1994년 시즌 이종범의 다운 그레이드 버전이라 할 수 있다. 안타를 만들어 내는 타격 능력 자체는 더 뛰어났지만, 그리고 발이 느린 선수는 아니었지만 역시 주력의 차이가 크다. 장효조 선수가 4할을 충분히 달성할 수 있었다고 하는 이들도 있지만 프로 야구 초창기임에도 불구하고 결국 해 내지는 못했기 때문에 결과로 평가할 수밖에 없다. 다만 백인천이 4할을 해 낸 원년과 비교하자면 투수 질이란 측면에서 원년에는 세계 야구 선수권 때문에 좋은 투수들이 프로에 데뷔하지 않았다는 차이가 있다. 또한 장효조가 뛴 시기가 본인의 전성기였나 하는 점도 의문이다. 당시는 20대 후반과 30대 초반 사이면 실업팀에서 지도자를 하던 시기로 30대면 노장이 아니고 거의 노인이라 할 수 있었다. 이러한 시대에 장효조도 몸 관리 측면에서 지금과는 비교가 되지 않았을 것이다. 반면 백인천은 40대였지만 일본 프로야구를 통한 철저한 자기 관리가 있었다. 지금도 이렇게 건강한 걸 보면 굉장히 꾸준한 자기 관리가 있었을 것이라 짐작할 수 있고 거기에 풍부한 경험이 더해져 4할을 칠 수 있었다.

　메이저 리그를 보면 투수보다 타자가 압도하는 양상이라고 할 수 있다. 그럼에도 왜 메이저 리그에서 4할이 나오지 않느냐, 결국은 트렌드의 문제로 귀결된다. 장타의 가치가 훨씬 높은 트렌드의 시대에 4할 타율은 달성되기 어려운 것이다. 우리나라는 그런 기준에서 생각한다면 4할이 더 오랜 시간 동안 나오지 않을 수도 있다. 투수들의 레벨이 아직 완성된 단계라고 여겨지지 않기 때문이다. 구종을 보면 이제야 이용찬 정도가 제대로 된 포크볼을 던지고 커터는 구사하는 선수 자체가 거의 없는 수준 아닌가. 제구력의 경우에도 제대로 몸 쪽 승부를 구사하는 선수가 거의 없다. 일반적으로 야구는 투수가 앞서나가고 타자가 거기에 적응해 가는 양상이 일반적인데 한국 프로 야구는 투수들이 아직 개발의 여지가 크기 때문에 4할 달성이 요원할 수도 있다. 지금 시점에서는 타자의 기술이 우위에 있지만 점차 구종도 다양화하는 추세이고 그러다 보면 어느 순간 투수가 압도하는 시기가 오게 된다. 여기에 타자가 적응해 가다가 야구의 트렌드가 홈런이 아니라 안타, 타율인 시기가 온다면 4할이 나올 수도 있을 것이다. 물론 현 시점에서는 타자가 우위이기 때문에 역설적으로 아주 단시일 내에 고타율의 타자가 나올 가능성도 배제할 수는 없겠다. 하지만 중장기적으로 보면 투수들의 발전 여지가 크기 때문에 당분간 4할 타자를 보는 것은 쉽지 않을 것이다.

미시 경제학을 공부하던 학생이 거시 경제학의 대가를 만난 느낌이 이럴까. '4할 도전'이라는 '대공황급 난제' 속에서 모두가 세밀한 분석에 몰두할 때 손윤은 시장 전체를 넓게 바라보고 있었다. 그의 논리는 정연했다. 확률적으로는 툴 플레이어(특히 주력을 갖춘 선수)나, 선수 개인적으로는 어떤 상황에서든 흔들리지 않는 평상심의 루틴을 갖춘 이가 4할에 도전할 자격을 갖고 있다는 것. 그리고 무엇보다도 시장의 트렌드가 고타율의 가치를 인정하는 쪽으로 흘러야 한다는 것이었다. 그의 지적대로 현재 시장의 트렌드는 4할을 꿈꾸는 이들에게 분명 넘기 힘든 큰 장애물이다. 하지만 시장의 대세를 거스르는 리스크 가득한 모험이기에 4할 도전이 이토록 우리의 가슴을 뛰게 하는 것일지도 모른다.

김형준의 확률

메이저 리그 칼럼니스트
전 《마이데일리》 스포츠 팀장
현 네이버 베이스볼+ 운영
현재 MBC 스포츠 플러스 메이저 리그 해설 위원
저서 『메이저 리그 레전드』, 『메이저 리그 스카우팅 리포트 2013』
(공저)

김형준 기자는 자타가 공인하는 국내 최고의 메이저 리그 전문가다. 박찬호가 LA 다저스와 계약하기도 전에 '메이저 리그'라는 블루오션을 개척해 꾸준히 기사를 써 왔고, 현재는 최고의 메이저 리그 전문 칼럼니스트로 활약하고 있다. 데이터와 스토리가 절묘하게 어우러진다는 평가를 받는 그의 칼럼은 네이버에서 최대 100만 번의 조회수를 기록할 정도. 특히 팬들이 남긴 댓글 하나하나에 일일이 답변하는 그의 성실한 소통은 정평이 나 있다.

최고의 전문 기자이자 소통하는 파워 블로거, 방대한 데이터 활용과 넘쳐나는 비하인드 스토리. 여기에 해외 야구 전문가이기 때문에 할 수 있는 거침없는 인터뷰까지. 그를 섭외해야 할 이유는 차고도 넘쳤고, 그의 이야기는 마치 법회 설법처럼 부드럽게 듣는 이를 끌어당졌다. 메이저 리그 전문가 김형준, 호감으로 출발해서 공감으로 마무리된 그와의 인터뷰가 시작되었다.

현대 야구에서 4할은 가능한가?

메이저 리그에서 마지막으로 4할 타율이 나온 게 테드 윌리엄스가 4할 타율을 기록했던 1941년이다. 이후 70년이 넘는 시간 동안 4할에 접근했던 타자가 두 명 있는데 조지 브렛과 토니 그윈이다. 그윈은 8월 중순에 파업으로 인한 시즌 중단으로 4할 도전의 기회 자체를 봉쇄당했고, 브렛은 9월 초까지 4할 타율을 유지하다가 9월에 부진하면서 결국 0.390으로 시즌을 마감했다.

그런데 브렛의 당시 9월 기록을 살펴보면 미묘한 부분들이 있다. 그중 하나는 9월에 확장 로스터로 로스터가 25명에서 40명으로 늘면서 좌타자 브렛이 한 번도 상대해 보지 못했던 신인 좌투수들을 상대해야 했던 점이다. 결국 이들을 상대로 부진한 성적을 내면서 4할 달성에 실패했는데, 4할이라는 게 이처럼 작고도 미묘한 부분으로도 달성되기도 하고 실패하기도 하는

표 5-9 | 조지 브렛의 1980년 시즌 성적.

시즌(년)	선수	경기	타석	타수	안타	홈런	타점	도루	볼넷	삼진	타율
1980	조지 브렛	117	515	449	175	24	118	15	58	22	0.390

* 출처: 〈베이스볼 레퍼런스〉.

표 5-10 | 상대 투수에 따른 좌타자 브렛의 타율 변화.

상대 투수	경기	타석	타수	안타	홈런	타점	도루	볼넷	삼진	타율
우완	100	320	270	118	16	83	13	45	6	0.437
좌완	71	195	179	57	8	35	2	13	16	0.318
좌완 선발	45	199	178	67	11	45	2	18	9	0.376
우완 선발	72	316	271	108	13	73	13	40	13	0.399

* 좌타자 브렛의 발목을 잡은건 결국 좌완 투수였다. 좌투수 상대 타율이 0.318로 우투수 상대 0.437에 비해 크게 낮다. 특히 좌완 불펜을 상대로 부진한 점이 눈에 띈다.

표 5-11 | 시즌 진행에 따른 브렛의 타율 변화

September/October	Tm	Opp	PA	AB	R	H	2B	3B	HR	RBI	BB	IBB	SO	HBP	SH	SF	ROE	GDP	SB	CS	BA
Sep 1	KCR	MIL	4	4	0	1	0	0	0	1	0	0	0	0	0	0	0	0	0	0	0.401
Sep 3	KCR	MIL	4	2	1	1	0	0	1	1	2	1	0	0	0	0	0	0	1	0	1	0.402
Sep 4	KCR	MIL	5	3	1	1	0	0	1	2	2	0	0	0	0	0	0	0	0	0	0.401
Sep 5	KCR	CLE	4	4	0	1	1	0	0	0	0	0	1	0	0	0	0	0	0	0	0.399
Sep 6	KCR	CLE	4	3	0	0	0	0	0	0	1	0	0	0	0	0	0	0	0	0	0.396
Sep 17 (2)	KCR	CAL	5	5	0	2	0	0	0	0	0	0	1	0	0	0	0	0	1	0	0.396
Sep 18	KCR	CAL	4	3	0	2	0	0	0	0	1	0	0	0	0	0	0	0	0	0	0.398
Sep 19	**KCR**	**OAK**	5	4	2	2	0	0	0	2	0	0	1	0	0	1	0	0	1	0	**0.400**
Sep 20	KCR	OAK	4	4	0	0	0	0	0	0	0	0	0	0	0	0	0	0	0	0	0.396
Sep 21	KCR	OAK	4	4	1	1	0	0	1	2	0	0	0	0	0	0	0	0	0	0	0.394
Sep 22	KCR	SEA	5	4	1	1	0	0	1	1	1	0	0	0	0	0	0	0	0	0	0.393
Sep 23	KCR	SEA	4	4	0	0	0	0	0	1	0	0	0	0	0	0	0	0	0	0	0.391
Sep 24	KCR	SEA	4	3	0	0	0	0	0	0	1	0	0	0	0	0	0	0	0	0	0.389
Sep 26	KCR	MIN	4	4	1	0	0	0	0	0	0	0	1	0	0	0	0	1	0	0	0.387
Sep 27	KCR	MIN	4	4	0	0	0	0	0	1	0	0	1	0	0	0	0	0	0	0	0.384
Sep 28	KCR	MIN	1	1	1	1	0	0	1	0	0	0	0	0	0	0	0	0	0	0	0.385
Sep 30	KCR	SEA	7	6	1	3	0	0	1	4	1	1	0	0	0	0	0	0	0	0	0.387
Oct 1	KCR	SEA	4	3	2	3	2	0	1	1	1	1	0	0	0	0	0	0	1	0	0.391
Oct 2	KCR	SEA	4	2	1	0	0	0	0	1	1	0	0	0	0	1	0	0	0	0	0.389
Oct 3	KCR	MIN	4	3	0	1	0	0	0	1	0	0	0	0	0	1	0	1	0	0	0.389
Oct 4	KCR	MIN	5	4	2	0	0	0	0	1	0	0	0	0	0	0	0	0	0	0	0.390
Total			515	449	87	175	33	9	24	118	58	16	22	1	0	7		11	15	6	**0.390**

* 9월 19일까지 4할을 유지했지만 이후 부진으로 결국 4할 달성에 실패했다. (표의 주요 약어 해설: Tm=소속 팀, Opp=상대 팀, PA=타석, AB=타수, H=안타, BB=볼넷, SO=삼진, BA=타율, MIL=밀워키, CLE=클리블랜드, CAL=캘리포니아, OAK=오클랜드, SEA=시애틀, MIN=미네소타)

거라는 걸 극명하게 보여 주는 부분이라고 본다. 결론적으로 메이저 리그에서도 41년 이후 그 긴 시간 동안 근접한 도전 자체가 두 번뿐이라는 걸로 미루어 볼 때 4할 타율이라는 건 사실상 불가능한 게 아닌가 싶다.

만약 토니 그윈이 단축 시즌이 아니었다면 4할을 달성할 수 있었을까?
어려웠을 것 같다. 그러기엔 시즌이 상당히 많이 남아 있었고 그때 기록을 보

표 5-12 | 1994년 시즌 토니 그윈의 월별 성적.

구분	경기	타석	타수	안타	홈런	타점	도루	볼넷	삼진	타율
3~4월	18	80	76	30	2	7	0	3	4	0.395
5월	28	112	97	38	3	14	2	15	4	0.392
6월	27	123	106	41	4	22	3	12	5	0.387
7월	27	117	100	37	2	18	0	15	5	0.370
8월	10	43	40	19	1	3	0	3	1	0.475

면 시즌이 단축되기 전에 몇 경기 바짝 치면서 타율을 확 올렸던 상황이었다. 다만 그윈은 자신이 원하는 방향으로 타구를 보낼 수 있는 기술을 갖고 있던 진정한 타격의 달인이었기 때문에 아쉬움이 더 컸는지도 모르겠다.

그렇다면 4할을 불가능하게 하는 요인들에는 어떤 것들이 있나?

2012년 시즌 기준으로 메이저 리그 평균 타율이 0.255 정도 된다. 프로 야구라는 게 4~5점 경기 아닌가. 그처럼 타율도 2할 6푼에서 오가는 성질이 있다. 4할과 2할 6푼을 비교해 보면 수치적으로 차이가 작지 않은데 이것만 봐도 확률적으로 달성이 어려운 부분이다.

두 번째로는 심리적인 부분을 들 수 있다. 4할이라는 게 한국 기준으로는 원년 이후, 메이저 리그 기준으로도 1941년 이후 70년 이상 나오지 않은 기록이다 보니 그 부분에 대한 압박감이 굉장히 크다. 기록이 묵으면 묵을수록 심리적 부담도 커지기 때문에 이런 부분들도 4할을 막는 요소라고 할 수 있다.

세 번째 이유는 선수 간 기량차가 예전보다 작다는 점이다. 예전에는 메이저 리그도 잘하는 선수와 못하는 선수의 격차가 컸다. 그래서 상대적으로 못하는 선수를 상대로 몰아치기를 통해 타율을 급격히 올리는 게 가능했지만 지금은 그런 게 사실상 불가능하다.

여기에 분석적인 요소가 도입되면서 각 팀에서 4할에 도전할 만한 타자를 가만히 놔두지 않는 시스템도 한몫하고 있다. 천적 투수를 투입하고, 약점을 분석하고 수비 시프트가 대세로 자리 잡는 등 세밀한 분석이 강화되는 것도 4할 타자가 나오기 어려운 이유다.

그렇다면 4할 가능성은 제로란 의미인가?

메이저 리그의 모든 대기록을 통틀어서도 세 손가락에 꼽을 정도로 어렵지 않을까 싶다. 2위 기록과의 격차만 봐도 알 수 있다. 조 디마지오가 세운 56경기 연속 안타 기록이 2위 기록인 피트 로즈의 44경기 연속 안타와 무려 12경기 차이다. 디마지오의 연속 안타 기록은 게임에서도 못 깨겠더라. (웃음) 테드 윌리엄스의 0.406과 조지 브렛의 0.390 차이가 그 정도까지는 아니지만 그래도 실질적으로는 버금가게 어렵다고 본다. 최소한 확률적으로 0.1퍼센트 아래이지 않을까.

그렇다면 국내 프로 야구에서도 마찬가지로 어렵다고 생각하나?

그렇다고 생각한다. 우리나라에서 퍼펙트 게임이나 노히트노런이 나오지 않는 것은 1차적으로 수비력의 차이 때문이고 그다음이 너무 많이 만나기 때문이라고 본다. 한 시즌에 팀당 19경기씩이나 만나고 리그에 8팀뿐이기 때문에 분석할 대상 자체가 더 적다. 그래서 4할에 도전하는 선수가 나오면 충분히 시즌 중에 대처법이 나오지 않을까 싶다. 메이저 리그에서는 상대적으로 다른 리그의 선수에 대해서는 그렇게까지 분석할 이유가 없다. 내셔널 리그 팀인 시카고 커브스라면 아메리칸 리그의 조 마우어(Joseph 'Joe' Patrick Mauer)보다는 같은 리그의 앤드루 매커친(Andrew McCutchen)을 더 연구하지 않겠나. 하지만 우리나라는 1년에 19번이나 만나니 집중적인 분석을 하기가 더 쉬울 것이다.

이야기한 대로 쉽지는 않겠지만 그래도 '4할 후보군'을 선정할 때 주목할 만한 통계적 지표가 있다면?

BABIP(Batting Average on Balls in Play, 인플레이된 볼의 피안타율. 투수가 받은 수비진의 도움과 운을 측정하는 데 쓰인다. 즉 피안타율에 비해 BABIP가 매우 낮다면 그 투수는 수비의 도움을 많이 받았거나 운이 좋았다고 할 수 있다.)가 가장 어울리는 것 같다. 두 가지 측면에서 생각해 볼 수 있는데, 지금 BABIP가 너무 높다면 그 선수의 기록이 플루크일 수도 있지만 반대로 생각하면 그게 계속해서 잘 나오는 선수들이 있다. 예컨대 이치로가 평균적으로 시즌 3할 3푼을 치는데 이번 시즌에는 3할 7푼을 치고 있다면 그 기록이 최소 이번 시즌만큼은 유지될 가능성도 적지 않다. 지금 BABIP가 잘 나온다고 하면 보통은 그 선수의 타율에 거품이 끼었다고 보고 기록이 곧 하락할 거라고 생각하는 경우가 많다. 그런데 그게 커리어 내내 가지는 못해도 최소한 한 시즌은 쭉 유지되는 경우가 많기 때문에 BABIP가 높게 나오는 선수들을 주목해 볼 필요가 있다.

　추신수 선수가 이런 이야기를 해 준 적이 있다. 진짜 안 풀리는 해가 있다고. 안 맞기 시작하면 잘 맞은 타구도 죄다 야수에게 잡히고……. 그게 아마 2010년이었는데 그때도 3할을 쳤지만 상당히 고생을 했던 것 같다. 만약 어떤 시즌에 BABIP가 굉장히 잘 나오고 있다, 그러면 선수들은 직관적으로 의식을 하고 있지 않을까. 그러면 그게 심리적으로 대기록 도전에 안정감을 줄 수 있을 테고. 그 밖에 라인 드라이브 타구 비율도 주목해 볼 만하다. 2012년 시즌 초반에 조시 해밀턴이 엄청나게 몰아칠 때 라인 드라이브 비율이 점점 떨어지는 게 보였다. 결국 안타 가능성이 떨어진다는 이야기였고 폭풍 같은 두 달 후 결국은 무너지더라.

장타자와 교타자 중에서는 누가 4할에 유리하다고 보나?

쿠어스 필드(Coors Field, 미국 덴버에 위치한 메이저 리그 콜로라도 로키스의 홈구장. 해발 1,610미터 고지에 있어 공기 저항이 적고 장타가 많이 나와 '투수들의 무덤'이라 불린다.)에서는 홈런도 많이 나오지만 타율도 높다. 한창 쿠어스 필드가 악명을 떨칠 때 내셔널 리그 타격왕은 토니 그윈 아니면 쿠어스 필드 타자라는 농담이 있을 정도였으니까. (웃음) 비거리가 늘어나니까 홈런이 증가하는 건 당연한데 타율은 왜 잘 나오느냐. 비거리가 잘 나오다 보니 외야수들이 후진 수비를 하게 되고 그만큼 공간이 넓어져서 행운의 안타가 많이 나오게 되었던 거다. 그런 의미에서 가장 좋은 건 발 빠른 장타자인데 여기에 라인 드라이브 히터이면 금상첨화다. 4할에 근접했던 브렛이나 그윈도 그렇고 안타가 나올 확률이 가장 높은 타구가 라인 드라이브니까 그런 빨랫줄 타구 비율이 높은 라인 드라이브 히터가 4할에 가장 가까이 있다고 생각한다.

투수 분업화가 미치는 영향은 어떠한가?

타자들의 타율 하락에 영향을 많이 미쳤다고 본다. 과거 분업화 전에는 선발들이 많은 이닝을 던지면서 피로해진 선발들을 상대할 여지가 많았는데 그런 게 사라졌다. 특히 경기 후반 좌완 상대 가능성이 훨씬 높아진 좌타자들로서는 상당히 애를 먹는 부분이다. 그리고 과거엔 불펜 투수들도 선발에서 밀려난 오버스로나 스리쿼터 투수들이 많았는데 요즘은 대학 때부터 전문적으로 사이드암으로 투구하는 선수들도 많아져서 상대하기가 더 까다로

워졌다. 클리블랜드의 마무리 투수인 크리스 페레즈(Christopher Ralph Perez Mercedes)가 대표적인 케이스이다.

수비 시프트의 영향에 대해선 어떻게 생각하나?

타자 한 명 한 명의 통계를 구하는 건 쉽지 않지만 실제로 마크 테세이라(Mark Charles Teixeira) 같은 경우는 시프트로 인해 타율이 하락한 케이스다. 팀 단위로는 탬파베이가 시프트를 가장 극단적으로 쓰는 팀인데 탬파베이 투수진의 BABIP가 상당히 낮다. 이건 확실히 시프트가 영향을 미치고 있다는 뜻이다. 추신수의 전소속 팀 클리블랜드 인디언스도 시프트를 많이 쓰는 팀인데 경기를 해설하다 보면 확실히 시프트를 빠져나가는 타구보다 시프트에 걸리는 게 훨씬 많다. 실제로 봐도 그렇고 시프트가 요즘 유행하는 이유는 실질적으로 효과가 대단히 크기 때문이다. 탬파베이의 조 매든(Joseph John Maddon) 감독이 이런 말을 한 적이 있다. 야구계에서 신기술이 계속 개발되는데 이런 신기술들은 전부 투수에게 유리한 것들이라고, 그리고 그런 쪽에서 가장 영향을 많이 받는 부분이 수비 위치를 잡는 것이다.

표 5-13 | 2010~2012년의 BABIP 순위.

팀	K/9	BB/9	HR/9	피안타율	WHIP	BABIP	잔루율
탬파베이	7.51	3.06	1.00	0.235	1.23	0.274	75.3%
시애틀	6.70	2.77	0.98	0.247	1.26	0.281	72.1%
오클랜드	6.94	3.14	0.90	0.243	1.28	0.281	74.0%
텍사스	7.44	3.07	1.04	0.243	1.27	0.282	72.7%
샌프란시스코	8.00	3.37	0.75	0.232	1.25	0.282	75.2%
샌디에이고	7.55	3.33	0.86	0.238	1.28	0.282	74.6%

* 9이닝당 탈삼진 수(K/9)나 피안타율에 비해 탬파베이의 BABIP와 잔루율이 월등한 것이 눈에 띈다. (주요 약어 해설: K/9=9이닝당 탈삼진 수, BB/9=9이닝당 볼넷 수, HR/9=9이닝당 홈런 수) 출처: 팬그래프닷컴.

표 5-14 | 제레미 헬릭슨의 2012년 시즌 성적.

선수 이름	소속팀	K/9	BB/9	HR/9	피안타율	WHIP	BABIP	잔루율	평균 자책점
Jered Weaver	Angels	6.89	2.04	0.89	0.205	0.97	0.233	78.1%	2.74
Jason Vargas	Mariners	5.57	2.25	1.33	0.236	1.14	0.248	79.6%	3.53
Derek Holland	Rangers	7.29	2.75	1.71	0.238	1.21	0.254	65.6%	4.98
Ervin Santana	Angels	6.05	3.19	1.86	0.251	1.34	0.255	66.3%	5.59
Jeremy Hellickson	Rays	5.65	3.32	1.34	0.243	1.30	0.256	80.8%	3.39
Edwin Jackson	Nationals	7.56	2.81	1.19	0.226	1.17	0.257	76.0%	3.69
Madison Bumgarner	Giants	8.25	1.76	0.99	0.217	1.01	0.258	76.1%	2.97
Clayton Kershaw	Dodgers	8.70	2.21	0.69	0.207	1.01	0.259	73.5%	2.90
Justin Verlander	Tigers	8.92	2.23	0.74	0.207	1.01	^0.260	75.8%	2.53

* 삼진은 적고 볼넷은 많고 피안타율도 낮지 않은데 방어율은 좋다. 김형준 기자에 따르면 피안타율 대비 매우 낮은 BABIP와 매우 높은 잔루율(LOB%)의 힘이다. 즉 헬릭슨은 탬파베이 수비진과 정교한 시프트의 덕을 톡톡히 보고 있는 셈이다.

이건 감독 혼자만의 노력으로 되는 부분은 아니다. 분석팀이 가동되고 리소스를 많이 투자할 수 있는 구단에서 쓸 수 있는 거다. 탬파베이, 토론토, 밀워키, 클리블랜드 이 네 팀이 시프트를 가장 애용하는 팀들인데 젊은 단장들이 이끄는 팀들이라는 공통점이 있다.

이런 이야기와 관련해서 가장 자주 등장하는 선수가 제레미 헬릭슨(Jeremy Hellickson, 탬파베이 소속)이다. 땅볼 유도형 투수도 아닌데 이닝당 탈삼진이 리그 평균에도 못 미친다. 그런데 역사적으로 그렇게 이닝당 탈삼진이 낮은 선수들이 그 정도의 BABIP를 기록할 수가 없는데 헬릭슨은 예외다. 이게 결국 탬파베이 수비진의 힘이 아니겠나.

메이저 리그에서 투수들의 능력을 볼 때 결국 귀결되는 부분이 WHIP(Walks plus Hits divided by Innings Pitched, 이닝당 출루 허용률, (안타+사사구)/이닝)이다. 주자를 내보냈을 때 잔루로 막아 내는 능력은 다 똑같다고 보고 그렇다면 얼마나 출루 자체를 최소화하느냐로 투수의 능력을 평가하는 것이다. 그런데 헬릭슨의 잔루율을 보면 메이저 리그 평균이 60~70퍼센트인 데 비해 80퍼센트 이상으로 상당히 높다. 결국 헬릭슨은 정교한 시프트의 덕을 상당히 보는 셈이다.

탬파베이와 클리블랜드의 4연전을 해설한 적이 있는데 추신수의 경기이기도 해서 상당히 몰입해서 봤다. 그때 탬파베이의 매든 감독이 추신수를 상대로 유격수를 2루 바로 위에 두는 시프트를 선보였는데 결과적으로 적시타 2개가 날아갔다. 그런 걸 보면서 매든 감독과 탬파베이의 시프트가 상당히 정교하다고 느꼈다.

메이저 리그 선수들의 4할 도전에 대한 분위기는 어떨까? 손윤 기자가 지적한 이 '트렌드'라는 지점에 대해 김형준 기자도 공감을 표시했다.

최근에는 타율이 무시를 받는 게 '트렌드'이다 보니 4할에 특별히 집착하는 분위기가 없다는 점도 4할 도전에 장애 요소라 할 수 있다. 메이저 리그는 타율과 관련해서 극단적인 상황까지 온 것이 2할 초반대를 치는 애덤 던(Adam Troy Dunn)이나 마크 레이놀즈(Mark Andrew Reynolds), 카를로스 페냐(Carlos Felipe Peña) 같은 선수들이 풀타임을 소화하는 것을 보면 알 수 있다. 이 선수들은 타율은 낮지만 출루율과 장타율이 높은, 즉 OPS형 타자라는 공통점이 있다. 그러다 보니 고타율의 선수들은 결국 1번 타자로 가게 되는데 1번 타자도 요즘엔 장타력이 아예 없으면 안 되는 분위기고, 게다가 1번은 타석에 너무 많이 들어서다 보니 4할에 도전하기는 어렵고……. 전체적인 트렌드는 확실히 4할 도전을 쉽지 않게 하는 쪽으로 가고 있다.

세이버매트리션들의 정의에 따르면 볼넷의 가치를 1이라고 할 때 단타는 1.4, 홈런은 2.5라고 한다. 하지만 실제 시장에서의 가치는 홈런이 훨씬 더 크다. 이건 아마도 안타는 선수 혼자 해결할 수 있는 부분이 아니고 다른 타자들과의 유기적인 공격 과정에서 나오는 산물인 반면 홈런은 그렇지 않아서가 아닐까. 2012년 시즌의 뉴욕 양키스가 전형적인 케이스다. 득점권 타율 최하위를 기록하고 있지만 홈런만으로도 승리를 위한 마지노선인 4점 이상을 계속 낼 수 있으니까. 20홈런을 칠 수 있는 타자들을 같은 팀에 7명이나 몰아넣을 수 있는 것도 양키스가 아니면 상상하기 어려운 일이다.

2010년 샌프란시스코의 월드 시리즈 우승도 시사하는 바가 크다. 샌프란시스코가 필라델피아의 막강 선발진을 무너뜨린 결정적 요인이 바로 홈런이었다. 그해 샌프란시스코는 타율은 최악이었지만 8월과 9월에 메이저 리그 홈런 1위를 기록했다. 시즌 전체로 보면 홈런만 잘 치는 '공갈포' 팀이 문제가 있을 수 있지만 단기전 같은 극단적 상황에서는 확실히 홈런이 빛을 발하기 때문에 홈런을 선호하는 트렌드가 강화되는 것 같다.

그렇다면 현역 메이저리거 중 4할에 도전할 만한 선수는 누가 있을까?

세이버메트릭스의 대부 빌 제임스가 고안해 낸 공식 중에 '노히트 노런 가능 선수 예상 퍼센트'란 게 있다. 어떻게 뽑아내는 건지는 모르겠는데 아무튼 있다. (웃음) 이 공식에서 맷 케인(Matthew Thomas Cain)의 노히터 달성 확률을 높게 봤는데 진짜로 올해 퍼펙트 게임을 해 내지 않았나. 그런 의미에서 '4할 타율 가능 선수 예상 퍼센트'도 어떻게 뽑아낼지 고민을 해야 할 텐데 결국은 통산 타율이 높고 꾸준하게 3할 이상의 고타율을 기록한 선수가 가능성 있다고 봐야 한다. 그렇게 보면 역시 조 마우어가 아닐까? 마우어가 현

표 5-15 | 애덤 던의 성적.

연도(년)	경기	타석	타수	안타	홈런	타점	볼넷	삼진	타율	출루율	장타율
2001	66	286	244	64	19	43	38	74	0.262	0.371	0.578
2002	158	676	535	133	26	71	128	170	0.249	0.400	0.454
2003	116	469	381	82	27	57	74	126	0.215	0.354	0.465
2004	161	681	568	151	46	102	108	195	0.266	0.388	0.569
2005	160	671	543	134	40	101	114	168	0.247	0.387	0.540
2006	160	683	561	131	40	92	112	194	0.234	0.365	0.490
2007	152	632	522	138	40	106	101	165	0.264	0.386	0.554
2008	158	651	517	122	40	100	122	164	0.236	0.386	0.513
2008	114	464	373	87	32	74	80	120	0.233	0.373	0.528
2008	44	187	144	35	8	26	42	44	0.243	0.417	0.472
2009	159	668	546	146	38	105	116	177	0.267	0.398	0.529
2010	158	648	558	145	38	103	77	199	0.260	0.356	0.536
2011	122	496	415	66	11	42	75	177	0.159	0.292	0.277
2012	118	512	421	88	35	83	86	172	0.209	0.342	0.494
통산	1688	7073	5811	1400	400	1005	1151	1981	0.241	0.372	0.502

* '홈런 아니면 삼진'이란 뜻으로 '디지털 타자'라 불리는 애덤 던의 성적. 2할대 초반의 타율에 볼넷보다 삼진이 2배나 많은 선수지만 타율보다 1할 3푼이나 높은 출루 능력과 장타력을 인정받고 있다.

역 중 통산 타율 2위인데 1위인 앨버트 푸홀스(Albert Pujols)와 3위인 이치로가 하락세인 반면 마우어는 아직까지는 전성기가 남아 있다. 론 가든하이어(Ronald Clyde Gardenhire) 미네소타 트윈스 감독이 최근 들어 마우어를 포수가 아닌 1루수나 지명 타자로 많이 쓰는 것도 타율 측면에서는 플러스 요소일 테고. 4할에 가장 근접했던 토니 그윈과 비슷한 스타일이라는 점에서도 마우어가 그나마 가능성 있는 선수라고 본다.

수비 부담도 중요한 요소다. 1994년 시즌 이종범의 경우도 결국 수비 부담이 큰 영향을 미쳤다고 본다. 특히 도루나 헤드 퍼스트 슬라이딩을 많이 하는 선수들은 부상 가능성 때문에 어려울 수도 있다. 똑같이 주력이 있어도 이치로 같은 선수들은 절대 헤드 퍼스트 슬라이딩을 하지 않는다. 외야 다이빙 캐치도 하지 않고. 그야말로 타격을 위해 스스로를 최적화시키는 느낌이다.

이른바 '툴 플레이어'가 타율 관리에 유리한가?

대부분의 툴 플레이어들은 신체적인 능력이 뛰어나고 자신의 반응 속도를 믿다 보니 인내심이 적은 경우가 많아 대부분 타율이 낮다. 툴 플레이어들이 잘 풀린 케이스가 타율이 높고 출루율 낮고 장타율이 높은 건데 이게 아니면 BJ 업튼(BJ Upton)이 대표적인 예라고 보면 된다. 자신이 모든 공을 칠 수 있을 것 같다는 생각 때문에 타율이 낮다. 이런 선수들보다는 조이 보토처럼 툴 없고 마이너 리그에서 선구안 엄청 갈고 닦은 친구들이 타율이나 출루율은 확실히 높은 것 같다. 앤서니 노마 가르시아파라(Anthony Nornar Garciapara)가 타율 높고 출루율 낮은 스타일인데 결국 몇 년 못 갔다. 이런 선수들은 길게 보면 타율이 갈수록 떨어지는 경우가 많다. 그 대척점에 있는 선수가 에드거 마르티네스. 툴 제로인 선수들. (웃음)

그렇다면 배리 본즈의 시즌 73홈런 기록 경신보다도 4할 타율 달성이 어렵다고 보나?

이런 공상을 해 볼 수 있지 않을까. 몇십 년이 흘러 야구 선수들이 보조 기구를 활용하게 된 거다. 그렇다면 어떤 기록을 달성하기가 더 쉬울 것인가. 홈런은 보조 기구로 타자의 근력을 향상시켜 준다면 확실히 늘어날 수 있다. 반면 타격은 타자의 기술이 발전한 만큼 투수와 수비수의 기술도 올라갈 것이기 때문에 어떤 결론이 날지 예측하기 어렵다. 이런 가정을 해 보면 그 질문에 대한 답을 대신할 수 있지 않을까 싶다. 테드 윌리엄스가 말했듯 모든 스포츠 중에서도 가장 어려운 게 타격이다. 역시 타격이야말로 업그레이드하기 가장 어려운 부분이 아닐까.

메이저 리그 팬들 사이에서는 '펠레의 저주'만큼이나 유명한 '김형준의 저주'라는 게 있다. 김형준의 칼럼에 주목 기사가 실리면 그 선수나 팀은 김형준 기자의 예측과 반대로 간다는 이론이다. '푸홀스의 몰락' 기사 이후 극적으로 반등한 앨버트 푸홀스가 대표적인 사례.

그 김형준 기자가 말했다. 현대 야구에서 4할 타자가 나올 확률은 0.1퍼센트 이하라고. 세부적인 이유를 들며 강조했다. 확률적으로는 물론 심리적으로도 어렵다고. 저주를 퍼부었다. 게임에서도 나오기 힘든 것이라고. 김형준 기자의 법력을 믿기에 조심스럽게 이야기해 본다. 이제 4할 타자가 나올 날이 머지않았다고.

타격 능력에 관한
진화론적 논쟁

여러 스포츠 중 야구만큼 옥석을 가리기 힘든 종목도 없다. 신인 드래프트만 봐도 농구나 배구는 1순위 지명자가 거의 예외 없이 신인왕을 차지하고 엘리트 코스를 걷는다. 하지만 야구는 다르다. 완벽하다고 생각했던 재능이 거대한 좌절로 변하기도 하고 생각지도 못했던 곳에서 화려한 꽃이 피어난다. 그리고 그 재능들 중에서도 가장 파악하기 어려운 것이 타격에 관한 재능이다. 송구와 주루와는 다른 미지의 영역, 계측 불가능한 그 영역은 이성과 직관의 한가운데 그 어딘가에서 오늘도 우리를 유혹하고 있다.

    타격 능력은 타고나는 것일까, 아니면 노력과 경험, 학습으로 습득하게 되는 것일까. 무 자르듯 한쪽으로 답을 낼 수 없다면 선천성과 후천성의 비율은 어느 정도일까. 『야구의 심리학』에는 이와 관련한 흥미로운 연구 결과가 소개되고 있다. 여러 실험에 따르면 야구 선수는 일반인에 비해 동체 시력과 반응 속도 등이 월등한 것으로 나타났다.

1921년 베이브 루스, 2006년 앨버트 푸홀스를 대상으로 실시한 실험에서 두 선수는 기초 지각 능력과 운동 기술 등 거의 모든 분야에 걸쳐 완벽에 가까운 능력을 보였다.

실험대로라면 야구 선수는 일반인에 비해 우월하다. 그리고 슈퍼 스타는 더욱 우월하다. 그렇다면 슈퍼 스타는 원래 우월해서 슈퍼 스타가 된 것일까, 아니면 슈퍼 스타여서 우월한 것일까? '대한민국 타격의 달인'들이 현장에서 몸소 느낀 체감 지수를 정리해 봤다.

아무래도 유전자가 중요!

장성호와 정근우, 박병호는 선천적인 능력이 중요하다는 입장이다. 장성호에 따르면 노력도 중요하지만 선구안은 타고나는 부분이라고. 파워, 스피드, 노림수 같은 부분들은 경험을 통해 발전시킬 수 있지만 선구안은 갑자기 좋아지는 선수들을 본 적이 없었다는 근거를 제시했다. 좋았던 사람은 꾸준히 좋고 안 좋았던 사람은 계속 어려움을 겪는 부분이 선구안이라는 것. 스스로 선구안에 관해 재능이 있음을 인정한 장성호는 타격 능력에서 선천성과 후천성의 비율을 70 대 30으로 제시했다.

정근우도 타고난 재능의 중요성을 인정했다. 우선 눈이 좋아야 하고 공을 따라가는 운동 신경, 순간적으로 잡아내는 센스 같은 것은 노력으로 만들기 어렵다는 것이다. 방망이에 맞추는 감각이나 배트 스피드는 노력으로 가능하지만 순간적으로 공을 캐치해 내는 판단

센스는 선천적인 부분이 많이 작용한다고. 정근우가 꼽은 탁월한 재능의 소유자들은 자신의 동기들인 추신수, 이대호, 김태균. 정근우도 선천적인 부분의 비중을 70퍼센트로 봤다.

박병호도 선천적인 부분이 중요하다는 의견. 반사 신경과 순간적인 순발력은 선천적인 재능의 차이가 있다는 것. 여기에 더해 박병호는 연습보다도 실전의 중요성을 강조하기도. 뭐든지 실전을 통해 자신감과 능력치를 업그레이드할 수 있는 것이라고. 박병호가 생각하는 선천적 능력의 비중도 장성호, 정근우와 같은 70퍼센트.

타격은 결국 노력의 산물!

타격 코치로서의 직업 의식의 산물일까. 당대의 명코치로 공인받고 있는 김용달 코치와 박흥식 코치는 본인의 노력이 더 중요하다는 생각이다. 학구적인 이론파 김용달 코치는 "천재는 1퍼센트의 재능과 99퍼센트의 노력"이라는 아인슈타인의 말을 인용하면서 아무리 선천적 소질을 타고나도 노력이 70퍼센트 이상 따라 주지 않으면 좋은 타격을 할 수 없다고 강조했다.

박흥식 코치는 김용달 코치보다는 재능의 중요성을 인정하면서도 역시 노력이 더 중요하다는 소신을 보였다. 어느정도 재능이 있어야 거기에 노력이 더해져 선수가 성장하는 것이고, 노력만으로 성공하는 선수도 간혹 있지만 그런 선수는 한계점에 오면 더 이상 발전이 어렵다는 것. 반면 재능이 있는 선수는 성장 속도도 빠르고 습득한 기술도 오래 유지한다고. 즉 박 코치에게 있어 재능이란 '성장 한계점'을 의미한다. 하지만 훌륭한 재능에도 불구, 노력이 부족해 자만하다가 일찍 사라지는 선수들에 대한 아쉬움도 드러냈다. 기술적인 부분 외에 선수의 성정을 박 코치가 유난히 강조하는 이유이기도 하다. 박흥식 코치는 선천적인 재능의 비율을 약 40퍼센트로 봤다.

'양신' 양준혁은 가장 극단적으로 노력을 강조하는 케이스. 선천적인 능력의 비율은 10퍼센트에 불과하다고 일갈했다. 그는 이승엽의 예를 들면서 이승엽은 4타수 무안타를 치면 경산 훈련장에서 새벽 4시까지 타격 훈련을 했다며 선천적인 능력은 오래가지 못한다고 강조했다. 분명 타고나야 하는 게 야구지만 그럼에도 불구하고 죽자사자 하면 또 되는 게 야구라는 것이 그의 지론. 다만 공에 대한 순간적인 반응 속도, 이른바 '타이밍과 박자'의 부분은 확실히 좀 타고나야 하는 부분이라고. 『야구의 심리학』에 따르면 미국 마이너 리그 선수들을 대상으로 연구를 실시한 결과 반응 시간이 빠를수록 평균 타율이 높은 경향성이 나타났다. 선천적 재능에 관한 서로의 결론은 달랐지만 양준혁과 박병호의 의견에 힘을 실어 주는 결과라고 할 수 있다.

절대적 상관 관계는 없다

김정준 위원은 재능의 존재를 인정하면서도 그 재능이 고타율과 절대적인 상관 관계가 있는 것은 아니라고 주장하는 케이스. 김 위원에 따르면 천재는 분명히 존재한다. 그 천재는 직구 타이밍에 치면서 변화구를 얼마만큼 잘 칠 수 있느냐에 따라 결정된다고. 즉 공이 오면 오는 대로 쳐낼 수 있는 선수들인데 김현수와 이대호, 이병규 같은 선수들이 대표적이라고 봤다. 그 반대편에 있는 이들이 정근우와 김태균이고 장효조는 그 중간에 위치해 있다고. 일본에서 나가시마 감독을 천재라고 부르는 이유는 이러한 공을 맞히는 재주에 특별히 생각하지 않으면서도 잘 치는 성격이 더해졌기 때문이라는 말도 덧붙였다. 김 위원에 따르면 그런 타격의 재능은 하나의 더 좋은 옵션을 달고 있는 것일 뿐 그게 고타율로 직결되는 것은 아니라고 한다. 극단적으로 독심술을 할 수 있다면 천재적인 타격 재능보다도 훨씬 효율적이지 않느냐면서 김 위원은 선천적 재능에 대해 과도한 비중을 두는 것을 인정하지 않았다.

이 밖에 김현수는 선천적인 재능과 후천적인 노력은 50 대 50으로 모두 중요하다며 밖에서 보는 것과는 달리 좋은 타격을 위한 선수들의 스트레스와 노력은 상상을 초월하니 만큼 팬들의 애정을 부탁드린다고 당부하기도 했다.

우리나라 고교 타자들에게 주어지는 최고의 영예 중 하나는 '이영민 타격상'이다. 일제 시대에 활약했던 천재 야구 선수 이영민을 기리기 위해 1958년 제정된 이 상은 매년 9개의 전국 고교 야구 대회(황금사자기, 대통령배, 청룡기, 봉황대기, 무등기, 대붕기, 화랑대기, 미추홀기, 전국 체전) 중 5개 대회 이상, 15경기, 60타석 이상을 기록한 선수들 중에서 가장 높은 타율을 기록한 선수에게 수여된다. 즉 '초고교급 천재 타자'에게 주어지는 상인 셈이다.

그렇다면 역대 이영민 타격상 수상자들의 행보는 어떠했을까. 아쉽게도 상의 명성에 비해서는 성인 무대에서 두각을 나타낸 경우가 많지 않다. '이영민 타격상의 저주'라는 말이 있을 정도이니 말이다. 수준이 다른 여러 대회가 난립한 상황에서 적은 표본으로 타격왕을 뽑는다는 시스템 자체의 구조적인 한계도 있지만 '이영민 타격상의 저주'는 타격에서 '재능'이 차지하는 비중에 대해 많은 것을 생각하게 한다.

자타 공인 최고의 재능이었지만 마약 중독으로 그라운드를 떠났다가 드라마틱하게 MVP로 돌아온 조시 해밀턴(Joshua Holt Hamilton), 강속구에 안면이 함몰되고도 두려움에 물러서지 않은 조성환, 투수였다가 타자로 변신해 성공 신화를 쓴 김응국, ……. 타격을 향한 선수들의 열정과 노력은 선천과 후천 논쟁을 초라하게 만드는 위대한 스토리다. 드라마틱한 성공에 이르진 못했을지라도 최고의 투수였던 추억을 뒤로하고 타자로의 변신을 감행했던 김건우와 이대진의 이야기도 있다. 그럼에도 재능과 노력에 관한 이 논쟁은 계속될 것이다. 계시를 받은 주인공이 갖은 고난 끝에 필살기를 익히는 모습이야말로 눈을 뗄 수 없는 영웅 신화의 시작이니까.

만약
외계인이 출동한다면
어떨까?

 야구에 '만약'은 없다지만 야구만큼 '만약'으로 가득한 종목도 없을 것이다. 매순간 복기가 가능하고 매순간 데이터가 쏟아지는데 그 해석은 각자 또 천차만별이니 말이다.
 여기 뜨거운 떡밥 하나가 놓여 있다. 웬만해선 좀처럼 식지 않을. 만약 세계 최고의 리그인 메이저 리그에서도 최고의 타자인 푸홀스나 이치로가 — 당연히 전성기의 기량으로 — 한국 프로 야구에 뛰어들면 4할을 때려 낼 수 있을까? 김치에 대한 적응, 문화적 차이, 이런 요소들 생각하지 말고 이 외계인들이 한국에서 4할을 치겠다고 맘먹고 달려들면 어떨까 말이다.
 물론 여기에는 쉬운 반론이 있다. 한국에서 '먹튀 용병'이었던 선수가 메이저 리그에서 쏠쏠한 활약을 펼쳤다거나 일본에서 유망주 레벨이었던 알폰소 소리아노(Alfonso Guilleard Soriano)가 메이저 리그에서 40-40을 달성했다거나 하는 식으로 말이다. 하지만 그런 예들은 '리그와의 궁합'으로 생각해야지 '리그의 수준에 따른 타자의 기록 변화'의 대표적인 사례로 제시하기엔 무리가 있어 보인다. '외계인의 등장'에 대한 전문가들의 의견은 극명하게 갈렸다.

못할 것도 없다

김정준 SBS-espn 해설 위원은 충분히 가능하다는 입장이다. 이치로나 푸홀스는 그 리그를 초월한 존재들이기 때문에 상대적으로 하위 리그인 한국 프로 야구에 오면 충분히 4할이 가능하다는 것이다. 백인천 감독이 프로 원년 4할을 달성한 것도 김 위원에 따르면 마찬가지 이유. 일본 프로 야구 수위 타자 출신의 백인천은 당시 한국 프로 야구라는 '계(界)'를 훨씬 뛰어넘은 존재였기에 4할이 가능했다는 것이다. 김 위원은 심지어 푸홀스가 한국에 오면 70홈런을 칠 수 있을 것이며 리그에서 꾸준히 시즌을 소화한다는 전제 아래 5년 안에 4할 타율을 무조건 한 번은 한다고 주장했다.

한화 김용달 타격 코치도 가능하다는 생각이다. 그런 슈퍼 스타들이 진지하게 목표를 4할에 두고 시도한다면 불가능하지 않다고 주장했다.

김용달: 목표를 4할에 둔다면 가능하다. 다만 4할처럼 높은 목표를 두고 장기 레이스를 하게 되면 선수 입장에서는 그만큼 신체적·정신적으로 압박이 크기 때문에 대부분 그런 상황을 선호하지 않는다. 선수들은 대체로 편안

하게 오래도록 현역 생활을 하고 싶어한다. 한 시즌을 그렇게 집중적으로 스트레스 속에 보내는 것은 오랜 선수 생활을 목표로 하는 선수들에게 모험이 될 수 있지 않을까. 그래서 거의 시도하지 않지만 진지하게 목표로 삼는다면 불가능하지 않다고 본다.

쉽지 않을 것이다

메이저 리그 전문가인 김형준 기자는 쉽지 않다는 입장. 예전에 세이버매트리션들이 일본 야구 출신 선수들의 메이저 리그 성적 변화에 대해 통계를 만든 적도 있지만 사실상 의미가 없는 분석이라고. 일단 4할 도전자 자체가 많지를 않으니 수치로 비교하기도 어려울뿐더러 상하위 리그 간의 명확한 비례 관계를 규명하기 어렵다는 주장이다.

김형준: 빅리거들이 한국에 온다 해서 4할이 쉽지는 않을 거라고 본다. 미국 고교 리그를 보면 6할 타자들도 많다. 조 마우어(미네소타)는 고교 3년 동안 삼진을 딱 한 번 당했다고 하니 말이다. 이같은 현상은 하위 마이너 리그에서도 발견되는데 이건 리그 특성 탓이 크다. 미국에서 마이너 리그는 일종의 교육 리그이기도 하고 기록에 대한 부담감이 없다. 당연히 책임을 지는 부분도 없고.

반면 우리나라는 기록에 대한 저항감이 미국에 비해 상당히 크다. 얼마 전 데릭 지터(Derek Sanderson Jeter)의 3,000안타를 기념해서 소속팀 뉴욕 양키스가 기념 카드를 만들었는데 3,000번째 안타를 맞은 투수인 데이비드 프라이스(David Price)가 그 카드에 친필 사인을 넣고 대가를 받기로 했다. 본즈에게 홈런 맞은 선수가 존경한다고 사인을 받는 나라이기도 하고. 미국은 '기록의 희생양'이라는 인식이 거의 없는데 우리는 그렇지 않다. 특히 다른 나라에서 온 선수라면 더욱더 견제가 심하지 않을까. 다른 대기록은 몰라도 4할은 상당히 어려울 것이다.

김현수는 상당히 강한 어조로 불가능하다고 주장하는 1인. 국제 대회에서 직접 느낀 경험, 용병들의 성적 변화 등을 감안하면 메이저리거가 와도 4할은 어렵다는 생각이다.

김현수 : 리그가 달라졌다고 4할을 칠 수 있는 건 아니다. 카림 가르시아도 메이저 리그에서 장타자였는데 여기서 홈런왕은 못 하지 않았나. 우리 팀의 스콧 프록터(Scott Christopher Procter)와 더스틴 니퍼트(Dustin David Nippert)도 모두 메이저 리그 출신인데 니퍼트가 리그를 지배하는 것도 아니고 프록터가 블론세이브(blownsave, 세이브 실패)가 없는 것도 아니다. 그리고 그런 가정이 성립하려면 지금까지 우리가 거둔 국제 대회 성적도 불가능해야 할 것이다. 푸홀스가 아니라 이치로가 와도 4할은 불가능하다고 본다.

좌파, 우파?
타석의
좌우 논쟁

타자가 들어서는 타석도 타율과 상관 관계가 있을까? 일단은 1루에서 가까운 좌타자가 조금이라도 유리할 것 같기도 하고 '천적' 좌완을 만나지 않아도 되는 우타자가 유리할 성싶기도 하다. 그런가 하면 상대 투수에 맞게 맞춤형 타격을 할 수 있는 스위치 히터가 가장 이상적으로 보이기도 한다. 일단 통계는 좌타자에 압도적인 결과치를 보여 준다. KBO에서는 통산 타율 10걸 중 5명이, MLB에서는 10걸 중 8명이 좌타자이니 말이다. (표 5-16과 표 5-17 참조. 그러나 홈런의 경우는 다르다. KBO의 경우 상위 10명 중 8명이, MLB에서는 10명 중 6명이 우타자다.) '타율'에 관한 한 좌타자의 우위는 확연하다.

김현수는 좌타, 우타, 스위치 히터를 모두 시도해 본 특이한 이력의 타자다. 최종적으로 '좌타자'를 선택한 김현수의 이야기를 들어보자.

김현수: 정말 잘한다면야 스위치 히터가 이상적이겠지만 한쪽만 잘하는 것

도 힘든 게 야구 아닌가. 발빠른 왼손 타자가 타율 측면에서는 가장 유리하다고 본다.

김정준 위원의 주장도 비슷하다. 통계적으로 볼 때 좌타자가 가장 유리하다는 것이 입증되고 있으며, 선천적인 스위치 히터는 없다는 것이 요지. 한국, 미국, 일본 공히 이 같은 '좌타자 우위'는 확연하다. 김 위원은 여기에 더해 '주력이 있는 좌타자'의 우위를 강조한다.

김정준: 통계상으로도 왼손 타자가 가장 유리하다는 게 증명된다. 스위치 히터는 오히려 더 어렵다. 선천적으로 타고난 스위치 히터는 없으니까. 일본 같은 경우도 커서 만들어진다. 좌타자, 그중에서도 다리가 빠른 선수가 훨씬 유리하다. 테드 윌리엄스, 장훈, 타이 콥(Tyrus Raymond 'Ty' Cobb) 모두 좌타자 아닌가. 정상적으로 쳐서는 4할은 어렵다. 내야 안타, 번트 이런 게 어우러져야 가능한데 그런 의미에서 발빠른 좌타자가 가장 유리하다.

스위치 히터에 관한 김형준 기자의 지적은 보다 구체적이다. 즉, 스위치 히터는 수비형 선수들이 조금이라도 타자로서의 가치를 올리기 위해, 그게 아니라면 장거리 타자들이 '홈런 최적화'를 위해 노력한 산물이라는 것이다. 다시 말하면 스위치 히터의 탄생 목적 자체가 '고타율'에 있지 않다는 것이고 테드 윌리엄스가 『타격의 과학』에서 말한 "선천적인 왼손잡이 좌타자"가 가장 유리하다는 것이 그의 주장이다.

김형준: 통산 타율 3할 이상 타자, 또는 역대 타격왕 비율을 봐도 좌타자의

표 5-16 | 메이저 리그 통산 타율 순위.

순위	선수	타율	타석
1	타이 콥	0.3664	좌
2	로저스 혼스비	0.3585	우
3	조 잭슨	0.3558	좌
4	레프티 오둘	0.3493	좌
5	에드 델라한티	0.3458	우
6	트리스 스피커	0.3447	좌
7	빌리 해밀턴	0.3444	좌
8	테드 윌리엄스	0.3444	좌
9	댄 브루더스	0.3421	좌
	베이브 루스	0.3421	좌

* 3,000타석 이상. 출처: 《베이스볼 레퍼런스》.

표 5-17 | 한국 프로 야구 통산 타율 순위.

순위	선수	타열	타석
1	장효조	0.331	좌
2	양준혁	0.316	좌
3	김태균	0.316	우
4	데이비스	0.313	좌
5	이병규	0.312	좌
6	이대호	0.309	우
7	김동주	0.309	우
8	이승엽	0.306	좌
9	이진영	0.304	좌
10	홍성흔	0.303	우

* 3,000타석 이상. 2,000타석 이상으로 하면 김현수가 들어가서 좌타자가 6명으로 늘어난다. 출처: KBO 홈페이지.

비율이 압도적으로 많다. 이른바 0.1초의 차이도 그렇고 확실히 좌타자들이 유리하다고 본다. 스위치 히터의 경우 생각보다 고타율의 타자는 많지 않다. 치퍼 존스(Larry Wayne 'Chipper' Jones Jr.)와 피트 로즈(Peter Edward Rose)

가 떠오르는데 이들의 통산 타율은 3할을 살짝 넘는 수준이다. 메이저 리그에서 스위치 히터는 대개 두 가지 경우 중 하나다. 수비만 잘하고 타격이 떨어져서 어쩔 수 없이 번트 대고 조금이라도 베이스에 빨리 가겠다는 목표로 스위치 히터가 된 케이스가 많고 그게 아니면 슬러거 유형이다. 스위치 히팅을 해서 두 가지 타격 폼을 갖고 4할에 도전하는 건 불가능에 가깝다고 본다. 그리고 같은 좌타자라도 좌투좌타와 우투좌타가 있는데 테드 윌리엄스의 말에 따르면 타고난 왼손잡이 좌타자가 가장 유리하지 않을까.

데니스 레예스(Dennys Reyes)라는 선수가 있었다. 멕시코의 가난한 소년이던 그는 원래 오른손잡이였지만 왼손 투수가 필요하다는 구단 관계자의 말을 들은 후 왼손잡이로 변신한다. 일상 생활을 하나하나 왼손잡이로 바꿔 나가는, 아이답지 않은 수련 끝에 레예스는 16세에 LA 다저스와 '왼손 투수'로서 계약하게 되고 이후 15년간 메이저 리그에서 손꼽히는 구원 투수가 되었다.

피트 그레이(Pete Gray)의 스토리는 더욱 극적이다. 6세 때 사고로 오른팔을 잃은 그는 왼팔만으로 타격을 하면서도 마이너 리그에서 3할 8푼을 치기도 했고 MVP를 차지하기도 했다. 그레이는 결국 30세의 나이로 메이저 리그에 입성, 많은 이들에게 지금까지도 잊혀지지 않는 감동을 선사하고 있다.

선수들의 뜨거운 열정 앞에서 '좌우 논쟁'은 그저 부질없는 탁상공론일 뿐일까? 그렇진 않을 것이다. 일반인들에겐 그저 '주어졌을 뿐'인 왼손과 오른손. 99퍼센트의 사람들은 타고난 대로 왼손잡이로, 오른손잡이로 살아가지만 야구라는 공놀이에 인생을 건 이들은 다르다. 0.1초의 승부를 위해, 0.1퍼센트의 기회를 위해 왼손과 오른손 사이에서 고민하고 또 고민한다. 타석에 들어서자마자 선택해야 하는 좌우의 갈림길, 그 선택은 누군가에겐 인생의 기로이고 누군가에겐 꿈으로 가는 지름길일 것이다. 그리고 그건 어쩌면 4할이라는 위업의 출발점일지도 모른다.

백인천

1943년 11월 27일 출생

1959년 이영민 타격상

1962년 대한 체육회 대한민국 최우수 선수상

1975년 일본 프로 야구 수위 타자, 베스트 나인

일본 프로 야구 올스타전 출장(1967, 1970, 1972, 1979년)

1982년 MBC 청룡에서 4할 1푼 2리 달성, 원년 최다 안타, 타격왕, 득점왕, 최고 출루율, 최고 장타율 기록

1990년 한국 프로 야구 최우수 감독상

2009년 제10회 한일 문화 교류 기금상

SBS ESPN 해설 위원

한국 프로 야구 은퇴 선수 협의회 회장

한일 유소년 야구 육성 기금 이사장

에필로그

백인천 감독에게
물었다

2012년 2월 26일 타임 라인에 등장한 한 개의 트윗으로부터 모든 게 시작되었다.

> 백인천 프로젝트 안녕하세요. 백인천 야구 아카데미 김천식 실장입니다. 많은 분들의 노력에 감사드립니다. 감독님 모시고 이 모임에 한번 찾아뵙고 싶은데요. 어떻게 하면 될까요?

프로젝트 시작의 계기가 된 당사자의 이야기를 직접 들을 기회가 생기게 되자 타임 라인은 술렁거렸고 해시 태그 등장 빈도 또한 늘어나게 되었다. 일은 상당히 빠르게 진척되어 바로 다음 모임인 3월 3일 모임에 백인천 감독과의 대담을 가지게 되었다. 이 와중에 정재승 교수의 다음과 같은 트윗이 여러 번 리트윗되기도 했다. 미소와 실소, 때로는 '전설의 4할 타자'가 이렇게 잊혀져 가는가 하는 탄식도 곁들여서 말이다.

백인천 프로젝트 야구에 관심 없는 분들께, 말씀드립니다. 이 프로젝트는 "인천"과 아무 관련 없습니다. (백인천이 어디냐고 물어 보시는 분들이 워낙 많아서요. :-) (@jsjeong3)

그리고 대망의 3월 3일 전체 모임. 백인천 감독의 열띤 강연과 이에 대한 질문 및 답변이 1시간 정도 진행되었다. 그동안 @whyavg4 계정은 30여 개의 '폭트'를 통해 백인천 감독의 이야기를 실시간으로 전했다. 또한 모임에 참석한 사람들의 기록도 더해져, 이날 해시 태그 사용은 역대 두 번째로 많은 67건을 기록했으며 앞뒤로 하루씩을 더해 사흘간 156건의 사용량을 보였다.

백인천 프로젝트가 질문하다

백인천 프로젝트의 이름의 주인공이자, 전설의 4할 타자가 직접 방문하겠다고 하니 백인천 프로젝트 참가자들은 한껏 들떠 있었다. 정세승 교수가 사회자로 나섰고 첫 질문을 던졌다.

감독님은 어떻게 4할 타자가 되었는가?

"4할은 아무나 치나."(「사랑은 아무나 하나」 멜로디에 맞춰 운을 떼셨다.) 자기가 하는 일에서 일류가 되려면 첫째, 좋아해야 하고, 둘째, 미쳐야 하고, 셋째, 중독이

되어야 한다. 나는 야구 중독자다. 좋아하는 여자가 있으면 하루라도 안 보면 못 참는다. 부모가 결혼을 반대해도 중독이 되면 빠져나오지 못하는 사람이다. 그만큼 기술과 레벨보다는 이 세 가지가 중요하다.

그래도 어떤 비결이 있지 않았나?

나는 열아홉 살에 일본에 갔다. 꽃이 늦게 핀 편이다. 서른여덟 살에 3할 4푼을 쳤다. 사실 야구에 별로 소질이 없다. 지금 선수들이 훨씬 잘한다. 참고로 나는 원래 스케이트 선수였다. 심지어 올림픽 선수였다. 다만 체력이 좋았다. 야구를 미치도록 좋아하고 한번 빠지면 끝장을 보는 스타일이다. 그래서 목숨을 걸고 한다.

결국 '절박함'이 가장 중요한 것인가?

그렇다. 열아홉 살에 혈서를 하루에 50~100통 받았다. 나를 매국노라고 손가락질했다. 그래서 꼭 성공해야겠다고 다짐했다. 지금 생각해 보니 그게 진짜 혈서가 아니고 돼지 피나 소 피였을 거다. (웃음)

   나는 혈서로 일기를 쓰기도 했다. 정말이다. 어린 나이에 그 정도 열정이 있었다. 100퍼센트는 어렵지만 100퍼센트 가까이 가야 한다고 생각했다. 처음 일본에 갔을 때 73킬로그램이었는데 6개월 만에 58킬로그램이 되었다. 장갑도 없던 시절이었고, 밥 먹고 운동만 했다. 지금은 그런 극한 여건이 없어서 4할 타자가 나올지는 의문이다. 지금 선수들이 못한다는 이야기가 절대 아니다. 충분히 잘한다. 그만큼 절박함이 필요하다는 뜻이다.

이어서 프로젝트 참가자들의 질문이 쏟아졌다.

체력 관리는 어떻게 했나?

당시 감독은 1초만 늦어도 용납을 하지 않았다. 방망이로 두드려 맞는 게 무서웠다. (웃음) 그 감독은 나에게 술, 담배, 여자를 멀리하고 머리를 기르지 말라는 약속을 지킬 수 있는지 물었다. 나는 지키겠다고 대답했고, 실제로 지켰다. 그런 엄격한 생활 관리가 체력 관리의 기본이 된 것 같다.

특별히 도움이 된 음식은 없는지?

우유를 많이 마시고, 술은 즐거울 때만 마셨다. 육식보다는 생선을 많이 먹었다. 1996년에 뇌경색으로 쓰러졌는데, 지금 완전히 회복했다. 아무래도 술을 많이 마셨다면 회복하지 못했을 것이다. 단, 좋은 음식을 먹는 것이 무조건 좋은 것은 아니다. 과욕은 좋지 않다.

1982년, 일본에서 한국에 왔을 때 한국 프로 야구는 어땠나?

실력이 없어지기보다는 여건이 갖춰지지 않았다. 아마추어에 있다가 프로에 들어왔다고 프로가 되는 건 아니다. 적어도 3년은 걸린다. 지식, 노력, 경험이 필요하다. 또한 자신에게 솔직해야 하는 것이 가장 중요하다. 그게 3년 걸리는 일이다. 물론 차이는 있다. 그 차이는 바로 집중력이다.

지난 30년간 타자의 수준이 올라간 것과 투수의 수준이 올라간 것이 어떻게 다른가?

그때는 잔머리를 안 굴렸다. 송진우 선수 같은 투수는 앞으로 나오기 힘들다. 그렇게 연습 많이 한 사람 없을 거다. 아무리 이승엽 선수, 양준혁 선수라 할지라도 연습을 많이 하기 때문에 그만큼 잘할 수 있는 거다. 그런데 요즘 선수들은 그만큼은 연습하지 않는 것 같다.

백 감독님이 뽑은, 30년 동안의 최고 선수는?

박찬호 선수와 박철순 선수. 나쁜 여건 속에서 고생하면서도 잘 해 냈다. 요즘은 도구가 달라졌다. 지금 야구공은 당시보다 반발력이 훨씬 좋다. 그리고 양준혁 선수. 노력도 하고 소질이 있다. 심지어 힘도 좋고 발도 빠르다. 또 이승엽 선수. 머리도 좋고 노력하는 선수이다. 다들 훌륭한 선수들이다.

'홈런'과 '타율' 중에 하나만 고르면?

홈런이다. 홈런은 줄지 않는다. 타율은 줄어든다. (웃음)

찾아보기

가

가르시아파라, 앤서니 노마 344
강동우 312
강정호 308, 311
거대 과학 150
과학의 대중적 참여 23
9이닝당 삼진수(K/9) 86, 186~188
국제 자연 보전 연맹(IUCN) 157
굴드, 스티븐 제이 19~20, 33~34, 38, 49~52, 61, 63, 72~74, 78~80, 82, 84~85, 90~91, 94~95, 99, 109, 118, 132~140, 143~146, 194~200, 321
그레이, 피트 360
그레이엄, 마사 222
그리드 연구 방식 156~157
그윈, 토니 325, 332~334
김동광 151
김무관 245, 264
김무종 323
김봉연 21
김성근 257
김용달 214, 219, 299~307, 312, 349
김일권 21
김재현 299
김정준 272~283, 287, 306, 350~351, 354~355, 358
김태균 24, 170·171, 211~223, 229~230, 255~256, 261, 268, 281, 287~288, 296, 304, 311, 315, 321~322, 324, 328
김현수 220, 235, 238~248, 250, 255, 267~268, 277~278, 279, 288, 304, 326, 351, 356~357
김형준 266, 331~345, 355~356

나

나달, 라파엘 239
뉴욕 양키스 49, 342

다

다윈, 찰스 320
DICE 188
다중 회귀 분석 182

대형 강입자 충돌기(LHC) 155
더블헤더 경기 19
던, 애덤 341
데이터 과학 150, 192~193
도루 성공률 171~172
도킨스, 리처드 49, 131, 145~146
듀란트, 케빈 239
디마지오, 조 134~135, 197

라

라우, 찰리 244~245, 293, 303
레예스, 데니스 360
레이놀즈, 마크 341
로드리게스, 알렉스 239
로즈, 피트 359
로테이셔널 히팅 시스템 244, 312
루스, 베이브 181, 348
루이스, 마이클 165
류현진 279, 281
리눅스 87
리드비터, 찰스 87
리딩 히터 209
린토트, 크리스 161

마

마굴리스, 린 131
마그누스 힘 232
마르티네스, 에드거 266
마우어, 조 335, 342
마해영 292, 312
만세 타법 231~233
말의 진화 143~146
매든, 조 338
매미 탐사대 158~159
매커친, 앤드루 235
매클린톡, 바버라 298
맥그레디, 트레이시 239
머스키, 스티브 189

미국 야구 연구 협회(SABR) 24, 103, 109, 111, 119
밀어치기론 261~262

바

박경완 277
박병호 291~298, 308, 311, 314~315, 348~350
박용택 299, 326
박정태 233
박종호 299
박진만 233
박찬호 324
박한이 312
박홍식 295~296, 308~317, 349~350
배명훈 147
백인천 19, 23, 31, 33~36, 42, 73~74, 137, 198, 225, 236, 249, 273, 278, 281, 292, 301, 325, 362~369
번스타인, 피터 200
베르베르, 베르나르 190
베리, 스콧 194
베이커, 데이비드 154
본즈, 배리 181, 244
볼넷 규정 75
분산 컴퓨팅 155~156
브라이언트, 코비 239
브래드버리, J. C. 182
브레히트, 베르톨트 145
브렛, 조지 293, 325, 332~334
빅 데이터 149, 161~162
빈, 빌리 291

사

샌프란시스코 자이언츠 72
서용빈 299
선택압 76
세고에 겐사쿠 316

세이건, 도리언 131
세이건, 칼 17
세티라이브 프로젝트 161
세티앳홈 프로젝트 17~18, 152~153, 161
셰흐터, 모셸리오 131
소리아노, 알폰소 353
소셜 네트워크 서비스(SNS) 18~19, 35
손윤 318~330
수비 시프트 255, 268, 274, 276~277
수비율 174~175
스위치 히터 357~360
스즈키 이치로 278, 319, 322, 326
스토브 리그 19, 22, 25
스트로개츠, 스티븐 198~199
승률 174
시민 과학 147, 151~152, 157, 162
시슬러, 조지 322
시카고 컵스 72
심정수 74, 299

아

아브스먼, 새뮤얼 198
아일랜드엘크의 멸종 145, 195~196
액설로드, 로버트 96
앨버트, 짐 183, 186
야구학 22
야생 동물 보호 기금(WWF) 157~158
양귀자 142
양준혁 224~239, 247, 267, 279, 282, 284, 288~289, 312, 350
어데어, 로버트 232
오개념 134
오즈마 계획 18
오클랜드 애슬레틱스 165
5툴 플레이어 291, 325
오티즈, 데이비드 266
오피에스(OPS) 181~184, 186, 189, 191~192, 209

외계 지적 생명체 17~18
외다리 타법 284, 287
우즈, 타이거 239
웨이트 시프트 시스템 303
위키피디아 23, 53
윌리엄스, 조지 131
윌리엄스, 테드 19, 31, 35, 61~62, 137, 244~245, 262, 283, 300, 303, 312, 322, 332
유럽 입자 물리학 연구소(CERN) 151, 154~156
유지현 299
윤석민 173
은하 동물원 프로젝트 159~160
이닝당 출루 허용률(WHIP) 86, 184~187, 191
이대호 177, 238, 282, 296, 305, 315, 322, 351
이만수 282
이병규 351
e-사이언스 157
이승엽 220, 231, 236, 239, 288, 308~309, 312, 314~315
이영민 타격상 351~352
이용규 220, 229, 295, 319
이용찬 329
이종범 36, 42, 74, 198, 238~239, 242, 249, 256, 270, 278~279, 315, 321, 326, 328
이택근 308
인앤아웃 타법 245

자

자책점 173~174
장성호 284~290, 348~349
장이권 158
장타율(SLG) 178~179, 181
장효조 36, 42~43, 235, 242, 247, 281, 282, 306, 315~316, 328~329, 351
전준호 284
정근우 248~258, 267, 274, 276~277,

279~280, 319, 348~349
정우영 183
제임스, 빌 176~177, 183, 192, 201, 342
조성환 252
조훈현 316
존스, 치퍼 359
죄수의 딜레마 게임 96
주니버스 프로젝트 160~161
지터, 데릭 355
진갑용 312
집단 지성 23, 53, 65, 83, 87~88, 136, 148, 150~151

차
채병용 252
최동원 281
최형우 181, 183
추신수 336
출루율(OBP) 175~178, 181, 296

카
칼라인, 알 238
케인, 맷 342
코페트, 레너드 191, 271
콥, 타이 238
쿠어스 필드 337
크로포드, 칼 319
클러치 히터 266

타
타석 169, 172
타수 169, 172
타율(AVG) 169~171, 296
투수 분업화 246, 249
투수-포수 간 거리 75
투저타고 현상 35
트라이앵글 이론 311
트위터 18~19, 22

툇포탯 전략 96

파
파울 규정 75
팔로스로 231
퍼셀, 에드워드 197~198
페냐, 카를로스 341
페레즈, 크리스 338
평균 자책점(ERA) 173, 187~188
포티, 리처드 132
폴딧 프로젝트 153~154
푸홀스, 앨버트 342, 348, 354
플레이바이플레이(PBP) 69, 84

하
한국 야구 협회(KBO) 38, 89~91, 115
한대화 257
해밀턴, 조시 352
핼릭슨, 제레미 340
햄플, 잭 193
홍성흔 259~271, 297
히토키, 이와세 278
히팅 포인트 244~245, 261, 304
힉스 입자 155

도판 저작권

이 책에 사용된 도판들을 제공해 주신 백인천 프로젝트 관계자 분들과 각 구단 관계자 분들, 그 외 여러분께 깊은 감사의 말씀 드립니다.

김광섭 241, 275, 302, 327 **김근석(샤다라빠)** 16, 30, 48, 130, 208, 211, 224, 238, 248, 259, 272, 284, 291, 299, 308, 318, 331 **김현주** 28, 60, 369, 뒤표지 **남재관** 227 **넥센 히어로즈** 294, 346(아래) **Department of Library Service, American Museum Of Natural History** 144 **롯데 자이언츠** 260, 269, 346(가운데) **백인천** 14 **백인천 프로젝트 팀** 37, 39, 41, 43, 56(위, 아래), 85, 93, 365 **CERN** 148, 156 **SETI@home** 153 **송치민** 101, 108, 362, 365 **SK 와이번스** 254 **연합뉴스** 232, 245 **임채석** 251, 310, 313, 339 **Zooniverse Project** 160 ⓒ **Colette Morton and Dan Holden** 177 **한국스포츠사진기자회** 46, 73, 128, 202 **한화 이글스** 215, 221, 286, 346(위)

백인천 프로젝트

4할 타자 미스터리에 집단 지성이 도전하다

1판 1쇄 펴냄 2013년 7월 29일
1판 2쇄 펴냄 2013년 8월 25일

지은이 정재승, 이민호, 천관율, 윤신영, 그리고 백인천 프로젝트 팀
펴낸이 박상준
펴낸곳 (주)사이언스북스

출판등록 1997. 3. 24. (제16-1444호)
(135-887) 서울시 강남구 신사동 506 강남출판문화센터
대표전화 515-2000, 팩시밀리 515-2007
편집부 517-4263, 팩시밀리 514-2329
www.sciencebooks.co.kr

ⓒ 정재승, 이민호, 천관율, 윤신영, 그리고 백인천 프로젝트 팀, 2013.
Printed in Seoul, Korea.

ISBN 978-89-8371-447-3 03400